中职学校服装专业创新系列教材

李小辉　张文斌　主审

服装款式、纸样与工艺

——女衬衫

吴佳美　主编

東華大學 出版社

·上海·

图书在版编目（CIP）数据

服装款式、纸样与工艺. 女衬衫/吴佳美主编. —上海：东华大学出版社, 2020.2

ISBN 978-7-5669-1617-4

Ⅰ. ①服… Ⅱ. ①吴… Ⅲ. ①女服-衬衣-款式设计-中等专业学校-教材 ②女服-衬衣-纸样设计-中等专业学校-教材 ③女服-衬衣-服装工艺-中等专业学校-教材 Ⅳ. ①TS941.2 ②TS941.6

中国版本图书馆CIP数据核字（2020）第019043号

责任编辑　吴川灵

服装款式、纸样与工艺——女衬衫

FUZHUANG KUANSHI、ZHIYANG YU GONGYI——NUCHENSHAN

吴佳美　主编

出版：东华大学出版社(上海市延安西路1882号，200051)

本社网址：http://dhupress.dhu.edu.cn

天猫旗舰店：http://dhdx.tmall.com

营销中心：021-62193056　62373056　62379558

电子邮箱：805744969@qq.com

印刷：苏州望电印刷有限公司

开本：889 mm × 1194 mm　1 / 16

印张：15

字数：530千字

版次：2020年2月第1版

印次：2020年2月第1次

书号：ISBN 978-7-5669-1617-4

定价：58.00 元

主　编：吴佳美

副主编：赵　立

主　审：李小辉　张文斌

参　编：谢国安　潘芳妹　陆志红　陈　静

侯玉莹　张泓月　胡贝贝

前 言

国家教育部发布的《国家职业教育改革实施方案》指出：改革开放以来，职业教育为我国经济社会发展提供了有力的人才和智力支撑，现代职业教育体系框架全面建成。随着我国进入新的发展阶段，产业升级和经济结构调整不断加快，各行各业对技术技能人才的需要越来越紧迫，职业教育重要地位和作用越来越凸显。因此要严把教学标准和毕业学生质量标准两个关口，将标准化建设作为统领职业教育发展的突破口，完善职业教育体系，建立健全学校设置、师资队伍、教学教材、信息化建设等办学标准，落实好立德树人根本任务，健全德技兼修、工学结合的育人机制。

群益中等职业学校经过三十多年的建设，在硬件和软件的建设上都有长足进步，达到国家规定标准，于 2015 年成为全国中职示范院校。我校服装专业已建立能力上具有“双师”资格、学历上大都具有本科及硕士研究生学历的教师队伍，办学上采取与长三角时装产业紧密合作，注意应用产业发展的新技术新方法，使教学密切与生产实际相结合，坚持“产校合作”的办学理念。专业招生规模及学生培养质量都位列上海首位，逐步实现立足上海、服务长三角、辐射边疆的办学方向。

为贯彻教育部关于职业教育的相关指示，展示富有成效的教学案例，我校服装专业组织优秀教师和受邀校外专家编写了这套具有实用性、时尚性、技术性等特点的中职学校服装专业系列教材。本套教材共有五本，分别为《服装款式设计》《服装陈列与展示》《服装款式、结构与工艺——男裤》《服装款式、结构与工艺——女衬衫》《服装面料设计》，由国内服装专业图书出版权威单位——东华大学出版社出版与发行。

本套教材有以下几个特点：

第一，具有创新性。相对于中职已有教材，本教材适应服装专业的教学改革需求，打破传统的款式、结构、工艺三者割裂的教材模式，将三者连贯起来，按服装品类将款式、结构、工艺相关的内容贯穿在同一本教材内，使得学生能更系统更深入地学习同一服装品类的相关专业知识。

第二，具有时尚性。相对于中职已有教材，本教材摒弃了现代服装产业已不用或少用的技术手法，款式设计思维及所举的案例都是紧贴市场、具有时尚感的部件造型及整体造型，使读者开卷感受到喜闻乐见的时代气息和设计的时尚感。

第三，具有实用性和理论性。本教材除了秉持中职教材必须首先强调实用性的同时，注意适当加强专业整体内容的理论性，即让学生既能学到产业中实用的设计与制作方法，又能学到贯穿于其中的理性的有逻辑联系的规律，使学生在今后的工作中有理论的上升空间。

本套丛书从形式到内容都是中职服装教材的一种创新。该书不仅可以作为中职院校服装专业学生的教学用书及老师的教学参考书，也可作为服装产业设计与技术人员的业务参考书。期待它能起到应有的作用。

本套丛书组织了本专业的相关责任教师进行编写工作。《服装款式设计》由蒋黎文主编，《服装陈列与展示》由方闻主编，《服装款式、结构与工艺——男西裤》由谢国安主编，《服装款式、结构与工艺——女衬衫》由吴佳美主编，《服装面料设计》由于珏主编。本套丛书由东华大学服装与艺术设计学院张文斌教授等主审，参加编审工作的还有东华大学服装与艺术设计学院李小辉副教授、常熟理工学院王佩国教授和郝瑞闵教授、厦门理工学院郑晶副教授和王士林副教授等。此外，对参与本书编辑出版工作的东华大学出版社吴川灵编审及相关人员表示衷心的感谢。

本套丛书的出版是我们的努力与尝试，意图抛砖引玉。由于我们学识有限，编撰难免有不当之处，诚请相关产业及院校同仁给予指教。

系列教材编委会

2019 年 8 月

目　录

◤项目四　女衬衫样板缩放 / 216

项目一　女衬衫款式概述

学习目标

- 了解和掌握女衬衫廓型分类，能分析不同廓型分类下女衬衫的外形特征
- 了解和掌握女衬衫衣领、衣袖造型分类，能绘制不同类别衣袖及衣领款式图
- 了解女衬衫的经典款以及不同款式风格的时尚款，掌握其不同的设计元素，能够绘制各种风格的女衬衫款式图

建议学时 8学时

学习任务

对女衬衫款式进行市场调研，认识女衬衫的款式特征，从女衬衫的衣身廓型、衣领及衣袖造型着手，对其进行分类；熟悉女衬衫的经典款式，了解女衬衫的时尚款式，能独立分析其款式的设计要点，并完成女衬衫款式图的绘制。

学习内容

学生认真完成以下两个任务：

任务一、女衬衫结构造型分类

任务二、女衬衫的经典款与时尚款

任务一　女衬衫结构造型分类

学习活动 1　接受任务、制定计划

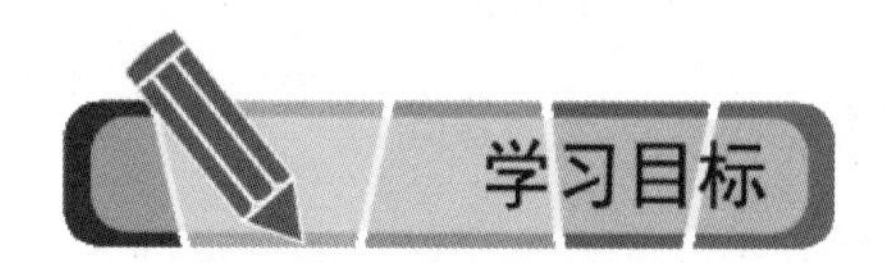

- 能独立查阅相关资料，了解女衬衫的结构造型分类
- 能确定工时，并制定出合理的工作计划进度表

建议学时：1 学时

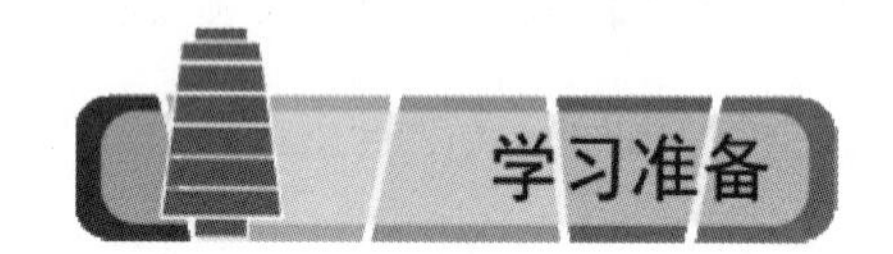

教具、安全操作规程、学习材料

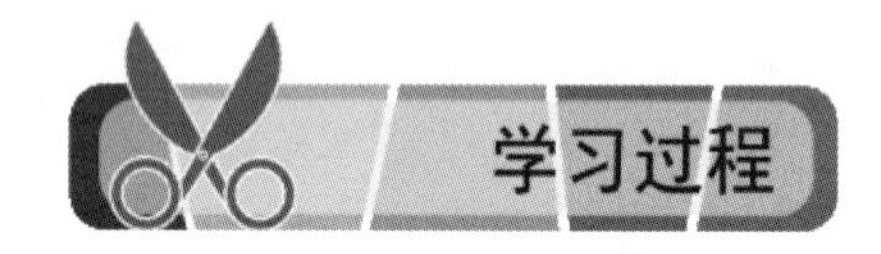

1. 查阅相关资料，了解服装款式要点

- 了解服装款式要点

服装款式的整体风格包括服装的外观轮廓以及细部造型。外观轮廓是指服装的轮廓剪影，主要包括衣身结构的设计，以及服装的细部造型变化的设计，其中细部造型与领型、袖型、装饰线、结构线以及零部件的变化有关。

- 了解女衬衫的款式设计要点

女衬衫的款式造型主要和女衬衫的外观廓型、衣领、衣袖造型、衣身省道、褶、裥、分割线以及衣袋、钮扣的变化有关。

2. 小组讨论完成本任务工作安排

表 1-1-1-1 任务工作安排表

时间		主题	女衬衫款式设计 工作安排
主持人		成员	
讨论过程			
结论			

3. 根据小组讨论结果，制定最适合自己的工作计划

表 1-1-1-2 工作计划表

序号	开始时间	结束时间	工作内容	工作要求	备注

表 1-1-1-3 工作评价表

班级		姓名		学号		日期			年 月 日
序号	评价要点				配分	自评	互评	师评	总评
1	穿戴整齐，着装符合要求				10				A□(86～100) B□(76～85) C□(60～75) D□(60 以下)
2	能写出影响服装款式设计的要点				20				
3	能写出影响女衬衫款式设计的要点				10				
5	能制定出合理的工作计划				30				
6	与同学之间能相互合作				10				
7	能严格遵守作息时间				10				
8	能及时完成老师布置的任务				10				
小结建议									

学习活动 2　女衬衫廓型分类

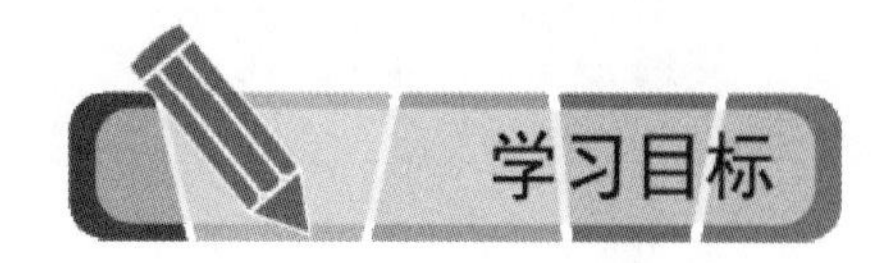

- 通过女衬衫款式调研，观察女衬衫款式特征，了解女衬衫的廓型分类
- 通过学习女衬衫的 5 种衣身廓型，分析不同廓型种类下女衬衫的外形特征
- 通过学习女衬衫的款式细节特点，掌握不同廓型的女衬衫款式图的绘制

建议学时：1 学时

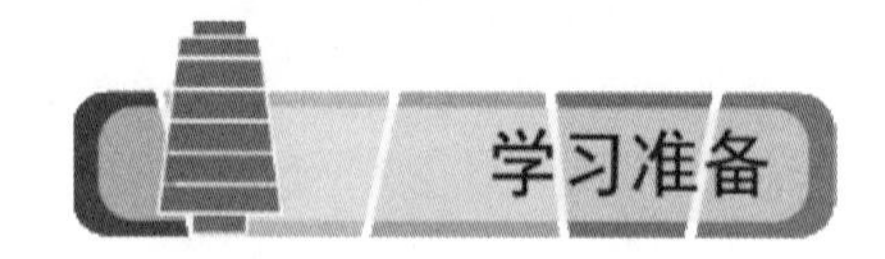

纸张 A4、铅笔（0.5mmHB 笔芯）、教具、安全操作规程、学习材料

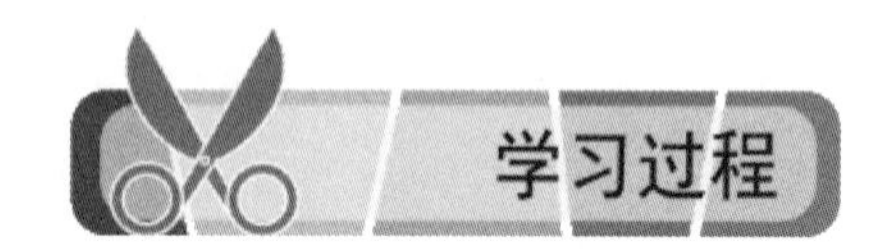

衣身廓型是衣身经各种结构处理后形成的主体外部形态，在服装的发展史上，廓型以其独特的魅力，穿越于时尚舞台。优美的服装廓型，不但造就引人注目的服装风格和品位，而且能显露着装者的个性，体现人体美、弥补人体缺陷和不足，增加着装者的自信心。另外，廓型的特点和变化还起着传递信息、指导潮流的作用。

衣身廓型分类方式很多，从整体外观造型来分，常见的女衬衫的廓型可分为：A 型，H 型，X 型，T 型和 O 型。

1. A 型

A 型，上窄下宽、上紧下松的服装造型，如字母 A。服装肩部与胸部贴体，自腰部向下散开，廓型活泼潇洒，充满青春活力，如图 1-1-2-1 所示。

图 1-1-2-1　A 廓型的女衬衫款式图

2. H 型

H 型指宽腰式服装造型，弱化了肩、腰、臀之间的差异，或偏于修长、纤细，或倾于宽大、舒展。外轮廓类似矩形，不凸显腰线位置，使整体类似 H 字母，具有线条流畅、简洁、安详、端庄等特点，如图 1-1-2-2 所示。

图 1-1-2-2 H 廓型的女衬衫款式图

3. X型

X型，指宽肩、细腰、大臀围及宽下摆的服装造型，接近字母X。具有窈窕、优美、生动的情调，如图1-1-2-3所示。

图1-1-2-3　X廓型的女衬衫款式图

4. T型

T型，指上宽下窄的服装造型，夸张肩宽，然后经腰线、臀线渐渐收拢，上身呈宽松型，下身为贴体造型，如图1-1-2-4所示。

图1-1-2-4 T廓型的女衬衫款式图

5. O型

O型，又称气球型。下摆收拢、中间膨胀，一般在肩、腰、下摆处无明显棱角和大幅度变化。丰满、圆润、休闲，给人以亲切柔和的自然感觉，如图1-1-2-5所示。

图1-1-2-5　O廓型的女衬衫款式图

评价与分析

表 1-1-2-1　评价与分析表

<table>
<tr><td>班级</td><td></td><td>姓名</td><td></td><td>学号</td><td></td><td colspan="3">日期</td><td>年　月　日</td></tr>
<tr><td>序号</td><td colspan="4">评价要点</td><td>配分</td><td>自评</td><td>互评</td><td>师评</td><td>总评</td></tr>
<tr><td>1</td><td colspan="4">穿戴整齐，着装符合要求</td><td>10</td><td></td><td></td><td></td><td rowspan="6">A□（86～100）
B□（76～85）
C□（60～75）
D□（60 以下）</td></tr>
<tr><td>2</td><td colspan="4">能写出女衬衫的不同廓型分类，以及不同廓型分类下女衬衫的基本特征</td><td>30</td><td></td><td></td><td></td></tr>
<tr><td>3</td><td colspan="4">能绘制不同廓型特征的女衬衫款式图</td><td>30</td><td></td><td></td><td></td></tr>
<tr><td>4</td><td colspan="4">与同学之间能相互合作</td><td>10</td><td></td><td></td><td></td></tr>
<tr><td>5</td><td colspan="4">能严格遵守作息时间</td><td>10</td><td></td><td></td><td></td></tr>
<tr><td>6</td><td colspan="4">能及时完成老师布置的任务</td><td>10</td><td></td><td></td><td></td></tr>
<tr><td>小结建议</td><td colspan="9"></td></tr>
</table>

学习活动3 女衬衫衣领造型分类

- 通过市场调研，观察女衬衫衣领的款式特征，了解女衬衫的衣领造型分类
- 通过学习女衬衫的衣领造型分类，分析女衬衫不同衣领造型分类的结构特征
- 通过学习衣领的款式细节特点，掌握不同种类的女衬衫衣领的款式图绘制

建议学时：1学时

纸张A4、铅笔（0.5mmHB笔芯）、教具、安全操作规程、学习材料

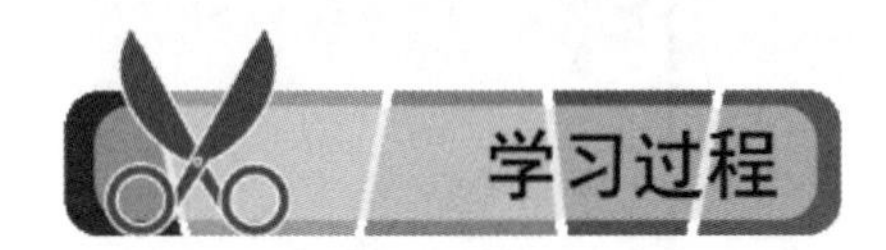

衣领是服装部件中最引人注目且造型多变的部件。衣领结构由领窝和领身两部分组成，其中大多数衬衫的衣领结构包括领窝、领身两部分，少数衣领只以领窝部位为全部结构。衣领按其本质而言，可分为无领、立领、翻立领、翻折领与变化领型。

1. 无领

无领又称领口领，只有领窝部位，无领身部分，并且以衣身领窝的形状为衣领造型线。常有方领、圆领、V形领、船形领、一字领等，如图1-1-3-1所示。

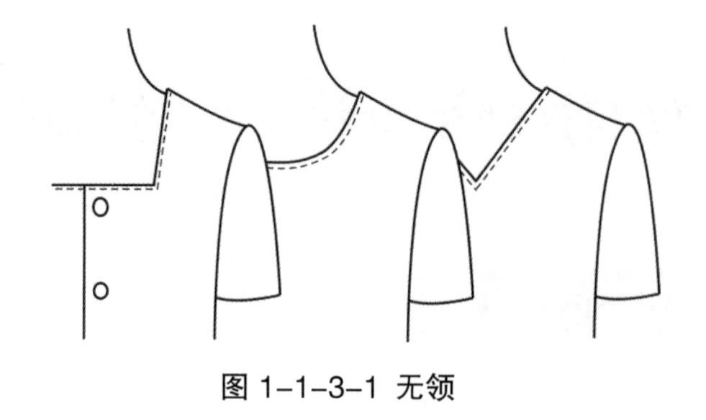

图 1-1-3-1 无领

2. 立领

立领，也叫单立领，只有领座部分，没有翻领部分。根据立领侧面与人体颈部的吻合程度，可以分为内倾型、垂直型与外倾型，如图 1-1-3-2(a)(b)(c)所示。

3. 翻立领

翻立领，也叫衬衫领、企领。领身包括领座和翻领两部分，这两部分是分离的，是依靠缝合而相连在一起的衣领，如图 1-1-3-2(d)所示。

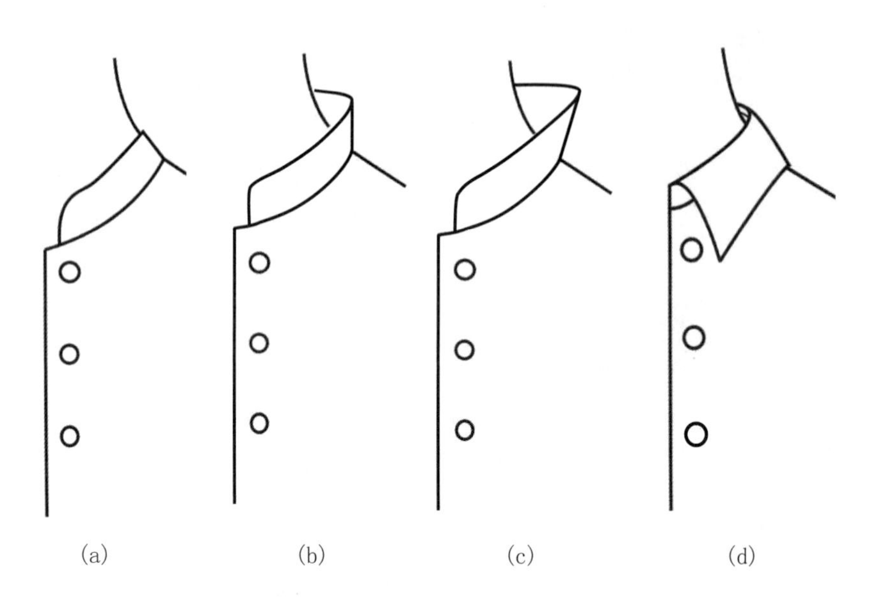

图 1-1-3-2 立领与翻立领

4. 翻折领

翻折领的领身包括领座和翻领两部分，两部分用相同材料连成一体。翻折领可以分为驳折领、衬衫翻折领和平贴领三大类。驳折领如图 1-1-3-3 所示，衬衫翻折领及平贴领分别如图 1-1-3-4(a)及图 1-1-3-4(b)所示。

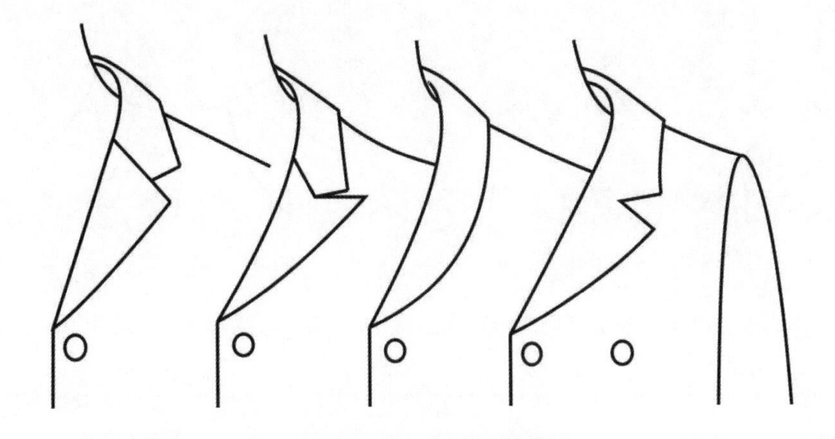

图 1-1-3-3　驳折领

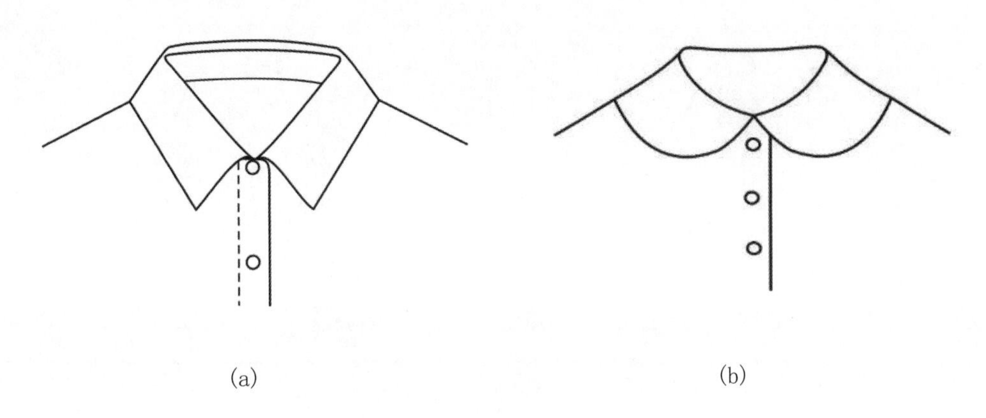

图 1-1-3-4　衬衫翻折领及平贴领

5. 变化领型

在基本结构的衣领基础上，将其与抽褶、波浪、垂褶、衣身等组合起来，可构成各种变化的衣领。

（1）波浪领

翻立领、翻折领与波浪造型组合起来，可形成波浪领，如图 1-1-3-5(a)所示。

（2）连身领

单立领、翻折领与衣身整体或部分相连形成的衣领，如图 1-1-3-5(b)所示。

（3）垂褶领

无领、翻折领与垂褶造型组合起来，可形成垂褶领，如图 1-1-3-6(a)所示。

（4）抽褶领

无领、翻立领和翻折领与抽褶造型组合起来，可形成抽褶领，如图 1-1-3-6(b)所示。

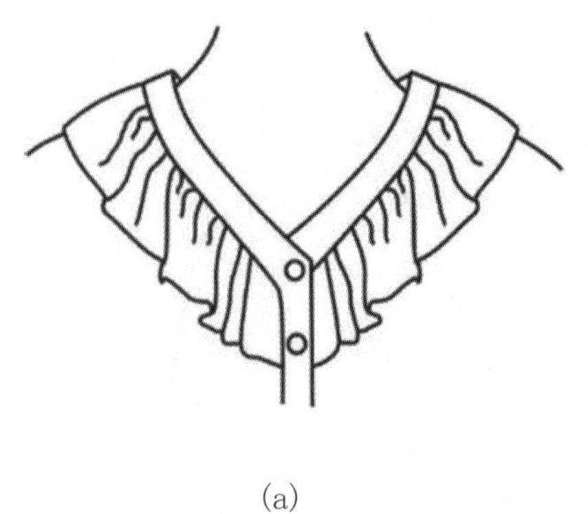

(a)

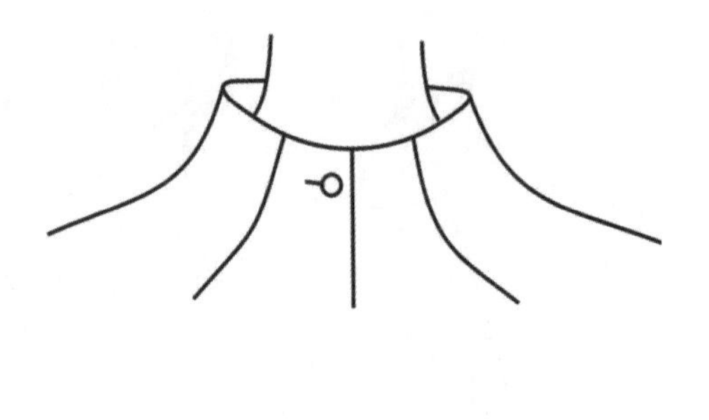

(b)

图 1-1-3-5　波浪领与连身领

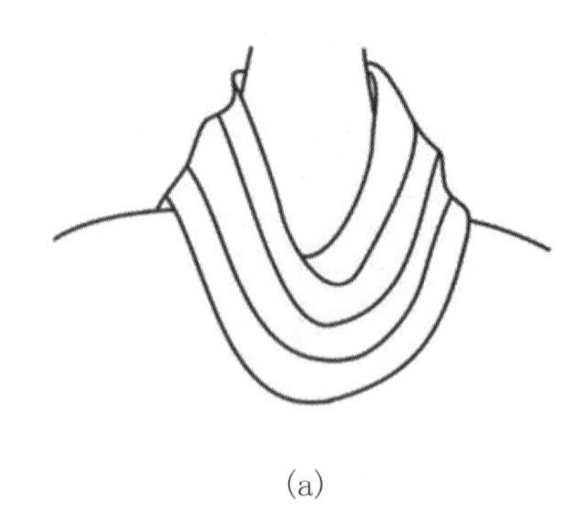

(a)

(b)

图 1-1-3-6　垂褶领与抽褶领

表 1-1-3-1　评价与分析表

<table>
<tr><td>班级</td><td colspan="2"></td><td>姓名</td><td></td><td>学号</td><td></td><td colspan="3">日期</td><td>年　月　日</td></tr>
<tr><td>序号</td><td colspan="5">评价要点</td><td>配分</td><td>自评</td><td>互评</td><td>师评</td><td>总评</td></tr>
<tr><td>1</td><td colspan="5">穿戴整齐，着装符合要求</td><td>10</td><td></td><td></td><td></td><td rowspan="6">A□（86～100）
B□（76～85）
C□（60～75）
D□（60 以下）</td></tr>
<tr><td>2</td><td colspan="5">能写出女衬衫的不同衣领造型分类，以及不同衣领造型分类的结构特征</td><td>30</td><td></td><td></td><td></td></tr>
<tr><td>3</td><td colspan="5">能绘制不同种类的女衬衫衣领款式图</td><td>30</td><td></td><td></td><td></td></tr>
<tr><td>4</td><td colspan="5">与同学之间能相互合作</td><td>10</td><td></td><td></td><td></td></tr>
<tr><td>5</td><td colspan="5">能严格遵守作息时间</td><td>10</td><td></td><td></td><td></td></tr>
<tr><td>6</td><td colspan="5">能及时完成老师布置的任务</td><td>10</td><td></td><td></td><td></td></tr>
<tr><td>小结建议</td><td colspan="10"></td></tr>
</table>

学习活动 4 女衬衫衣袖造型分类

- 通过市场调研，观察女衬衫的衣袖特征，了解女衬衫的衣袖造型分类
- 通过学习女衬衫的衣袖造型分类，分析女衬衫不同衣袖造型分类的结构特征
- 通过学习衣袖的款式细节特点，掌握不同种类的女衬衫衣袖的款式图绘制

建议学时：1 学时

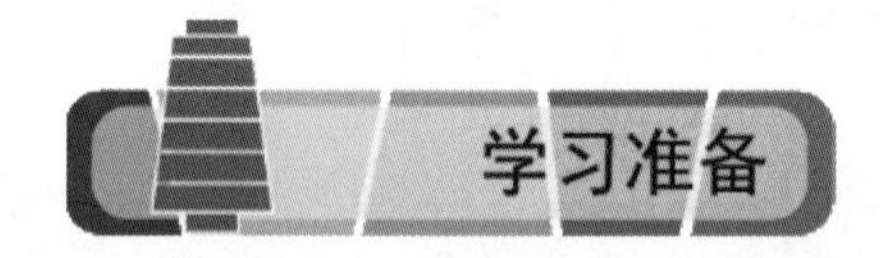

纸张 A4、铅笔（0.5mmHB 笔芯）、教具、安全操作规程、学习材料

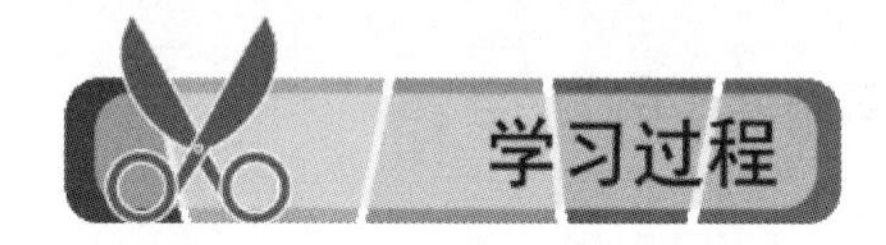

衣袖包括袖窿和袖身两部分，两者组合构成或单独以袖窿为基础构成衣袖的结构。衣袖的造型变化是女衬衫款式变化的重要标志。

常见的女衬衫衣袖种类，可以按袖山与衣身的关系分成若干种基本结构，并在基本结构上加以抽褶、垂褶、波浪等造型手法形成各种衣袖变化结构。

1. 基本结构

- 圆袖

袖山的形状为圆弧形，与袖窿缝合组装成衣袖，如图 1-1-4-1(a)所示。根据袖山的结构风格及袖身的结构风格可细分为宽松、较宽松、较贴体、贴体的袖山及直身、弯身的袖身等。

- 连袖

将袖山与衣身连成一体形成的衣袖结构。如图 1-1-4-1(b)所示。按其袖中线的水平倾斜角可分为宽松、较宽松、较贴体三种结构风格。

- 分割袖

在连袖结构的基础上，按造型将衣身和衣袖重新分割、组合，形成新的衣袖结构。按造型线分类，可分为插肩袖、半插肩袖、落肩袖及覆肩袖，如图 1-1-4-1(c)、图 1-1-4-1(d)所示。

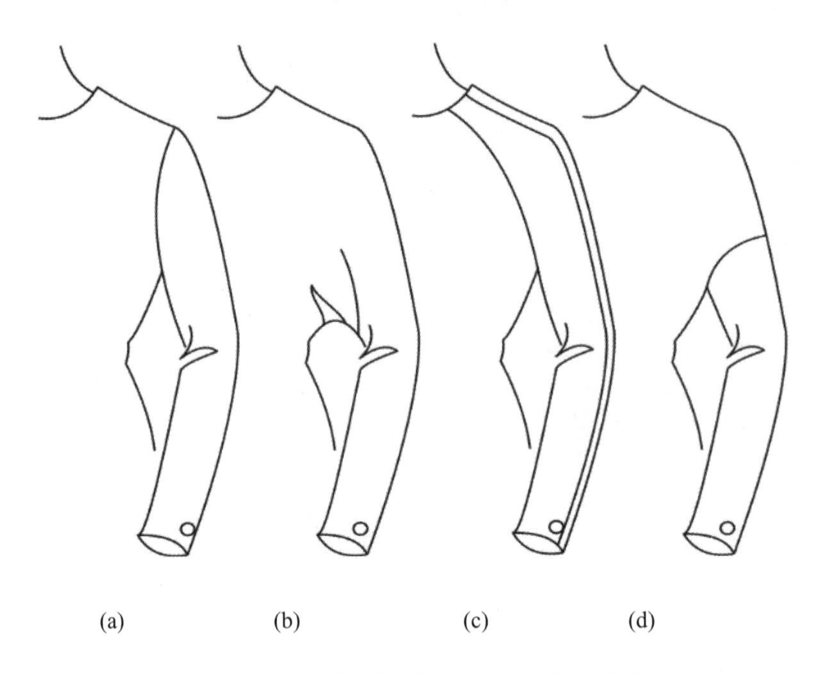

(a) (b) (c) (d)

图 1-1-4-1 基本结构的女衬衫衣袖款式图

2. 变化结构

在基本结构的基础上，运用抽褶、垂褶、波浪等造型，即形成了变化繁多的变化结构。

- 抽褶袖

在袖身、袖口部位单独或同时抽缩，形成皱褶的袖类，如图 1-1-4-2(a)、图 1-1-4-2 (b)所示。

- 波浪袖

在袖口部位拉展、扩张形成飘逸的波浪状袖类，如图 1-1-4-2(c)所示。

- 垂褶袖

在袖山部位折叠，袖中线处拉展形成自然的垂褶袖类，如图 1-1-4-2(d)所示。

- 褶裥袖

在袖山、袖身中做褶裥，形成有立体感的折裥袖类，如图 1-1-4-2(e)所示。

● 收省袖

在袖山上作省道，形成使部分袖山套入肩部的袖类，如图 1-1-4-2(f)所示。

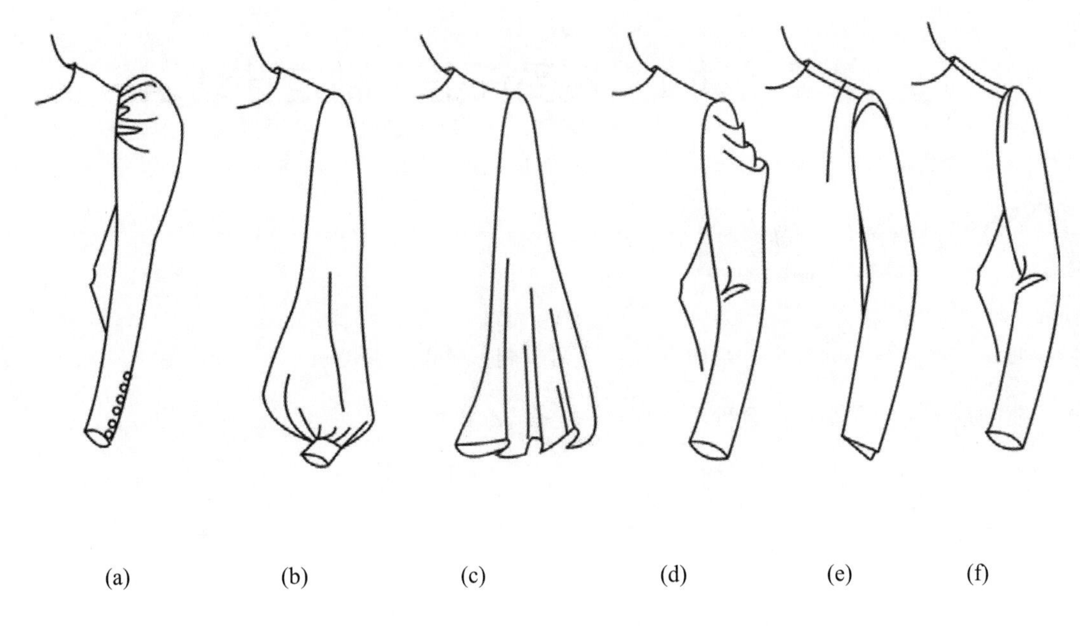

图 1-1-4-2　变化结构的女衬衫衣袖款式图

表 1-1-4-1　评价与分析表

<table>
<tr><td>班级</td><td colspan="2">　　　　　姓名　　　　　　　　学号</td><td colspan="3">日期</td><td>年　月　日</td></tr>
<tr><td>序号</td><td>评价要点</td><td>配分</td><td>自评</td><td>互评</td><td>师评</td><td>总评</td></tr>
<tr><td>1</td><td>穿戴整齐，着装符合要求</td><td>10</td><td></td><td></td><td></td><td rowspan="6">A□(86～100)
B□(76～85)
C□(60～75)
D□(60 以下)</td></tr>
<tr><td>2</td><td>能写出女衬衫的不同衣袖造型分类，以及不同衣袖造型分类的结构特征</td><td>30</td><td></td><td></td><td></td></tr>
<tr><td>3</td><td>能绘制不同种类的女衬衫衣袖款式图</td><td>30</td><td></td><td></td><td></td></tr>
<tr><td>4</td><td>与同学之间能相互合作</td><td>10</td><td></td><td></td><td></td></tr>
<tr><td>5</td><td>能严格遵守作息时间</td><td>10</td><td></td><td></td><td></td></tr>
<tr><td>6</td><td>能及时完成老师布置的任务</td><td>10</td><td></td><td></td><td></td></tr>
<tr><td>小结
建议</td><td colspan="6"></td></tr>
</table>

任务二　女衬衫的经典款与时尚款

学习活动 1　接受任务、制定计划

- 通过学习女衬衫的经典款与时尚款，了解女衬衫的款式特点
- 能确定工时，并制定出合理的工作计划进度表

建议学时：1 学时

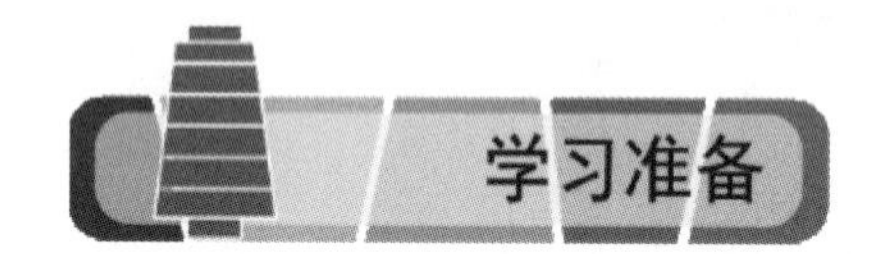

教具、安全操作规程、学习材料

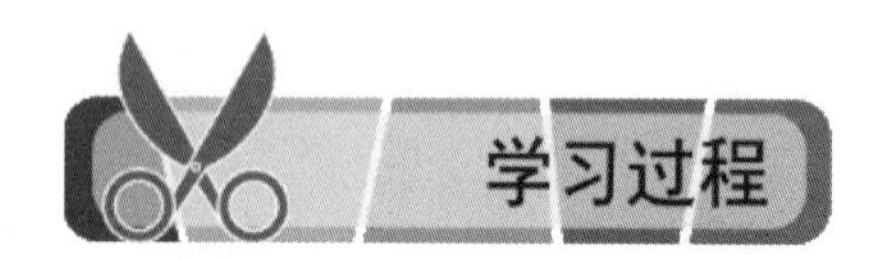

1. 观察款式图，了解女衬衫的经典款

2. 查阅相关资料，了解女衬衫的时尚款

3. 小组讨论完成本任务工作安排

表 1-2-1-1　任务工作安排表

时间		主题	女衬衫的经典款与时尚款工作安排
主持人		成员	
讨论过程			
结论			

4. 根据小组讨论结果，制定最适合自己的工作计划

表 1-2-1-2　工作计划表

序号	开始时间	结束时间	工作内容	工作要求	备注

表 1-2-1-3　工作评价表

<table>
<tr><td>班级</td><td colspan="2"><table><tr><td></td><td>姓名</td><td></td><td>学号</td><td></td></tr></table></td><td colspan="3">日期</td><td>年　月　日</td></tr>
<tr><td>序号</td><td>评价要点</td><td>配分</td><td>自评</td><td>互评</td><td>师评</td><td>总评</td></tr>
<tr><td>1</td><td>穿戴整齐，着装符合要求</td><td>10</td><td></td><td></td><td></td><td rowspan="6">A□(86～100)
B□(76～85)
C□(60～75)
D□(60 以下)</td></tr>
<tr><td>2</td><td>能独立完成经典及时尚款女衬衫款式图的绘制</td><td>30</td><td></td><td></td><td></td></tr>
<tr><td>3</td><td>能制定出合理的工作计划</td><td>30</td><td></td><td></td><td></td></tr>
<tr><td>4</td><td>与同学之间能相互合作</td><td>10</td><td></td><td></td><td></td></tr>
<tr><td>5</td><td>能严格遵守作息时间</td><td>10</td><td></td><td></td><td></td></tr>
<tr><td>6</td><td>能及时完成老师布置的任务</td><td>10</td><td></td><td></td><td></td></tr>
<tr><td>小结建议</td><td colspan="6"></td></tr>
</table>

学习活动 2　经典款女衬衫

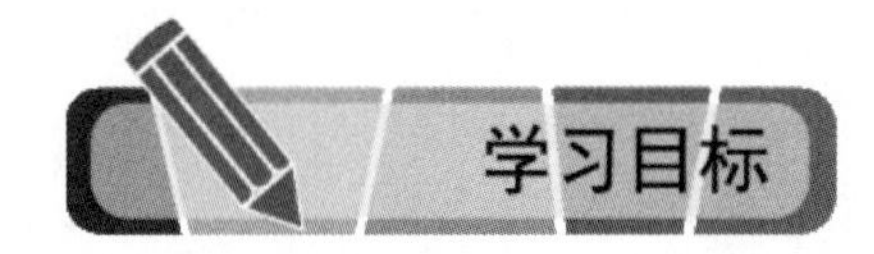

- 通过市场调研，查阅相关资料，了解女衬衫经典款式的特征
- 通过学习女衬衫经典款的款式图例，分析女衬衫经典款的基本特征
- 通过学习女衬衫经典款的款式细节特点，掌握女衬衫经典款的款式图绘制

建议学时：1 学时

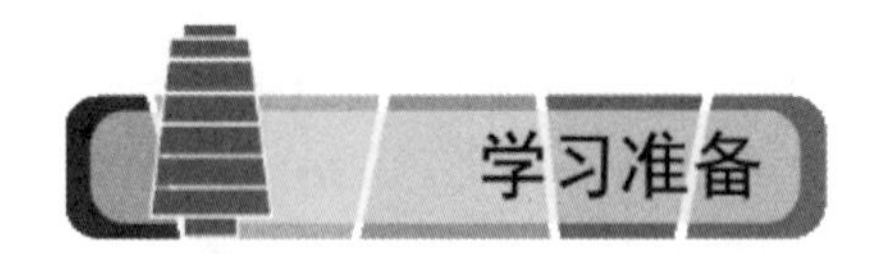

纸张 A4、铅笔（0.5mmHB 笔芯）、教具、安全操作规程、学习材料

1. 经典款一

较宽松的 H 型衣身，圆弧下摆，胸口有贴袋，有肩覆势，稍落肩，宽松型衬衣袖，男式衬衫领，整体缉明线，是一款较为经典的衬衣，如图 1-2-2-1 所示。

图 1-2-2-1　经典款一

2. 经典款二

衣身较宽松，明门襟，胸口有方形贴袋，稍落肩，宽松型衬衣袖，男式衬衫领，整体缉明线，如图 1-2-2-2 所示。

图 1-2-2-2　经典款二

3. 经典款三

较为修身的 X 型衣身，有功能性分割线，装门襟，肩部有育克，圆装袖，翻立领，领子、育克和下摆缉明线，是一款较为经典的衬衣，如图 1-2-2-3 所示。

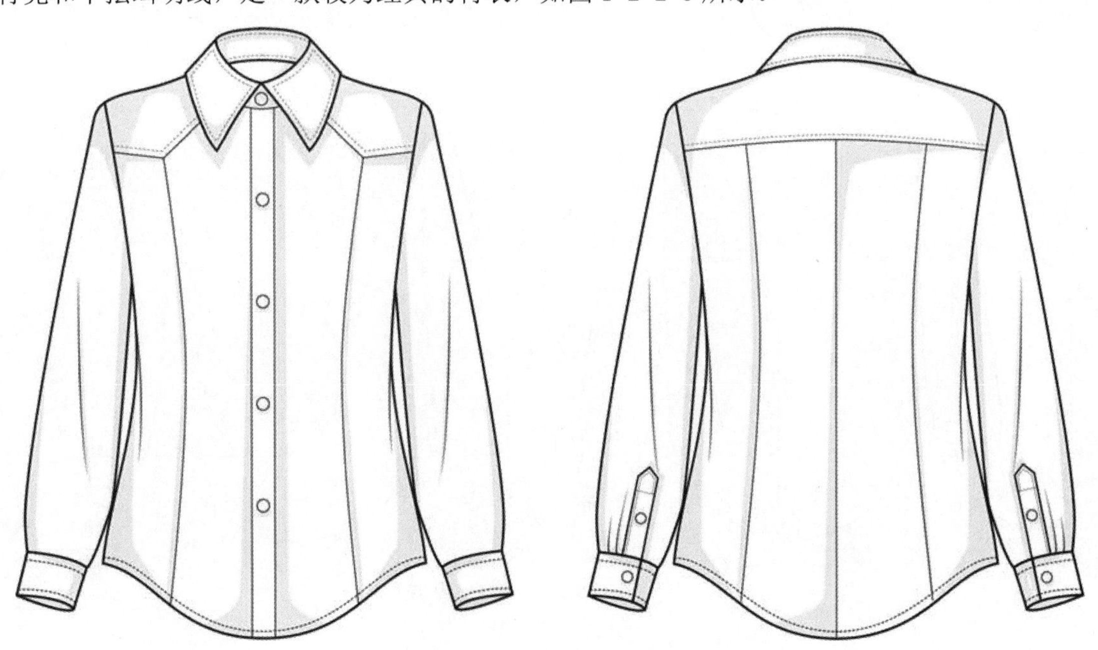

图 1-2-2-3　经典款三

4. 经典款四

衣身整体风格较为修身，X 廓型，有刀背分割线，单立领，圆装袖，如图 1-2-2-4 所示。

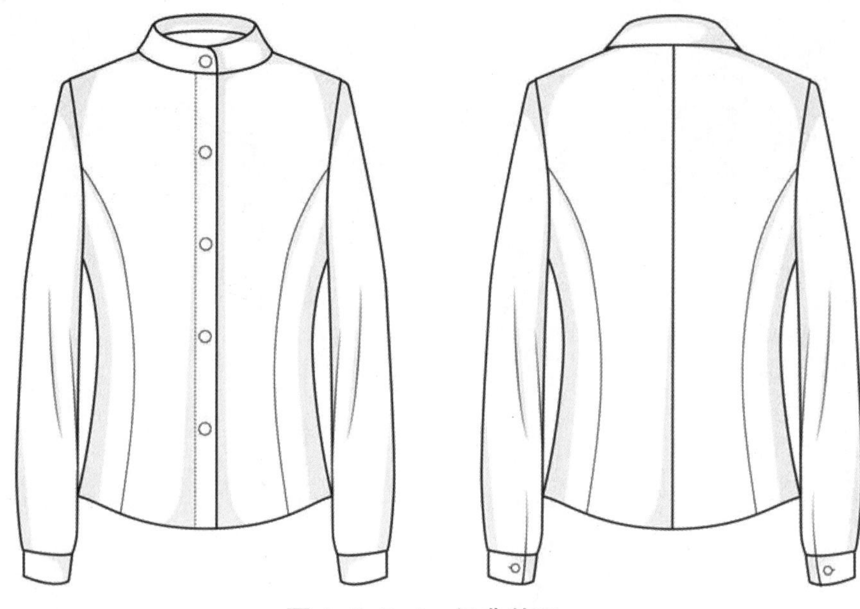

图 1-2-2-4　经典款四

5. 经典款五

较宽松的 H 型衣身，圆弧形下摆，装门襟，胸口有单个贴袋，有肩覆势，稍落肩，宽松型衬衣袖，翻立领，领子加大，口袋、袖克夫及下摆缉明线，如图 1-2-2-5 所示。

图 1-2-2-5　经典款五

6. 经典款六

较宽松衣身，有腰省，原身出门襟，胸口有单个贴袋，宽松型衬衣袖，翻立领，领子加大，口袋及袖克夫缉明线，如图 1-2-2-6 所示。

图 1-2-2-6 经典款六

7. 经典款七

衣身整体风格较为修身，圆弧形下摆，胸省和腰省同时存在，肩部有育克，娃娃领，圆装袖，袖口有袖克夫，育克，袖口及下摆缉明线，如图 1-2-2-7 所示。

图 1-2-2-7 经典款七

8. 经典款八

衣身整体风格较为修身，有胸省和腰省，一片翻折领，门襟翻折后形成驳头，近似西装领，有肩覆势，圆装袖，袖口有袖克夫，如图 1-2-2-8 所示。

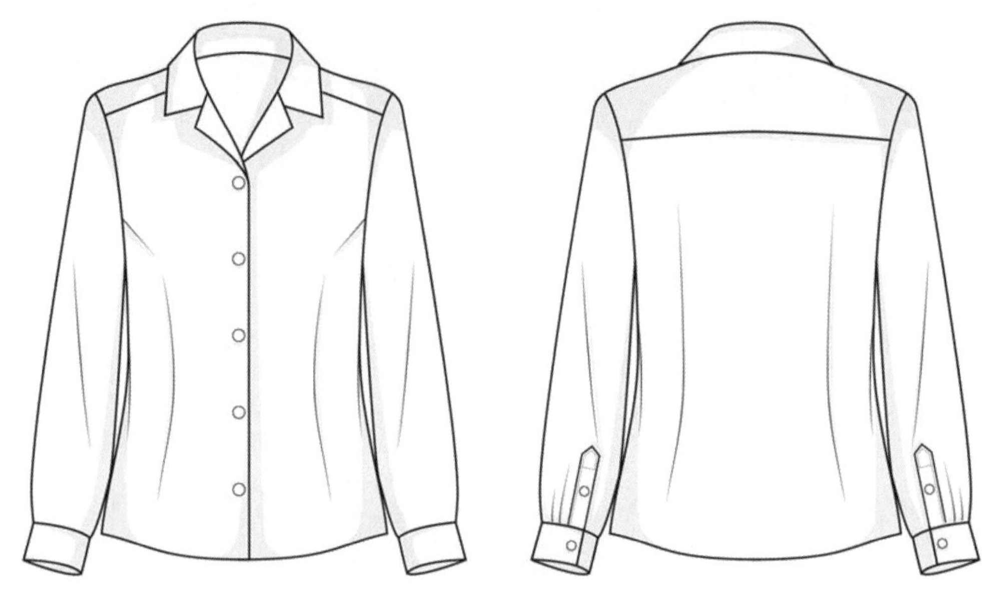

图 1-2-2-8 经典款八

9. 经典款九

衣身廓型较为修身，圆弧形下摆，前片有塔克，装门襟，圆装短袖，翻立领，领子、育克和下摆缉明线，如图 1-2-2-9 所示。

图 1-2-2-9 经典款九

10. 经典款十

较宽松型衣身，装门襟，有肩覆势，翻立领，袖山和袖口都有抽褶设计，形成较为蓬松的灯笼袖，袖口有袖克夫，如图 1-2-2-10 所示。

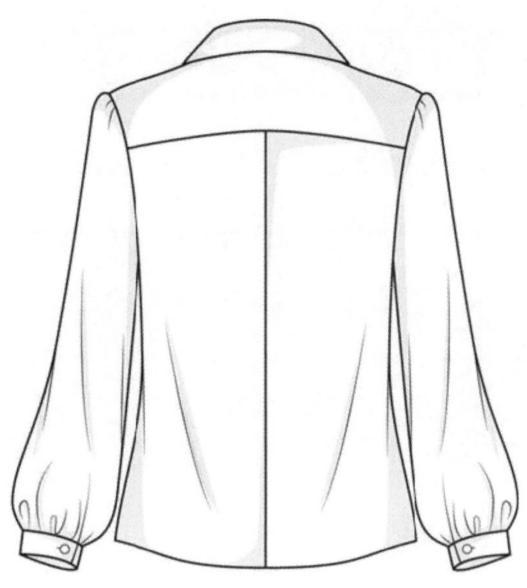

图 1-2-2-10 经典款十

表 1-2-2-1 评价与分析表

<table>
<tr><td>班级</td><td colspan="2">姓名　　　　　学号</td><td colspan="3">日期</td><td>年 月 日</td></tr>
<tr><td>序号</td><td>评价要点</td><td>配分</td><td>自评</td><td>互评</td><td>师评</td><td>总评</td></tr>
<tr><td>1</td><td>穿戴整齐，着装符合要求</td><td>10</td><td></td><td></td><td></td><td rowspan="6">A□(86～100)
B□(76～85)
C□(60～75)
D□(60 以下)</td></tr>
<tr><td>2</td><td>了解女衬衫的经典款式，分析女衬衫经典款的基本特征</td><td>30</td><td></td><td></td><td></td></tr>
<tr><td>3</td><td>能绘制女衬衫经典款的款式图</td><td>30</td><td></td><td></td><td></td></tr>
<tr><td>4</td><td>与同学之间能相互合作</td><td>10</td><td></td><td></td><td></td></tr>
<tr><td>5</td><td>能严格遵守作息时间</td><td>10</td><td></td><td></td><td></td></tr>
<tr><td>6</td><td>能及时完成老师布置的任务</td><td>10</td><td></td><td></td><td></td></tr>
<tr><td>小结
建议</td><td colspan="6"></td></tr>
</table>

学习活动 3 时尚款女衬衫

- 通过市场调研，查阅相关资料，了解时尚款女衬衫的特征
- 通过学习时尚款女衬衫的款式图例，分析时尚款女衬衫的款式特征
- 通过学习时尚款女衬衫的款式细节特点，掌握时尚款女衬衫的款式图绘制

建议学时：1 学时

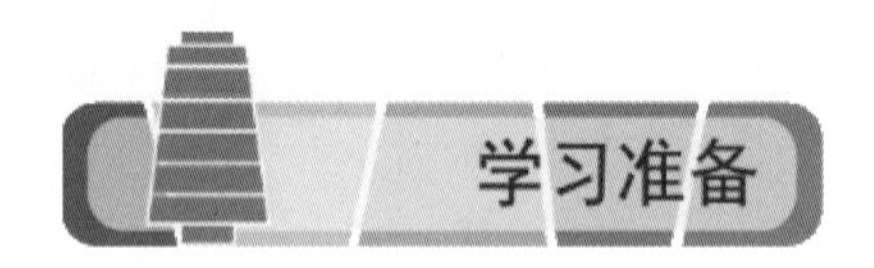

纸张 A4、铅笔（0.5mmHB 笔芯）、教具、安全操作规程、学习材料

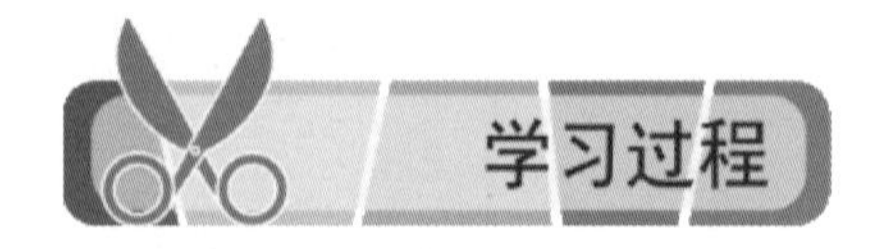

1. 时尚款一

较宽松的 H 型衣身，装门襟，前短后长的圆下摆，胸口有单个贴袋，稍落肩，翻折领，宽松型衬衣袖，袖口卷起形成宽折边设计，如图 1-2-3-1 所示。

图 1-2-3-1　时尚款一

2. 时尚款二

较宽松的H型衣身，稍落肩，平贴领，宽松型衬衣袖，袖口有袖克夫，钮扣是亮点，扣眼为环状带扣，整体较休闲宽松，如图1-2-3-2所示。

图1-2-3-2　时尚款二

3. 时尚款三

较宽松的H型衣身，衣身加长，胸口有两个风琴袋，稍落肩，翻立领，宽松型衬衣七分袖，整体缉明线，如图1-2-3-3所示。

图1-2-3-3　时尚款三

4. 时尚款四

较修身的 H 型衣身，明门襟，有胸省，稍落肩，翻折领，宽松型袖型，袖子偏长，袖口袖克夫较宽，增加时尚感。如图 1-2-3-4 所示。

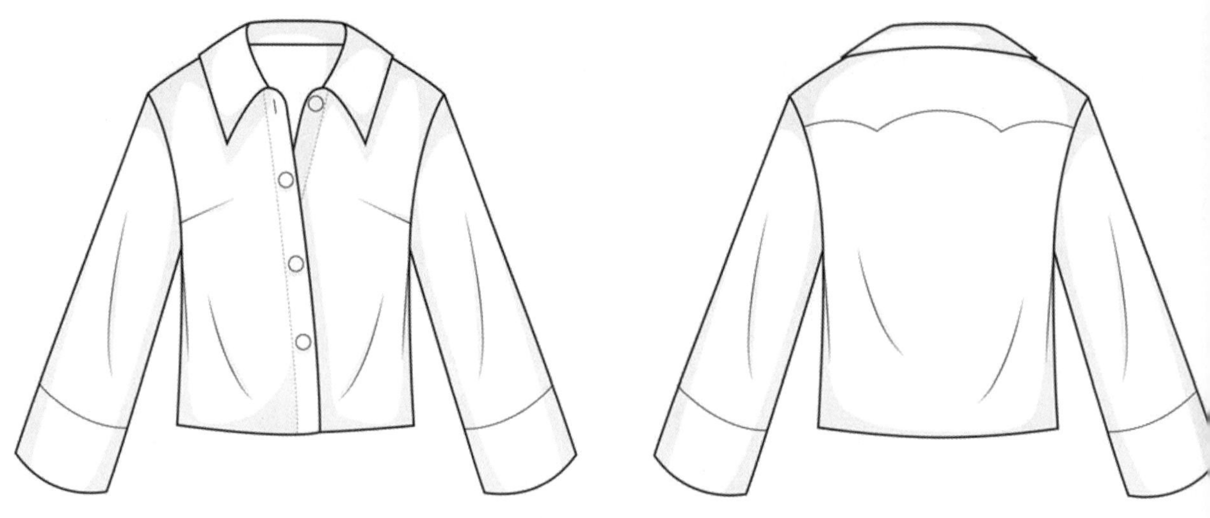

图 1-2-3-4　时尚款四

5. 时尚款五

较宽松的 H 型衣身，稍落肩，加大坦领，领口有装饰性蝴蝶结，宽松型衬衣衣袖，有袖克夫，袖克夫处有三粒钮扣，整体较休闲宽松，如图 1-2-3-5 所示。

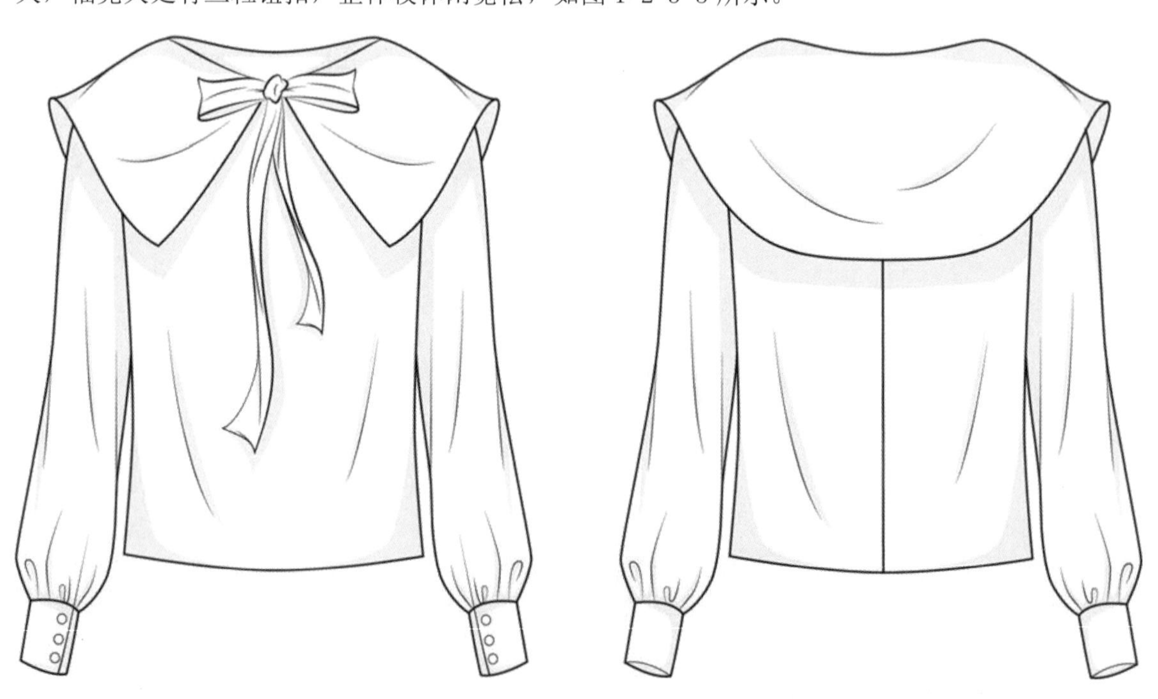

图 1-2-3-5　时尚款五

6. 时尚款六

较宽松的H型衣身，稍落肩，蝴蝶结系带领，衣袖较宽松，袖口抽碎褶，有袖克夫，如图1-2-3-6所示。

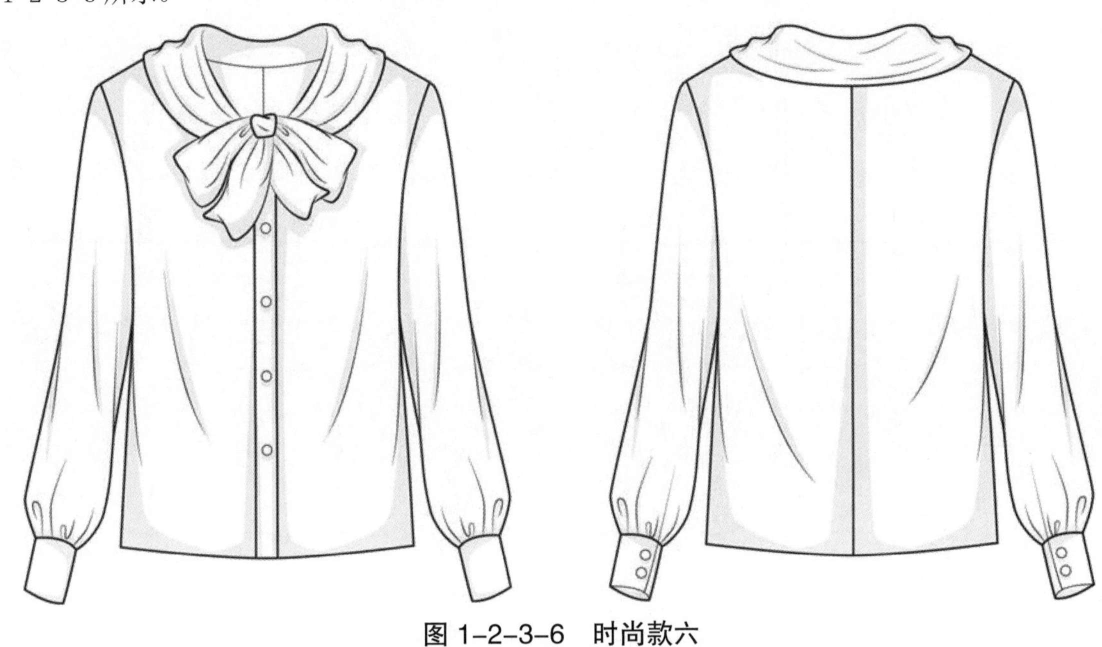

图 1-2-3-6　时尚款六

7. 时尚款七

较宽松的H型衣身，稍落肩，娃娃领，袖口较宽大，通过袖带固定，形成自然碎褶，如图1-2-3-7所示。

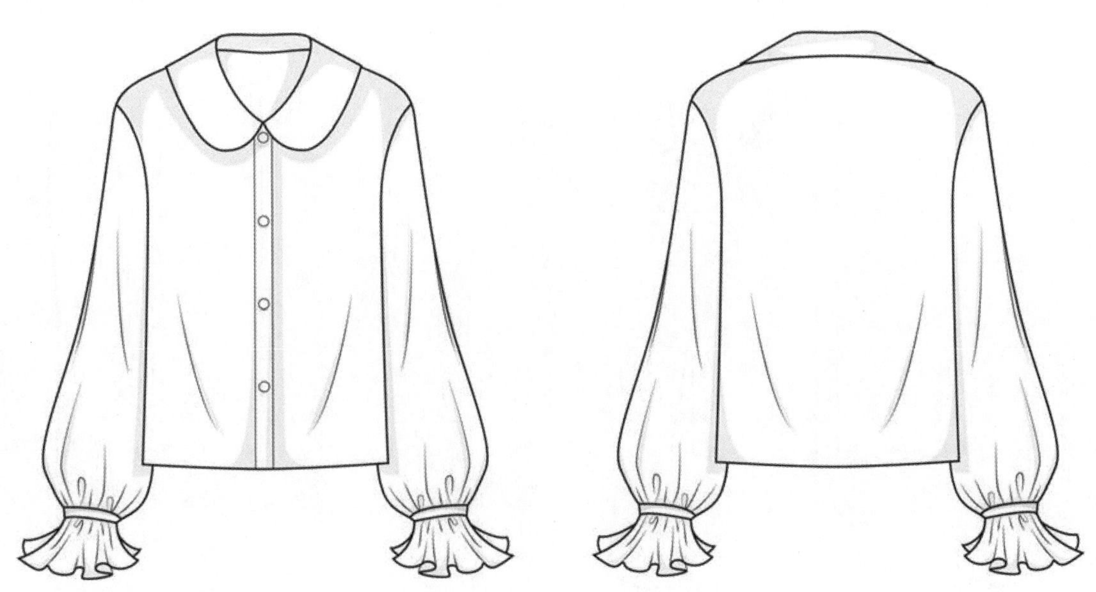

图 1-2-3-7　时尚款七

8. 时尚款八

较修身的 X 型衣身，腰部收省，有腰带，腰带以下部位采用抽褶的设计，下摆自然散开形成波浪，稍落肩，翻立领，宽松型衬衣袖，袖口收紧，袖口有袖克夫，如图 1-2-3-8 所示。

图 1-2-3-8　时尚款八

9. 时尚款九

较宽松的 T 型衣身，肩部较宽，装门襟，翻折领，袖山抽褶的羊腿袖，袖口有袖克夫，如图 1-2-3-9 所示。

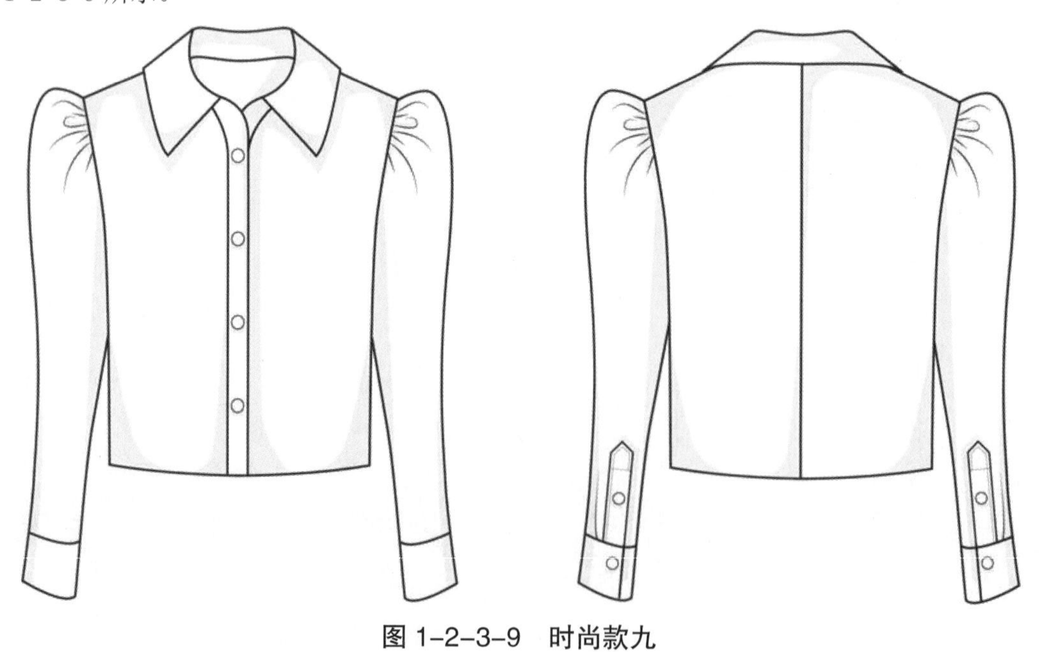

图 1-2-3-9　时尚款九

10. 时尚款十

较宽松的 H 型衣身，落肩，海军领，系有领巾，前胸有两个贴袋，宽松型衬衣袖，袖口有袖克夫，如图 1-2-3-10 所示。

图 1-2-3-10　时尚款十

11. 时尚款十一

衣身整体风格较修身，收腰，腰部有省道，V 领，领口处加波浪，宽松型衣袖，袖山和袖口均有抽褶设计，袖口有袖克夫，如图 1-2-3-11 所示。

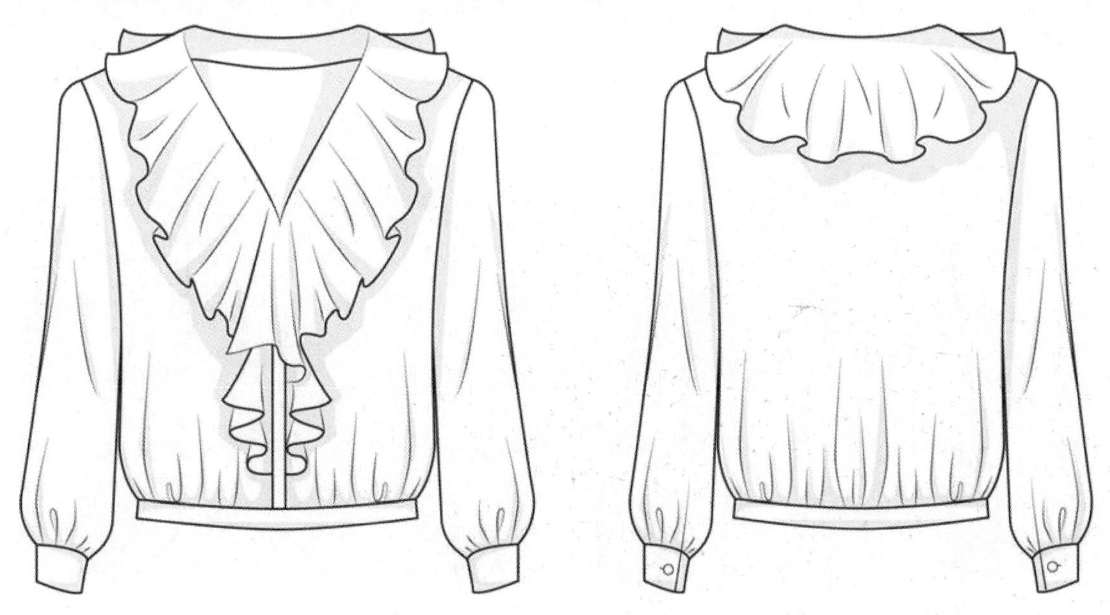

图 1-2-3-11　时尚款十一

12. 时尚款十二

较宽松的 H 型衣身，腰部位置有省道，衣身有分割线，加入装饰性荷叶边，小立领，宽松型衬衣袖，袖口有袖克夫，如图 1-2-3-12 所示。

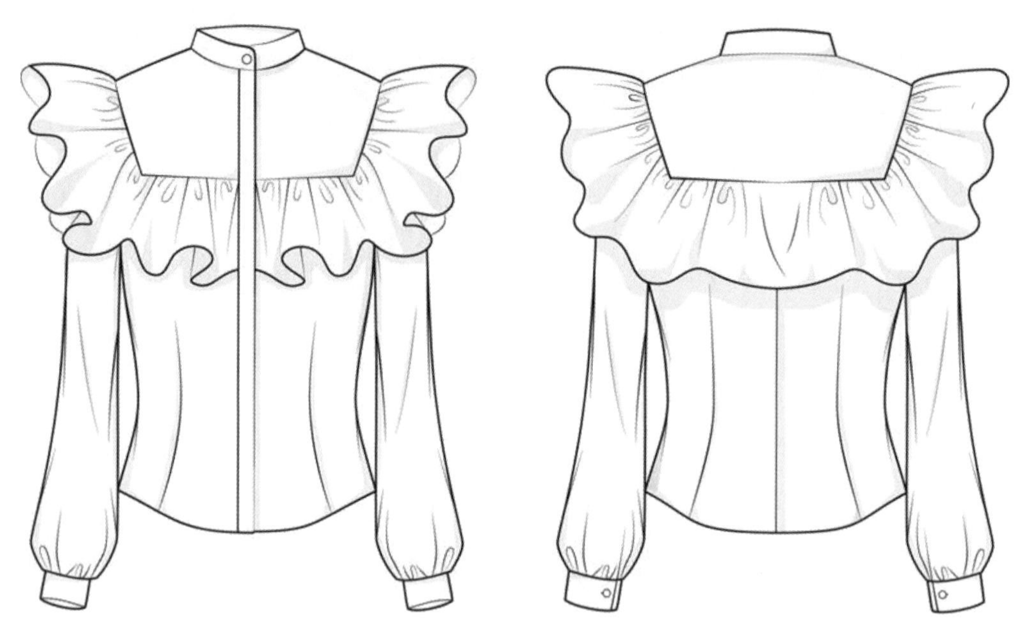

图 1-2-3-12　时尚款十二

13. 时尚款十三

较宽松的 A 字造型衣身，胸前有装饰性分割线和塔克，翻立领，灯笼袖，袖口有袖克夫，如图 1-2-3-13 所示。

图 1-2-3-13　时尚款十三

14. 时尚款十四

X 型衣身，腰部抽褶，有腰带，腰带以下也抽碎褶，下摆自然展开形成波浪，稍落肩，V 领，袖口抽褶，有袖克夫，如图 1-2-3-14 所示。

图 1-2-3-14　时尚款十四

15. 时尚款十五

衬衫式连衣裙，宽松休闲的 A 廓型，翻折领，且翻领较宽，袖子为落肩袖，整体比较宽松，在袖口处收紧，长袖克夫，门襟适当加宽，胸前有一个贴袋，如图 1-2-3-15 所示。

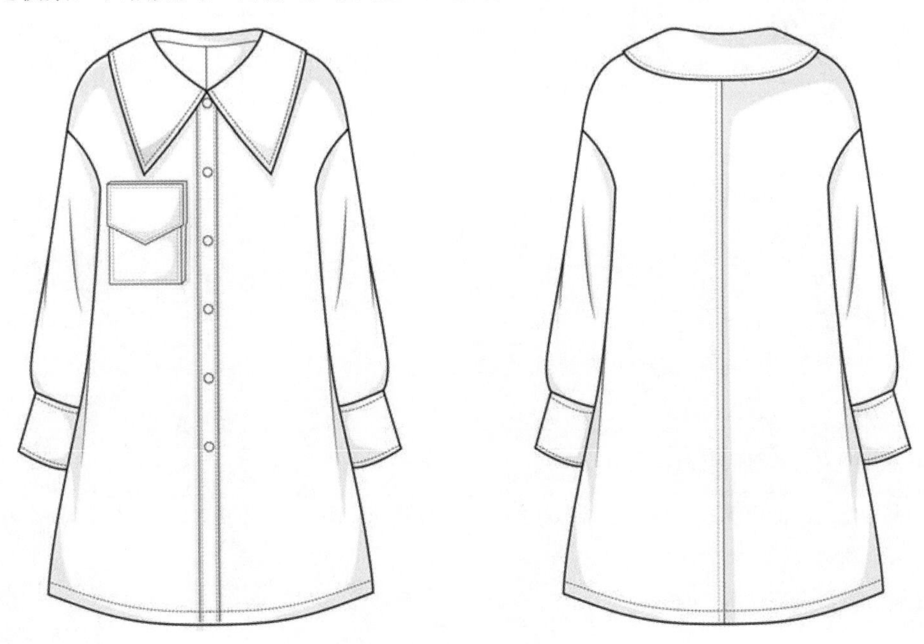

图 1-2-3-15　时尚款十五

16. 时尚款十六

衣身整体风格较修身，有刀背分割线，青果翻折领，衣袖风格较贴体，袖口有袖克夫，如图 1-2-3-16 所示。

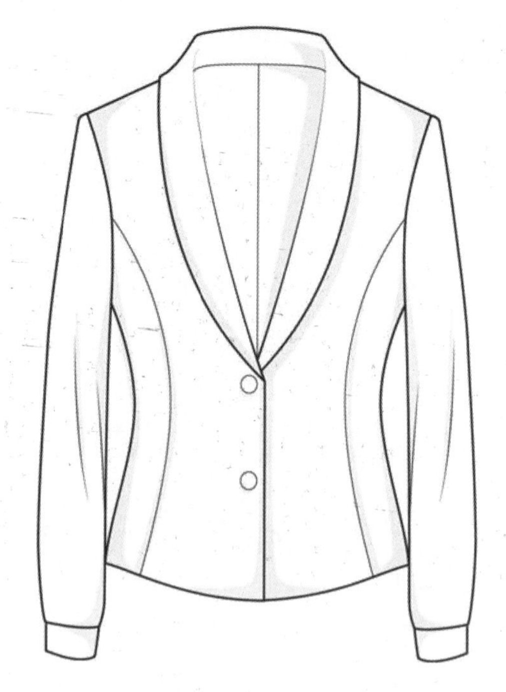
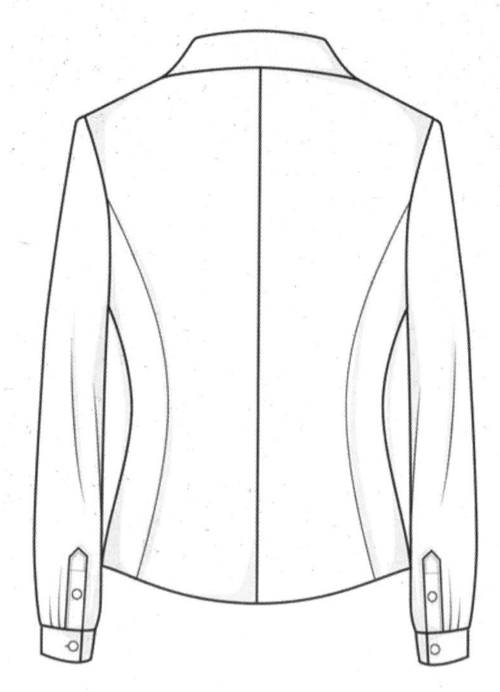

图 1-2-3-16 时尚款十六

表 1-2-3-1 评价与分析表

<table>
<tr><td>班级</td><td></td><td>姓名</td><td></td><td>学号</td><td></td><td colspan="3">日期</td><td>年 月 日</td></tr>
<tr><td>序号</td><td colspan="4">评价要点</td><td>配分</td><td>自评</td><td>互评</td><td>师评</td><td>总评</td></tr>
<tr><td>1</td><td colspan="4">穿戴整齐，着装符合要求</td><td>10</td><td></td><td></td><td></td><td rowspan="6">A□(86～100)
B□(76～85)
C□(60～75)
D□(60 以下)</td></tr>
<tr><td>2</td><td colspan="4">了解女衬衫的时尚款式，分析女衬衫时尚款包含哪些设计元素</td><td>30</td><td></td><td></td><td></td></tr>
<tr><td>3</td><td colspan="4">能绘制女衬衫时尚款的款式图</td><td>30</td><td></td><td></td><td></td></tr>
<tr><td>4</td><td colspan="4">与同学之间能相互合作</td><td>10</td><td></td><td></td><td></td></tr>
<tr><td>5</td><td colspan="4">能严格遵守作息时间</td><td>10</td><td></td><td></td><td></td></tr>
<tr><td>6</td><td colspan="4">能及时完成老师布置的任务</td><td>10</td><td></td><td></td><td></td></tr>
<tr><td>小结
建议</td><td colspan="9"></td></tr>
</table>

项目二　女衬衫结构制图

学习目标

- 了解和掌握各类女衬衫的外形和测量要点，并能进行人体测量和规格设计
- 能记住各类女衬衫各部位的名称，并分析各部件的组合关系
- 能掌握各类女衬衫的制图要领与方法，并能进行结构制图与规范标注
- 通过学习各类女衬衫的结构制图原理，能够举一反三，灵活设计各种不同款式女衬衫的规格尺寸，并进行结构制图

建议学时： 32 学时

学习任务

了解女衬衫的款式特点，能够根据其款式风格与人体体型之间的关系进行规格尺寸设计，掌握原型的构成以及制图方法，并能熟练画出基础女衬衫和各种时尚款女衬衫的结构图，要求能体现出女衬衫的结构特征和工艺制作要求。

学习内容

学生从教师处接受 T 型女衬衫结构制图的任务，制定工作计划，获取制作 T 型女衬衫结构制图的标准、要求等，根据要求，独立完成 T 型女衬衫结构制图。工作过程中遵循现场工作管理规范，认真完成以下四个任务：

任务一、女衬衫结构设计基础

任务二、基础女衬衫结构制图

任务三、经典款女衬衫结构设计拓展

任务四、时尚款女衬衫结构设计拓展

任务一　女衬衫结构制图基础

学习活动 1　接受任务、制定计划

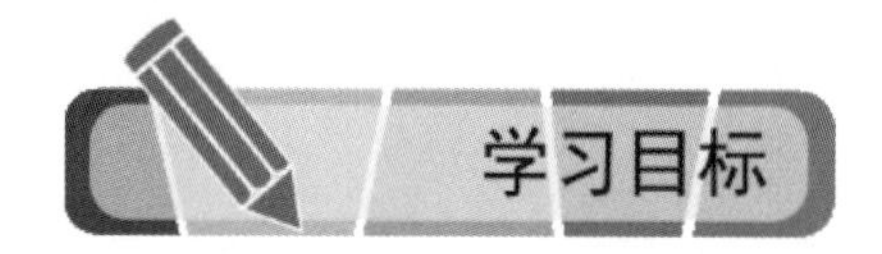

- 能通过学习女衬衫的结构特征、制图原理与方法，了解结构制图的基础知识
- 能独立进行原型衣身和衣袖的结构制图
- 能根据加工工序确定工时，并制定出合理的工作计划进度表

建议学时：1 学时

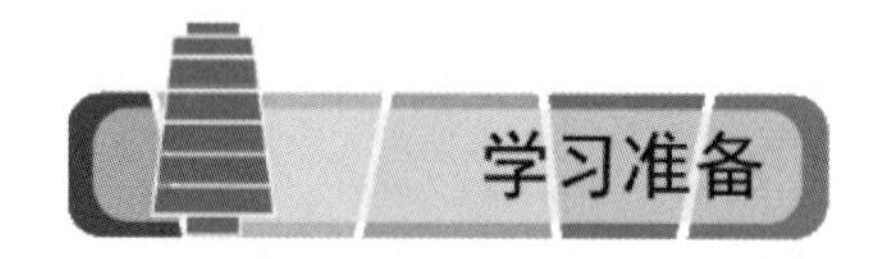

T 型女衬衫实物、教具、各种绘图工具、安全操作规程、学习材料

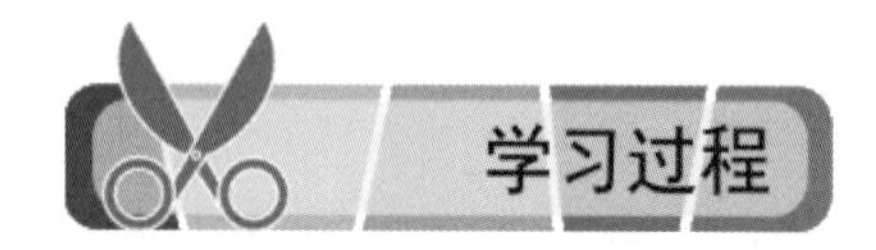

1. 查阅相关资料，了解结构制图需要的工具

铅笔；橡皮；尺：直尺，三角尺，软尺，比例尺等；曲线板；圆规；样板纸：牛皮纸，卡纸。

2. 查阅相关资料，了解服装几大类原型

- 东华原型
- 日本文化式新文化原型
- 日本文化式(第六版)原型

3. 完成基础女衬衫的结构制图，小组讨论完成本任务工作安排

表 2-1-1-1　任务工作安排表

时间		主题	女衬衫结构制图 工作安排
主持人		成员	
讨论过程			
结论			

4. 根据小组讨论结果，制定最适合自己的工作计划

表 2-1-1-2　工作计划表

序号	开始时间	结束时间	工作内容	工作要求	备注

表 2-1-1-3　工作评价表

班级		姓名		学号		日期			年　月　日
序号	评价要点				配分	自评	互评	师评	总评
1	穿戴整齐，着装符合要求				10				A□(86～100) B□(76～85) C□(60～75) D□(60 以下)
2	能将制图工具准备完整				20				
3	能熟悉服装几大类原型				30				
4	能制定出合理的工作计划				10				
5	与同学之间能相互合作				10				
6	能严格遵守作息时间				10				
7	能及时完成老师布置的任务				10				
小结建议									

学习活动 2　结构制图基础知识
（日本文化式成人女子原型的基础知识）

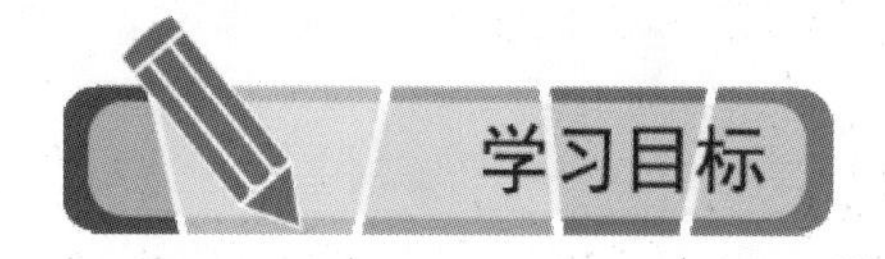

- 通过学习日本文化式成人女子原型的绘制，理解其结构制图原理
- 通过学习原型的概念及分类，了解原型的种类、基础款式样板和特征
- 通过学习原型的制图方法与过程，掌握原型版制作的流程

建议学时：1 学时

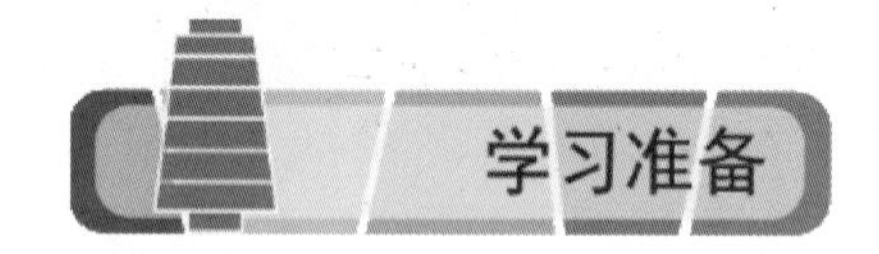

原型样板、坯布、人台、教具、安全操作规程、学习材料

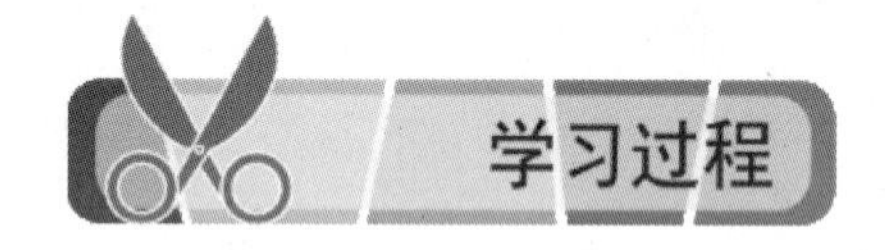

1. 查阅相关资料，写出服装样板制作的种类

服装样板制作种类分为两种：平面制图制作样板与立体裁剪制作样板。

（1）平面制图：俗称平面裁剪，就是在平面的纸张上按定寸或公式制作裁剪图，并完成放缝、对位、标注各类技术符号等技术工作，最后剪切、整理成规范的纸样。平面制图根据结构制图时有无过渡媒介体可分为间接法和直接法两种。其中间接法又分为原型法与基型法，是采用原型或基型等基础纸样作为过渡媒介体，在其基础上根据服装具体尺寸及款式造型，通过加放、缩减尺寸及剪切、折叠、拉展等技术手法制作所需服装的结构图；直接法具体又可分为比例法与实寸法，需要根据一定的经验积累，不通过任何间接媒介，按服装的各细部尺寸或运用基本部位与细部之间的关系直接制图。本书采用比较适合初学者学习的原型法来介绍结构制图的方法。

（2）立体裁剪：将坯布覆盖在人体或人台上，沿着人体的曲面，将布料通过折叠、收省、聚集、提拉等手法做成效果图所显示的服装主体形态，然后展平成二维的布样，并制作样板，此方法对操作者的技术素质和艺术修养要求较高。

2. 查阅相关资料，写出原型的概念及一些基本知识

- 什么是原型？

  原型是制作服装的基础型，是最简单的服装样板。

- 原型的种类有哪些？

  原型的种类有成人女子原型、成人男子原型、少女原型、儿童原型。

- 原型的基本款式样板有哪些？

  原型的基本款式样板有衣身、衣袖、裙子、裤子。

- 成年女子原型有几类？

  成年女子原型的种类有合体型、肥大宽松型、紧身型。

- 原型有哪些特征？

  因为胸部隆起需要从 BP 点向腰围线方向设置省道，所以省道是服装形成立体感的重要因素。

3. 查阅相关资料，写出原型板制作的流程

（1）确定放松量；（2）根据款式造型在原型基础上加放、推移做成样板；（3）裁剪；（4）假缝成形；（5）补正和修正样板。

表 2-1-2-1 评价与分析表

<table>
<tr><td>班级</td><td>　</td><td>姓名</td><td>　</td><td>学号</td><td>　</td><td colspan="3">日期</td><td>年 月 日</td></tr>
<tr><td>序号</td><td colspan="4">评价要点</td><td>配分</td><td>自评</td><td>互评</td><td>师评</td><td>总评</td></tr>
<tr><td>1</td><td colspan="4">穿戴整齐，着装符合要求</td><td>10</td><td></td><td></td><td></td><td rowspan="6">A□(86～100)
B□(76～85)
C□(60～75)
D□(60 以下)</td></tr>
<tr><td>2</td><td colspan="4">能写出样板制作的种类</td><td>20</td><td></td><td></td><td></td></tr>
<tr><td>3</td><td colspan="4">能写出原型的概念及一些基本知识</td><td>20</td><td></td><td></td><td></td></tr>
<tr><td>4</td><td colspan="4">能写出原型板制作的流程</td><td>20</td><td></td><td></td><td></td></tr>
<tr><td>5</td><td colspan="4">与同学之间能相互合作</td><td>10</td><td></td><td></td><td></td></tr>
<tr><td>6</td><td colspan="4">能严格遵守作息时间</td><td>10</td><td></td><td></td><td></td></tr>
<tr><td>7</td><td colspan="4">能及时完成老师布置的任务</td><td>10</td><td></td><td></td><td></td><td></td></tr>
<tr><td>小结
建议</td><td colspan="9"></td></tr>
</table>

学习活动 3　原型构成与部位名称

- 能独立查阅相关资料，熟记并能填写原型各部位的线条名称
- 能独立查阅相关资料，确定原型制作的各部位规格尺寸
- 能独立查阅相关资料，填写原型主要部位的计算公式

建议学时：2 学时

原型样板、教具、相关资料、安全操作规程、学习材料

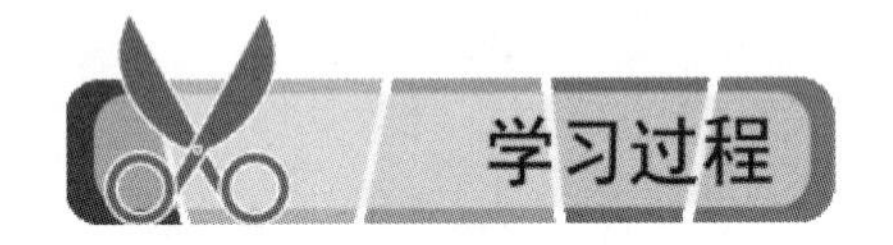

1. 熟记原型各部位的线条名称

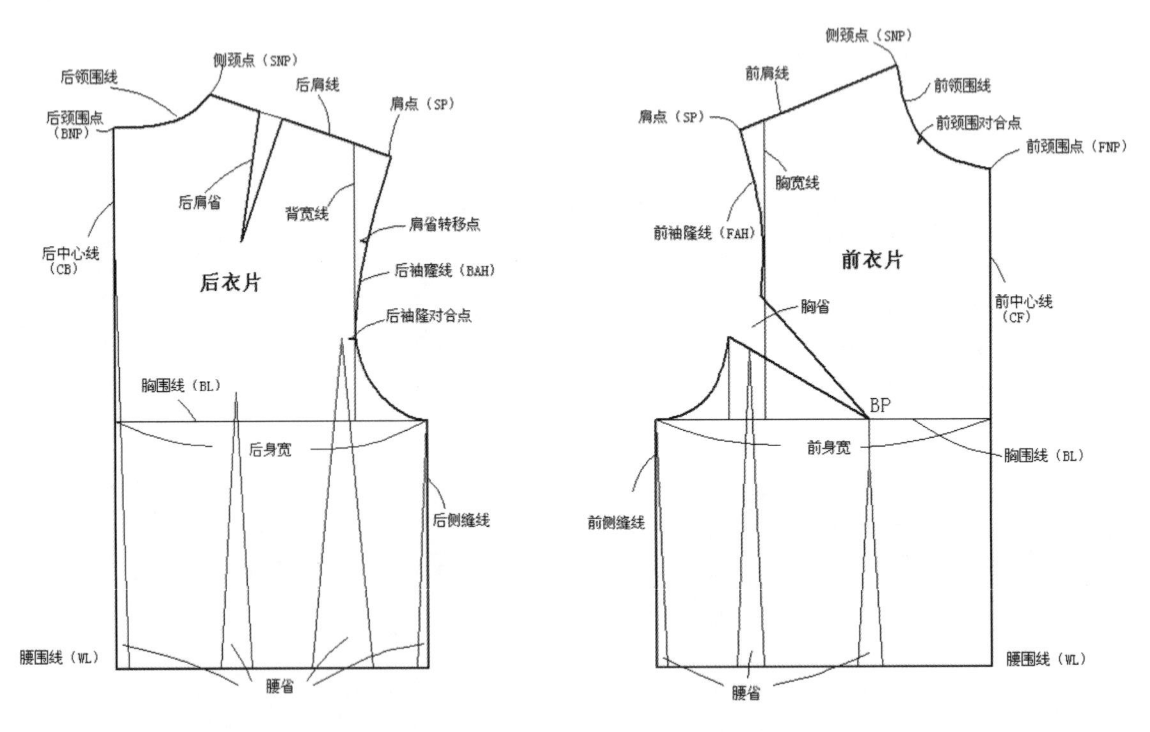

图 2-1-3-1　衣身原型各部位名称

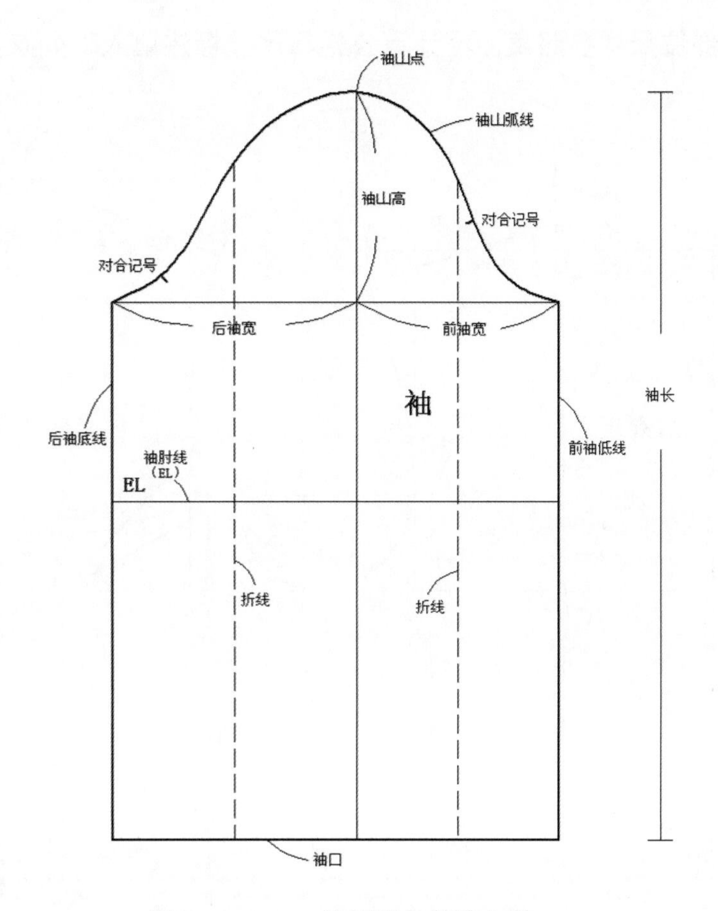

图 2-1-3-2　袖原型各部位名称

2. 查阅相关资料，确定原型的制作规格

3. 原型尺寸

胸围 84cm　　腰围 64cm　　袖长 53cm　　背长 38cm

表 2-1-5　160/84A 各部位尺寸参照表　　单位：cm

项目	前后身宽	Ⓐ～BL	背宽	Ⓑ～BL	胸宽	B/32	前领口宽	前领口深	胸省		后领口宽	后肩省	★
									度	cm			
B	B/2+6	B/12+13.7	B/8+7.4	B/5+8.3	B/8+6.2	B/32	B/24+3.4=◎	◎+0.5	(B/4-2.5)	(B/12-3.2)	◎+0.5	B/32-0.8	★
84	48.0	20.7	17.9	25.1	16.7	2.6	6.9	7.4	18.5	3.8	7.1	1.8	0.0

4. 根据各部位尺寸参照表，将计算公式与尺寸标注填入下列衣身原型图中

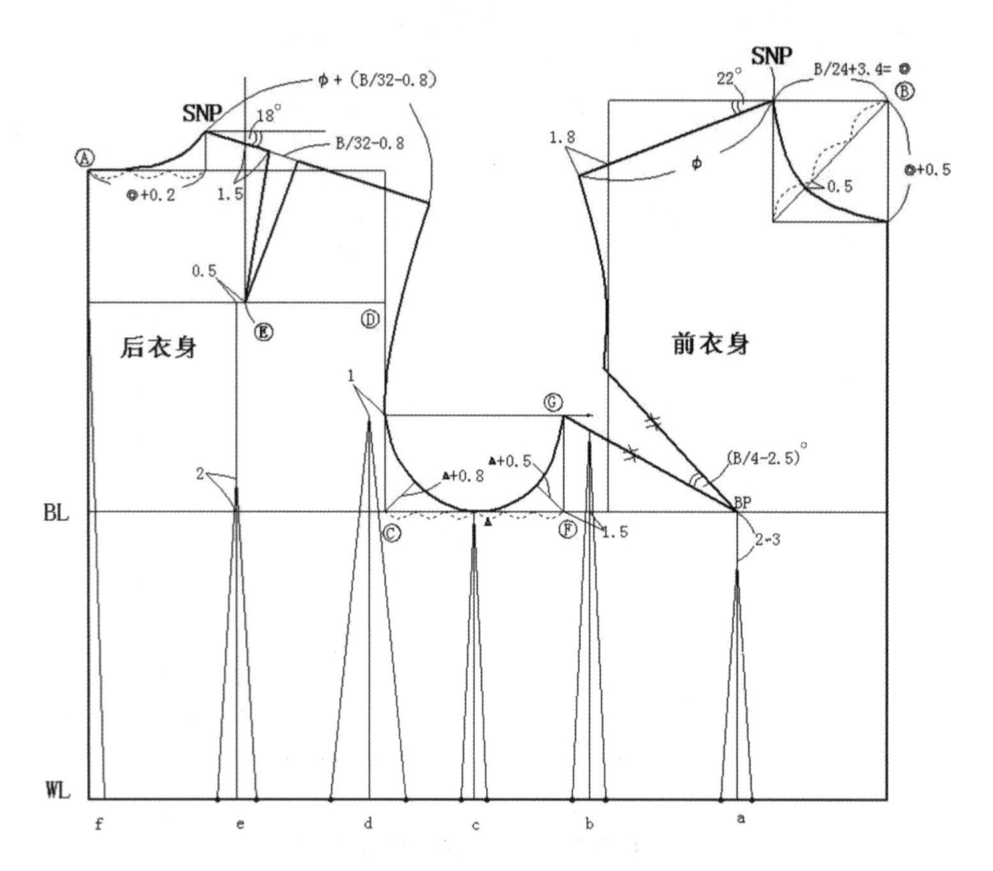

图 2-1-3-3 衣身原型各部位尺寸参照图

表 2-1-3-2 活动过程评价表

班级		姓名		学号		日期			年 月 日
序号	评价要点				配分	自评	互评	师评	总评
1	穿戴整齐，着装符合要求				10				A□（86～100） B□（76～85） C□（60～75） D□（60 以下）
2	填写原型各部位的线条名称				30				
3	标注原型各部位的计算公式与尺寸				30				
4	同学之间相互合作				10				
5	能严格遵守作息时间				10				
6	能及时完成老师布置的任务				10				
小结建议									

学习活动 4　衣身原型结构制图

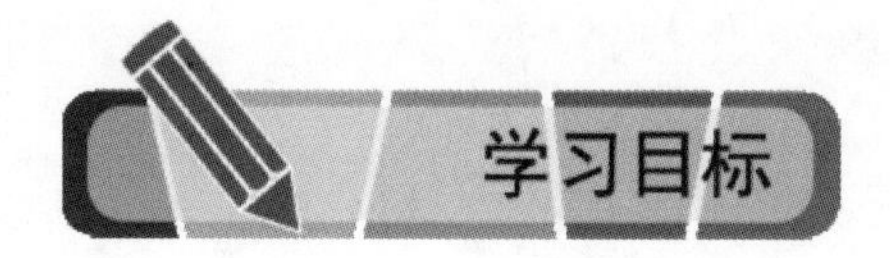

- 熟记计算公式
- 熟悉制图步骤
- 会前后衣身原型的框架制图
- 能在衣身原型框架图的基础上绘制前后衣身原型的轮廓线
- 能在结构图上进行公式、制图符号、丝绺的标注

建议学时：2 学时

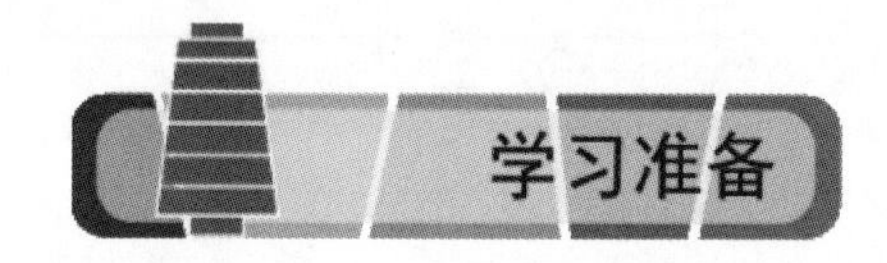

原型样板实物、教具、安全操作规程、学习材料

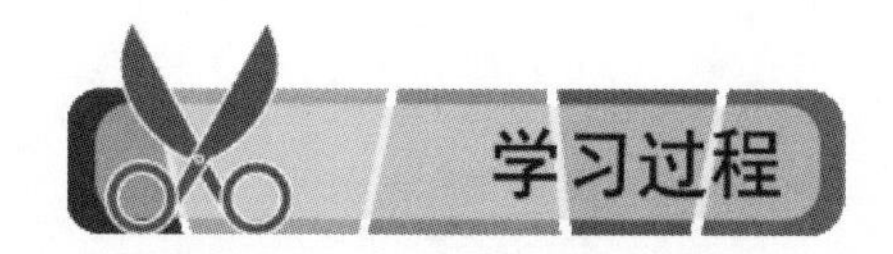

1. 根据衣身原型框架图，教师介绍原型基础线制图的步骤和主要公式

（1）画后中心线：从 A 点向下取背长 38cm 画出后背中心线。

（2）画腰节线(WL)：垂直于后中线，取 B/2+6cm。

（3）画胸围线(BL)：在后中心线上由后领中心点 A 点向下取 B/12+13.7cm 作为 BL 的位置。

（4）画出前中心线并在 BL 位置上画水平线。

（5）确定背宽线：在胸围线上(BL)取 B/8+7.4cm 作 C 点，从 C 点起向上垂直作背宽线。

（6）后领中心点 A 点和背宽线点连接成长方形。

（7）从后领中心点 A 点向下 8cm 作后中心线垂直线与背宽线相交为 D 点，把垂直线分成二等，从二等分处向右 1cm 为 E 点，这是肩省的导向点。

（8）前中心线与胸围线的交点向上取 B/5+8.3cm 作 B 点，从 B 点画上平线。

（9）在胸围线上取胸宽 B/8+6.2cm，在胸宽二等分处往侧缝方向移 0.7cm 作为 BP 点。

（10）加入胸宽线画长方形。

（11）在胸围线上往侧缝方向取 B/32 作 F 点，从 F 点垂直向上，并求 C 和 D 的二等分点往下 0.5cm 处画垂直线与 F 点的延长线相交为 G 点，这个水平线作为 G 线。

（12）把 C 点和 F 点之间分二等分作为侧缝线。

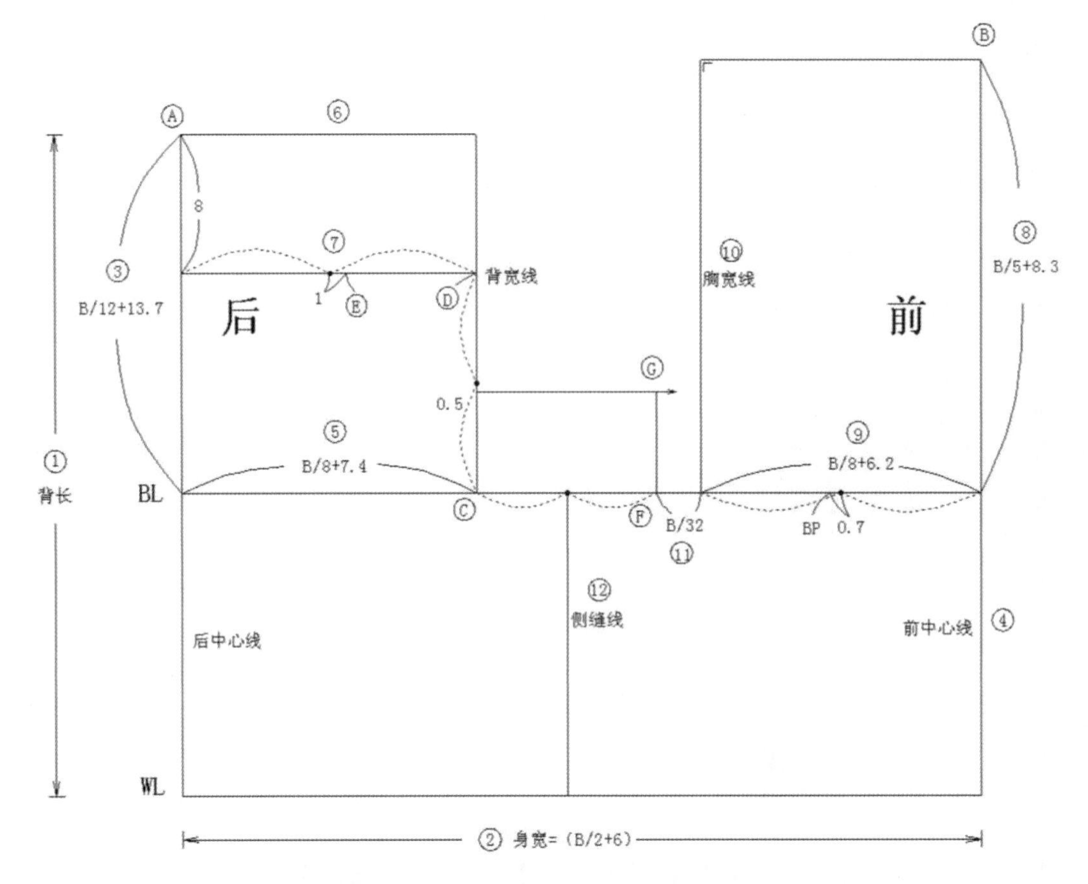

图 2-1-4-1　衣身原型基础框架图

2. 教师演示、学生独立绘制衣身原型框架图

制图要求：

- 制图比例 1∶4
- 纸张 A4
- 铅笔（0.5mmHB 笔芯）
- 线条清晰、标注规范、图纸整洁

3. 教师讲解、演示画领围线、肩线、袖窿的轮廓线、画省道的过程

（1）画前领围线

前横开领取 B/24+3.4cm，直开领比横开领大 0.5cm 画长方形，经 B 点画长方形对角线，分成三等分，在 1/3 等分点往下 0.5cm 作为导向点，通过三点画顺弧线。

（2）画前肩线

在上平线上通过颈侧点取 22° 作前肩斜线，经过胸宽线往外延长 1.8cm 画前肩线。

（3）画胸省和前袖窿上部线

连接 G 点和 BP 点，在这条线上取(B/4-2.5)° 作为胸省量，省道两边相等，连接前肩点和胸宽线，画袖窿弧线。

（4）画前袖窿底

将 F 点和侧缝之间三等分，画 45° 对角线，在对角线上取 1/3+0.5(▲+0.5)作为向导点，三点连接(G 点、向导点、侧缝点)画顺袖窿底弧线。

（5）画后领围线

后横开领为前横开领+0.2cm，分成三等分，取一等分高度为后直开领大，画顺后领围弧线。

（6）画后肩线

由颈侧点作水平线，取 18° 作后肩斜线。

（7）画肩省

在后肩斜线上取前肩宽加后肩省量 B/32-0.8cm，在 E 点往上垂直延伸与肩线相交点往 SP 侧取 1.5cm 作为肩省的位置。

（8）画后袖窿

从 C 点起 45° 的线上取▲+0.8cm 作为导向点，连接肩点、背宽点和导向点画顺后袖窿弧线。

（9）画腰省

省 a=1.75cm —— BP 点下 2～3cm

省 b=1.875cm —— 由 F 点往前中心 1.5cm

省 c=1.375cm —— 侧缝线

省 d=4.375cm —— 背宽线与 G 线交点往后中 1cm

省 e=2.25cm —— 从 E 点往后中 0.5cm

省 f=0.875cm —— 后中心

将这些点画垂直线作为省的中心线，各省的量是相对总省量的比例来计算的。总省的量为（B/2 +6）-（W/2+3）cm。

4. 学生根据教师的讲解与演示，并结合制图实例，独立完成衣身原型轮廓线和内部结构线

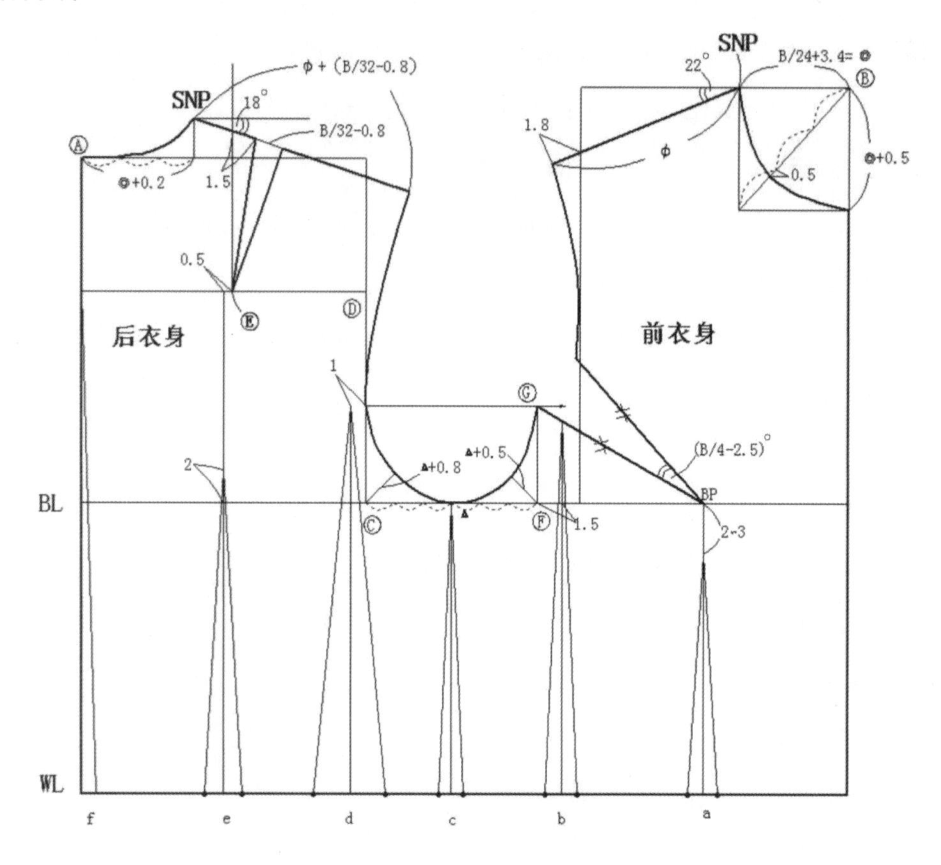

图 2-1-4-2　前后衣身原型制图实例

表 2-1-4-1　学习活动评价表

班级		姓名		学号		日期			年　月　日
序号	评价要点				配分	自评	互评	师评	总评
1	穿戴整齐，着装符合要求				10				A□(86～100) B□(76～85) C□(60～75) D□(60 以下)
2	能独立完成前后片原型基础线的绘制				20				
3	能独立绘制衣身原型轮廓线及内部结构线				40				
4	同学之间相互合作				10				
5	能严格遵守作息时间				10				
6	能及时完成老师布置的任务				10				
小结建议									

学习活动 5　衣袖原型结构制图

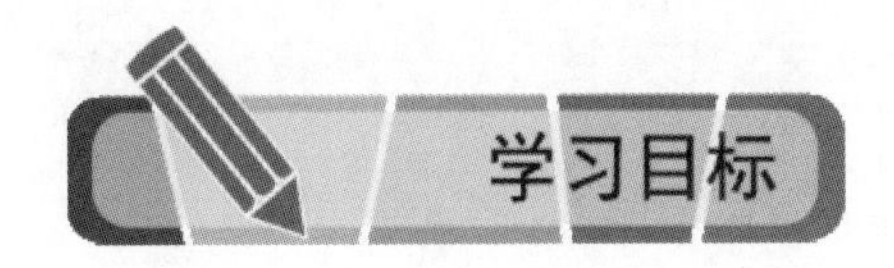

- 能根据袖窿弧长确定袖山高
- 能根据面料性能确定袖山的缝缩量
- 能进行袖原型结构制图

建议学时：1 学时

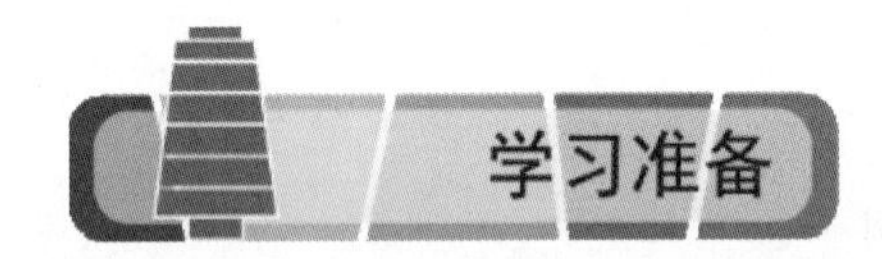

袖原型 1∶1 制图实例、实物、制图工具、制图板、A4 纸

1. 查阅资料，学生了解袖原型框架制图，教师讲解袖原型框架图的制图步骤

（1）拷贝前后衣身，画出胸围线、侧缝线、背宽线、袖底线，画 G 线水平线按住 BP 关闭袖窿省，再拷贝从肩点开始的袖窿弧线。

（2）确定袖山高度

延长侧缝线作为袖山线，确定袖山高，胸围线到前后肩高度差二等分点的 5/6 处，即为袖山高度，如图 2-1-5-1 所示。

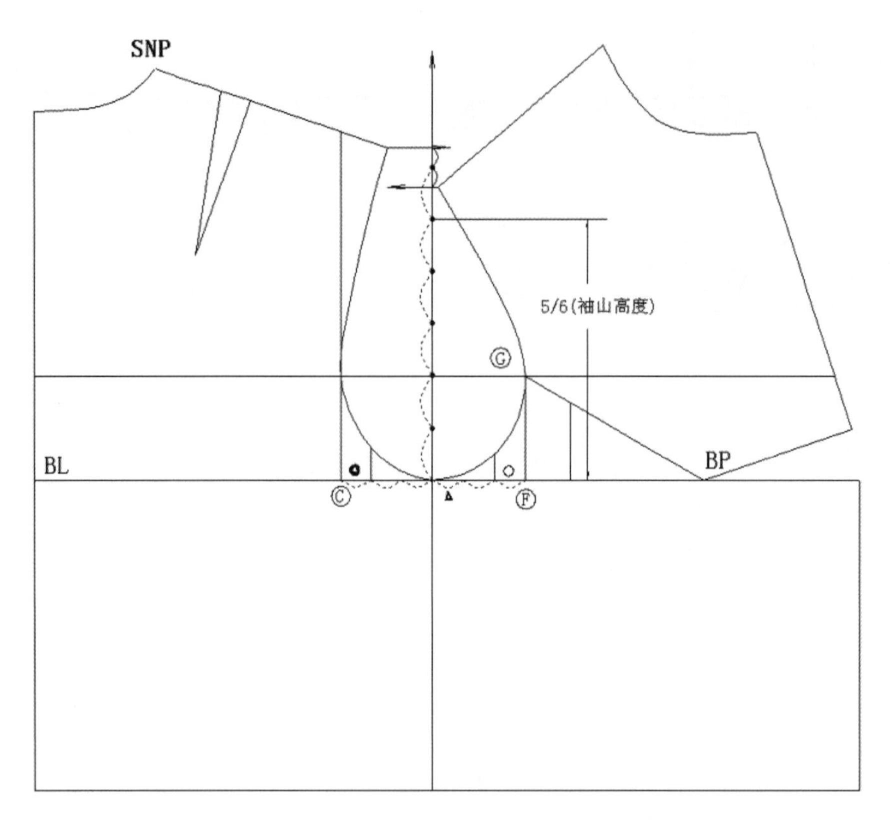

图 2-1-5-1　定袖山高图

（3）确定袖宽

前袖宽取前 AH 长，后袖宽取后 AH+1+★，分别连接袖山点到胸围线上，由袖宽点向下画袖底线，如图 2-1-5-2 所示。

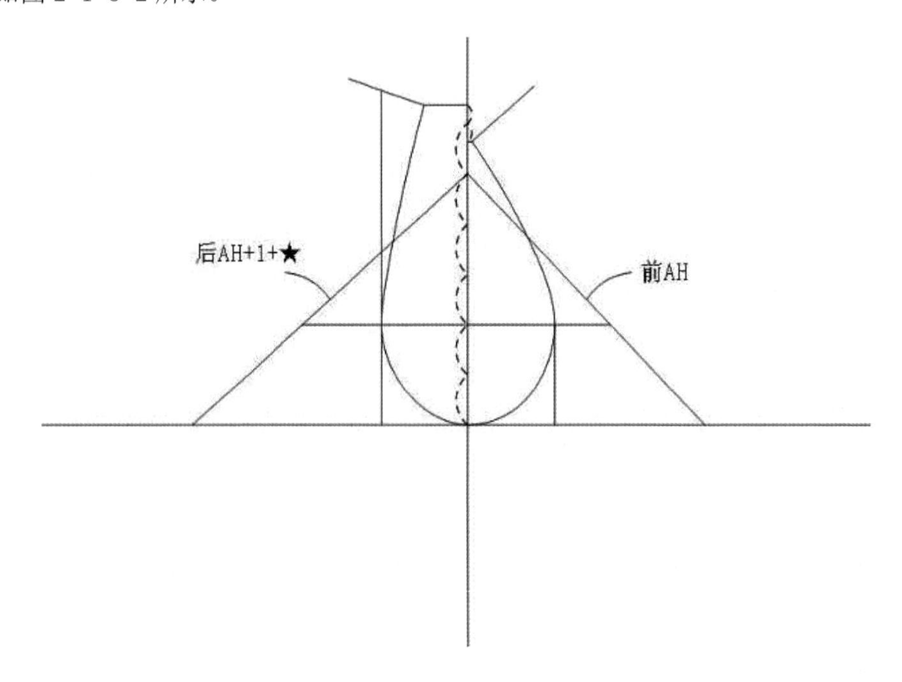

图 2-1-5-2　袖山宽图

（4）确定袖长，画袖肘线

袖长：从袖山点取袖长尺寸画袖口线。

袖肘线：取 1/2 袖长+2.5cm 确定袖肘位置画袖肘线(EL)，如图 2-1-5-3 所示。

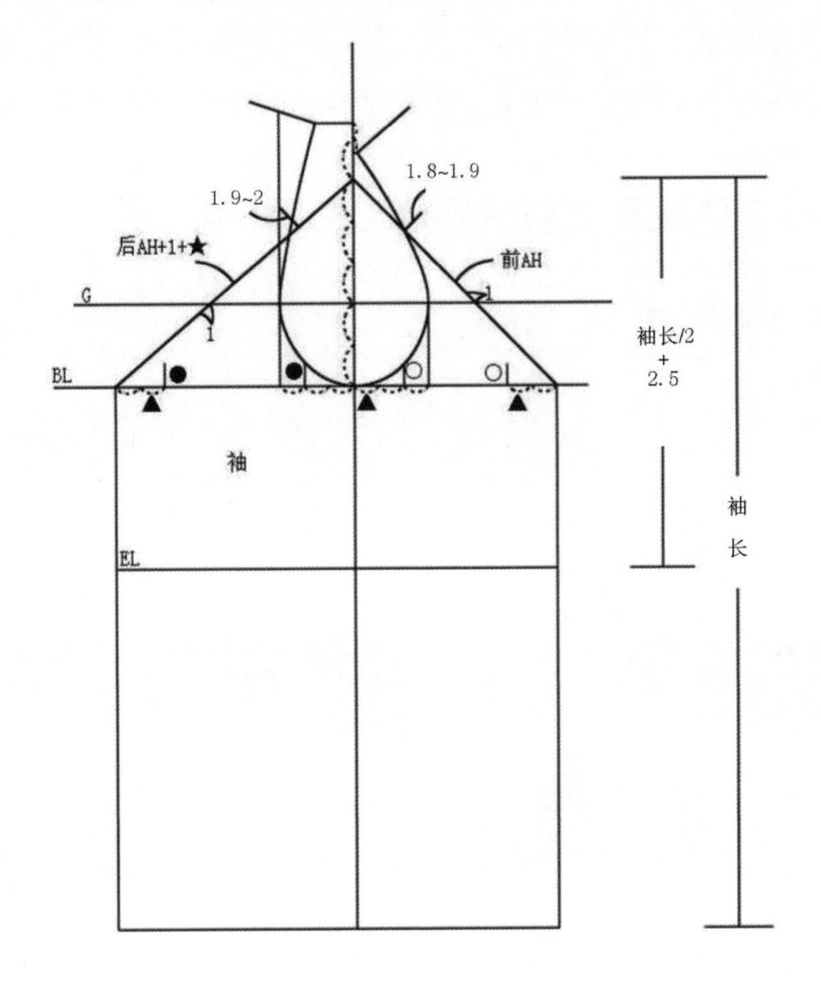

图 2-1-5-3　袖原型框架图

2. 学生根据袖原型框架的制图步骤及 1：1 图例完成袖原型框架制图

3. 教师讲解演示在袖原型框架图上进行完整的袖原型制图

（1）画袖山弧线

把袖窿底的●与○之间的弧线分别拷贝到袖底前后，在袖山点往下取前袖斜线的 1/4 处抬高 1.8～1.9cm 画凸弧线，在袖斜线与 G 线的交点往上 1cm 处渐渐改变成凹弧线连接，并画顺。

后袖山弧线是取前 AH/4 位置往上 1.9～2.0cm，连线画成凸弧线，在袖斜线与 G 线交点往下 1cm 渐渐改变成凹弧线连接，并画顺。

（2）加袖窿线、袖山弧线的对合标记

取前袖窿上 G 点到侧缝线的尺寸在前袖底线做对合标记，后侧的对合标记是取袖窿底、袖底线的●的位置，前后袖底的对合处均不加入缩缝量。

（3）加袖折线

将前后袖宽分成二等分，并把袖山弧线拷贝到袖折线内侧，确认袖底弧线。

4. 学生在框架图的基础上独立完成完整的袖原型制图

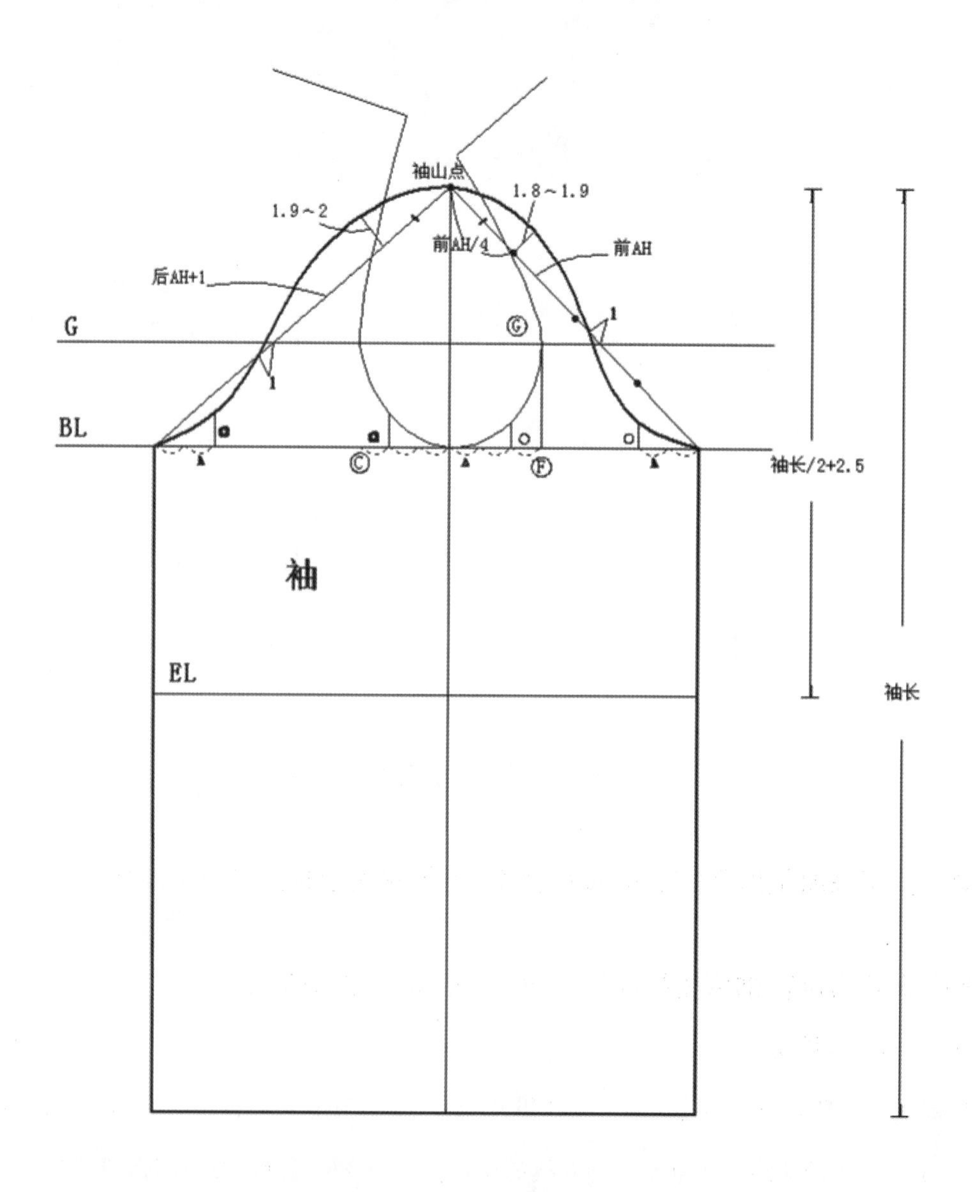

图 2-1-5-4　袖原型制图

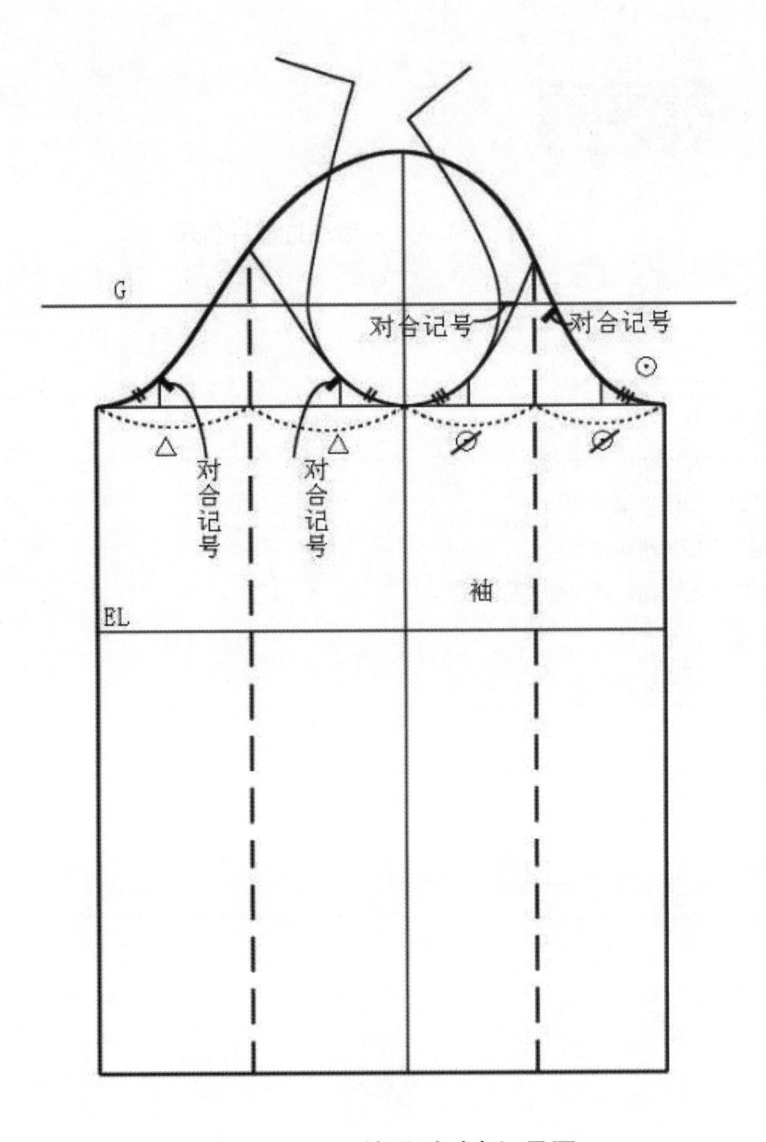

图 2-1-5-5　袖原型对合记号图

5. 袖山缝缩量的确定

- 缩量确定的原理

(1)袖山弧线要比袖窿弧线长 7%～8%，这些差就是缩缝量。缩缝量是为装袖所留的，是为了满足人体手臂的形状，袖山的缩缝量能使袖外形富有立体感。

(2)缩缝量的大小与款式、面料的厚薄有关。面料越厚，缩缝量越大；面料越薄，缩缝量越小；面料越松，缩缝量越大；面料越紧，缩缝量越小。

- 根据教师提供不同性能的面料，学生进行袖山缩缝量大小的排列。

表 2-1-5-1　活动过程评价表

班级		姓名		学号		日期			年　月　日
序号	评价要点				配分	自评	互评	师评	总评
1	穿戴整齐，着装符合要求				10				A□(86～100) B□(76～85) C□(60～75) D□(60 以下)
2	找资料，填写框架制图步骤				10				
3	能进行袖原型的框架制图				20				
4	能完成袖原型的结构图				25				
5	能对不同性能的面料确定袖山缝缩量				15				
6	能严格遵守作息时间				10				
7	能及时完成老师布置的任务				10				
小结建议									

任务二　基础女衬衫结构制图

学习活动 1　接受任务、制定计划

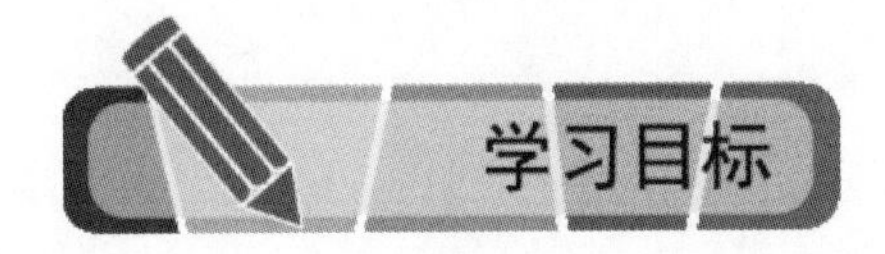

- 能独立绘制基础女衬衫的结构图
- 查阅相关资料确定材料准备周期
- 能独立制作基础女衬衫的纸样以及了解女衬衫的制作工艺
- 能确定工时，并制定出合理的工作计划进度表

建议学时：1 学时

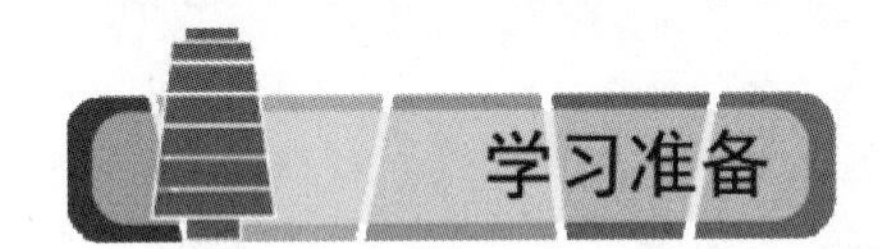

T 型女衬衫实物、教具、各种绘图工具、图纸、安全操作规程、学习材料

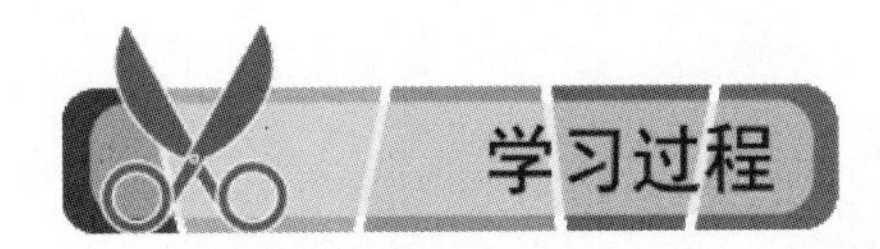

1. 查阅相关资料，了解材料准备周期的概念及其影响因素

- 材料购买资金的申请
- 面辅料材料的市场考察，价格的定位
- 材料能否及时到位
- 面辅料成本核算，加工成本、人工费与客户的协调

2. 根据实物和工艺单提供的款式，分析 T 型女衬衫的外形特征，小组讨论完成本任务工作安排

图 2-2-1-1　T 型女衬衫款式图

表 2-2-1-1　任务工作安排表

时间		主题	T 型女衬衫 结构制图工作安排
主持人		成员	
讨论过程			
结论			

3. 根据小组讨论结果，制定最适合自己的工作计划

表 2-2-1-2　工作计划表

序号	开始时间	结束时间	工作内容	工作要求	备注

评价与分析

表 2-2-1-3　工作评价表

<table>
<tr><td>班级</td><td></td><td>姓名</td><td></td><td>学号</td><td></td><td colspan="3">日期</td><td>年　月　日</td></tr>
<tr><td>序号</td><td colspan="4">评价要点</td><td>配分</td><td>自评</td><td>互评</td><td>师评</td><td>总评</td></tr>
<tr><td>1</td><td colspan="4">穿戴整齐，着装符合要求</td><td>10</td><td></td><td></td><td></td><td rowspan="8">A□(86～100)
B□(76～85)
C□(60～75)
D□(60 以下)</td></tr>
<tr><td>2</td><td colspan="4">能根据实物与工艺单框架内正面、背面的款式图理解款式特征</td><td>20</td><td></td><td></td><td></td></tr>
<tr><td>3</td><td colspan="4">能写出影响工时的主要因素</td><td>10</td><td></td><td></td><td></td></tr>
<tr><td>4</td><td colspan="4">能独立绘制结构图并进行纸样制作及修正</td><td>20</td><td></td><td></td><td></td></tr>
<tr><td>5</td><td colspan="4">能制定出合理的工作计划</td><td>10</td><td></td><td></td><td></td></tr>
<tr><td>6</td><td colspan="4">与同学之间能相互合作</td><td>10</td><td></td><td></td><td></td></tr>
<tr><td>7</td><td colspan="4">能严格遵守作息时间</td><td>10</td><td></td><td></td><td></td></tr>
<tr><td>8</td><td colspan="4">能及时完成老师布置的任务</td><td>10</td><td></td><td></td><td></td></tr>
<tr><td>小结
建议</td><td colspan="9"></td></tr>
</table>

学习活动 2　款式特征与规格设计

- 能独立查阅相关资料，分析 T 型女衬衫外形特征
- 能规范量体并进行松量加放
- 能进行 160/84A 的 T 型女衬衫成衣规格设计

建议学时：1 学时

T 型女衬衫实物、教具、安全操作规程、学习材料

1. 根据款式资料，写出 T 型女衬衫外形特征

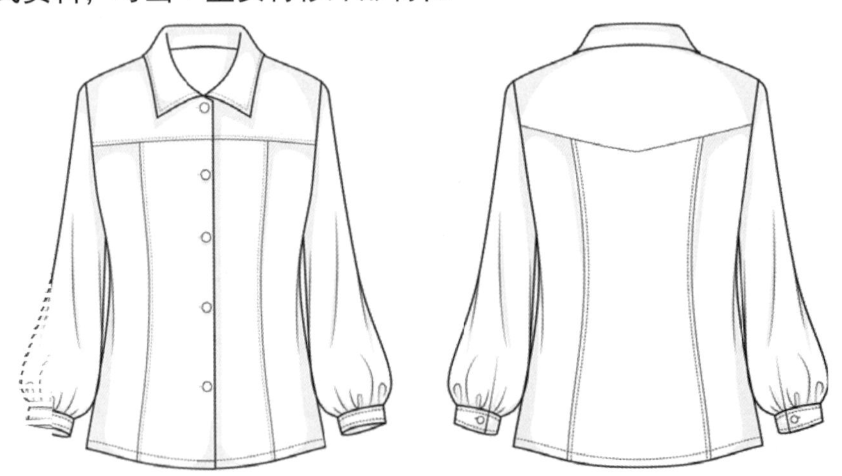

图 2-2-2-1　T 型女衬衫款式图

款式特征概述： 领型为关门尖角领，前中开门襟，单排扣，钉钮五粒，衣袖为一片式长袖，袖口开袖衩，装袖克夫，袖克夫钉钮一粒；前片 T 型分割，后片Π型分割，前后片腰节处略收腰。

2. 教师讲解演示 T 型女衬衫的测量方法，学生写出 T 型女衬衫的测量要点，同学之间相互测量（量体与加放）

- 前衣长：从颈肩点经胸高点向下量至所需长度。
- 后衣长：从第七颈椎点向下量至所需长度。
- 胸围：在胸部最丰满处围量一周，根据款式特点加放。一般适体款式加放 8～12cm，宽松加放 14～16cm，紧身加放 4～6cm。
- 腰围：在腰部最细处围量一周，根据款式特点加放。一般适体款式加放 8～12cm。
- 背长：由第七颈椎点量至腰部最细处。
- 领围：绕第七颈椎点、颈侧点围量一周，加放 1～2cm。
- 肩宽：由左肩骨外端经后领根部量到右肩骨外端。
- 袖长：由肩端点向下量至所需长度。

3. 根据 160/84A 型号的净体尺寸进行女衬衫的成衣规格设计

表 2-2-2-1　成衣规格尺寸(160/84A)　　单位：cm

部位	衣长(L)	胸围(B)	腰围(W)	臀围(H)	腰臀高(HG)	肩宽(S)	门襟宽(FW)
成衣规格	60	96	78	98	18	39	3.4
部位	后领高(NR)	前领高(FR)	后翻领宽(CR)	前翻领宽(CPW)	袖长(SL)	袖口(CW)	袖克夫宽(CH)
成衣规格	3	0	4.5	7	55	22	3

表 2-2-2-2　活动过程评价表

班级		姓名		学号		日期			年　月　日
序号	评价要点				配分	自评	互评	师评	总评
1	穿戴整齐，着装符合要求				10				A□(86～100) B□(76～85) C□(60～75) D□(60 以下)
2	能写出 T 型女衬衫的款式特征				15				
3	写出 T 型女衬衫测量要点				20				
4	同学之间相互测量				20				
5	根据净体尺寸进行成衣规格设计				15				
6	能严格遵守作息时间				10				
7	能及时完成老师布置的任务				10				
小结建议									

学习活动 3　前后衣片的结构制图

- 根据款式图，能对前后衣片的分割线进行合理设置
- 熟悉制图步骤
- 能运用原型进行省道的转移
- 能在原型的基础上完成 T 型女衬衫前后衣片的结构制图
- 能在结构图上进行制图公式、制图符号、丝绺的规范标注

建议学时：2 学时

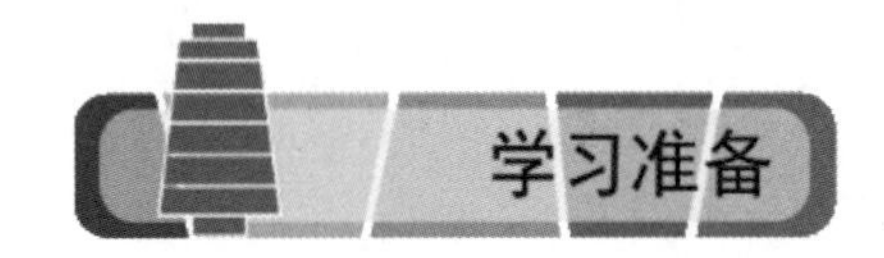

T 型女衬衫实物、原型图、结构图、制图工具、制图板、A4 纸、安全操作规程

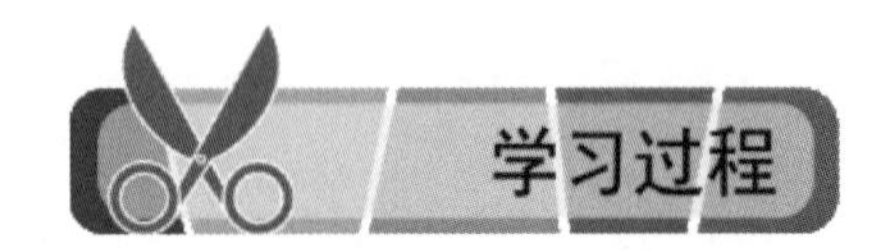

1. **教师讲解演示胸省和肩省的转移分散过程，学生记录操作要点**

- 制作不同款式样板时，要根据所需的款式，以 BP 点为基点进行省道的转移，再制作相应的样板。
- 后衣片的肩省由于包含着肩胛骨的量，可以用分割线分散掉，通过分散至袖窿或移至后领圈等方法处理。
- 腰省沿着腰节线进行分散。
- 由于腰省是沿着身体曲线分散胸腰差而出现的省道，靠近侧缝的前后腰省是在关闭后作样板，不能作为省道来表现。

2. 原型胸省道的移动

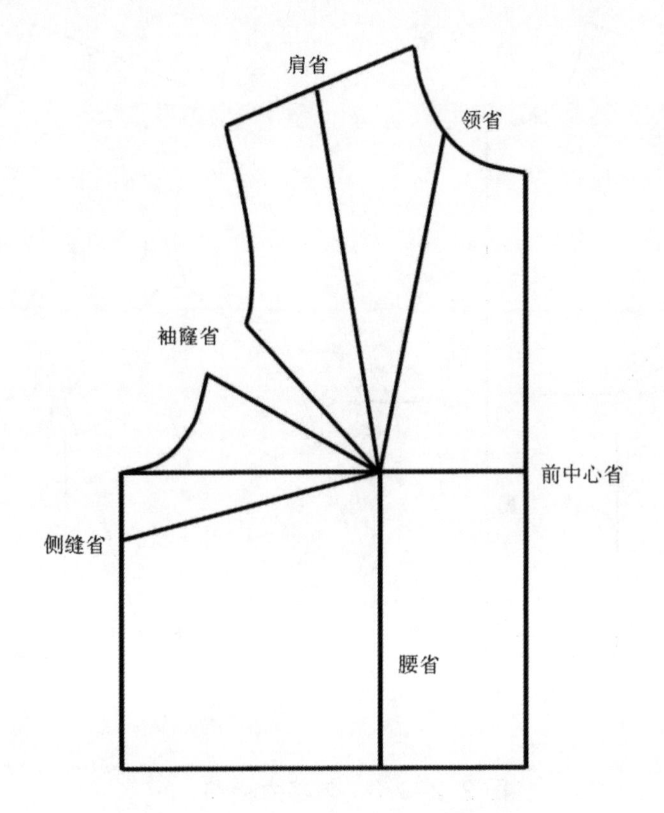

图 2-2-3-1　原型各省道介绍

- 转移为侧缝省

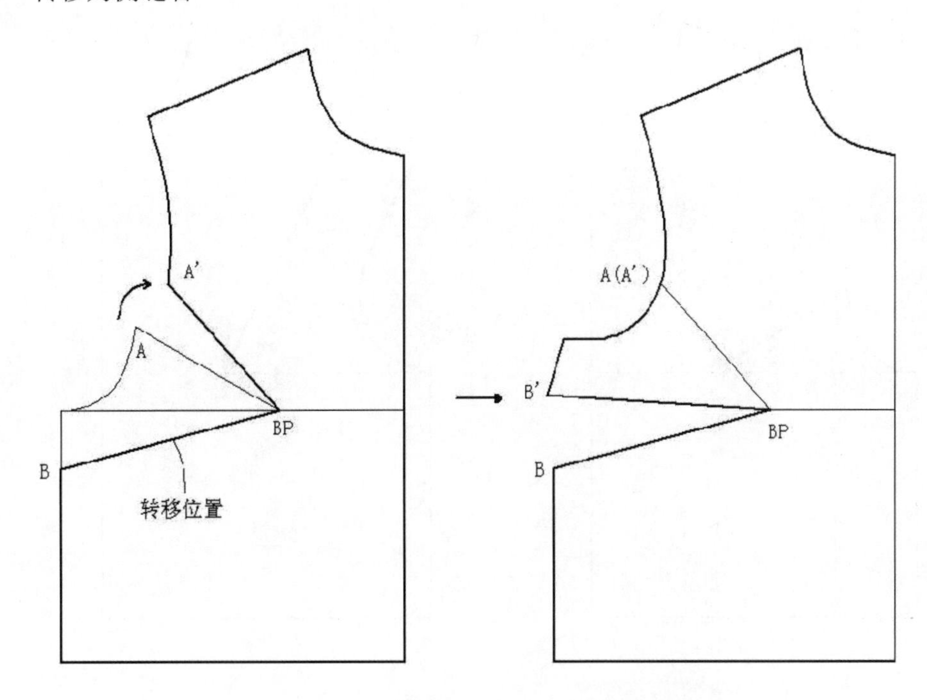

图 2-2-3-2　转移为侧缝省

- 转移为腰省

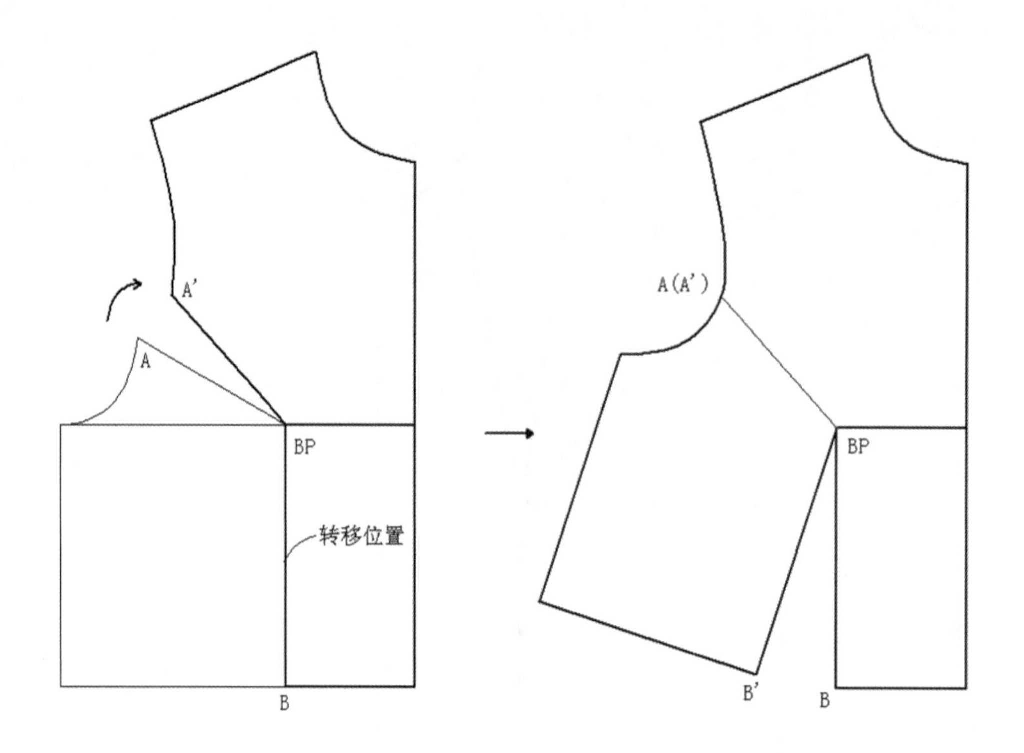

图 2-2-3-3　转移为腰省

- 转移为肩省

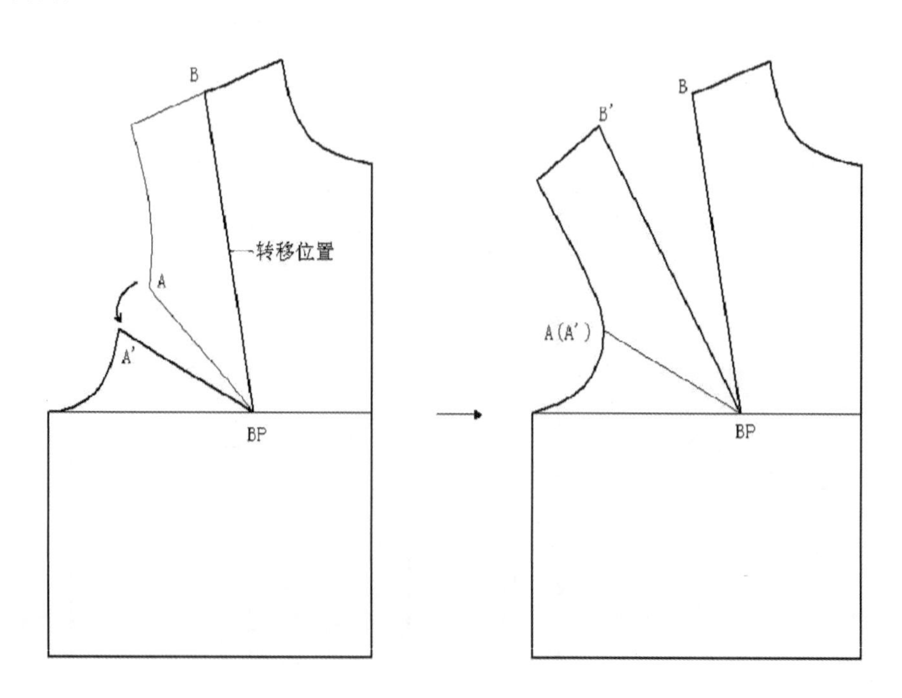

图 2-2-3-4　转移为肩省

- 转移为中心省

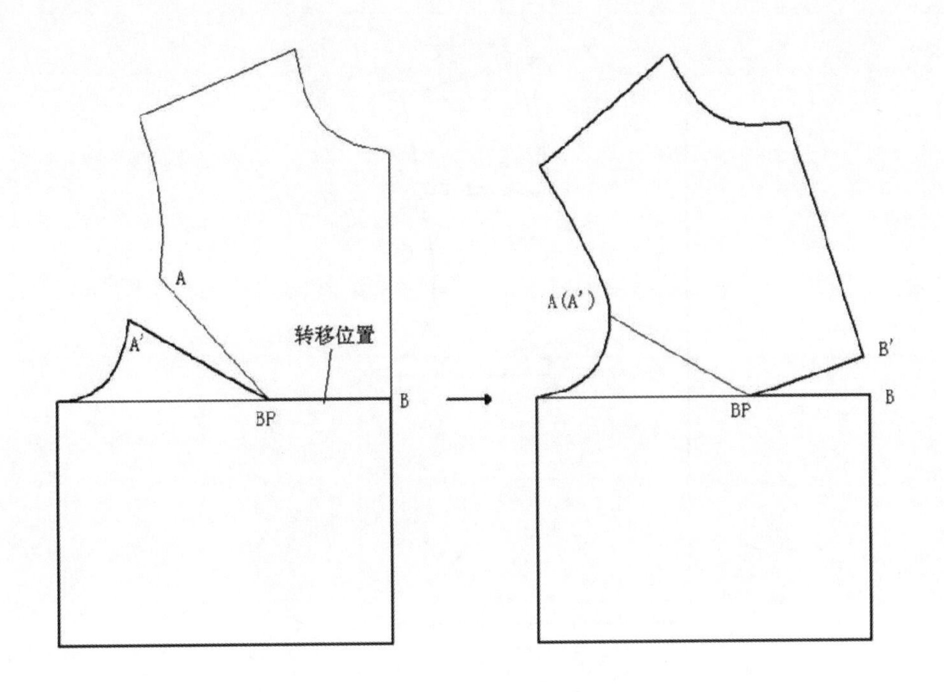

图 2-2-3-5 转移为中心省

3. 后片肩省的转移

- 后片肩省转移至袖窿处

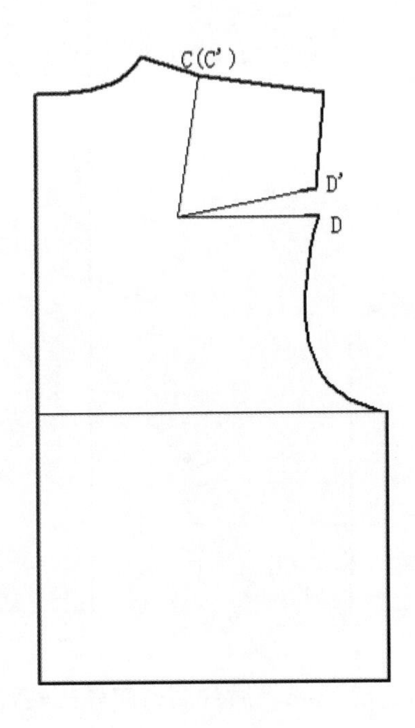

图 2-2-3-6 后片肩省转移至袖窿处

- 后片肩省的省量分散在袖窿处

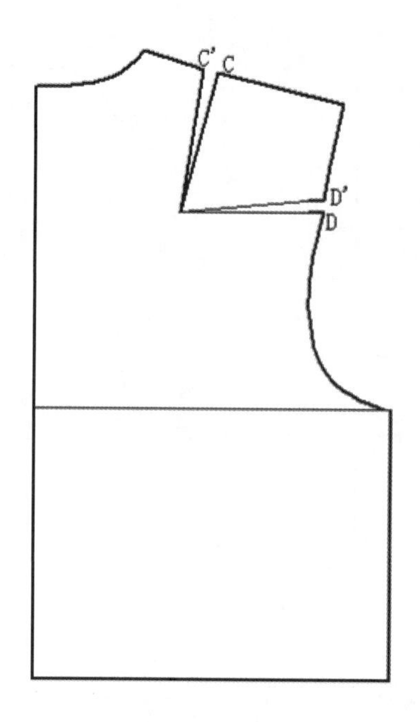

图 2-2-3-7　后片肩省的省量分散在袖窿处

- 向领围转移

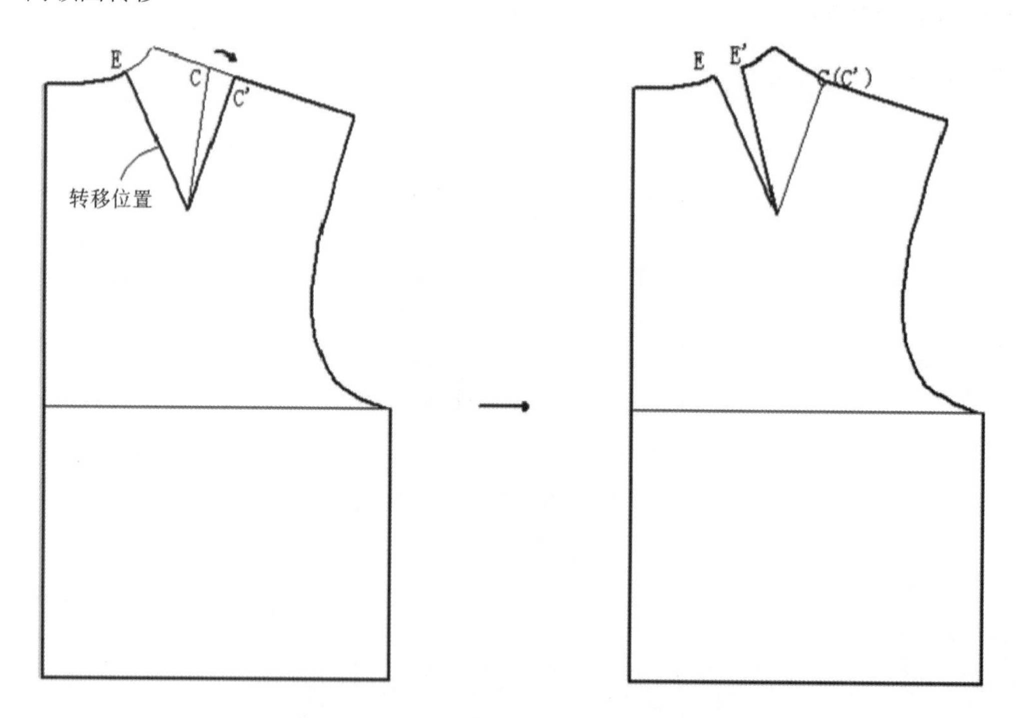

图 2-2-3-8　后片肩省向领围转移

● 省向肩和领围转移

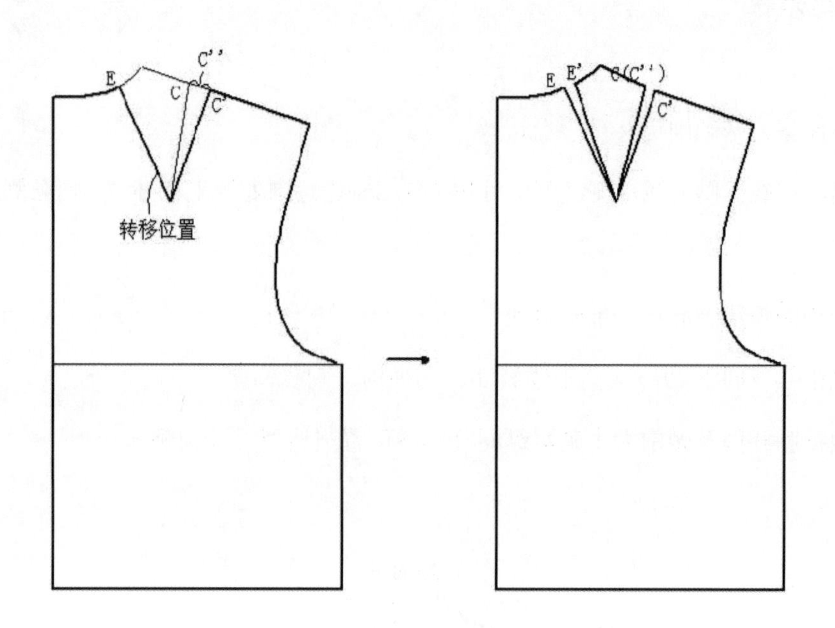

图 2-2-3-9 后片肩省的省量分散在领围处

4. 根据款式图，学生思考和练习省道分散处理转移的运用

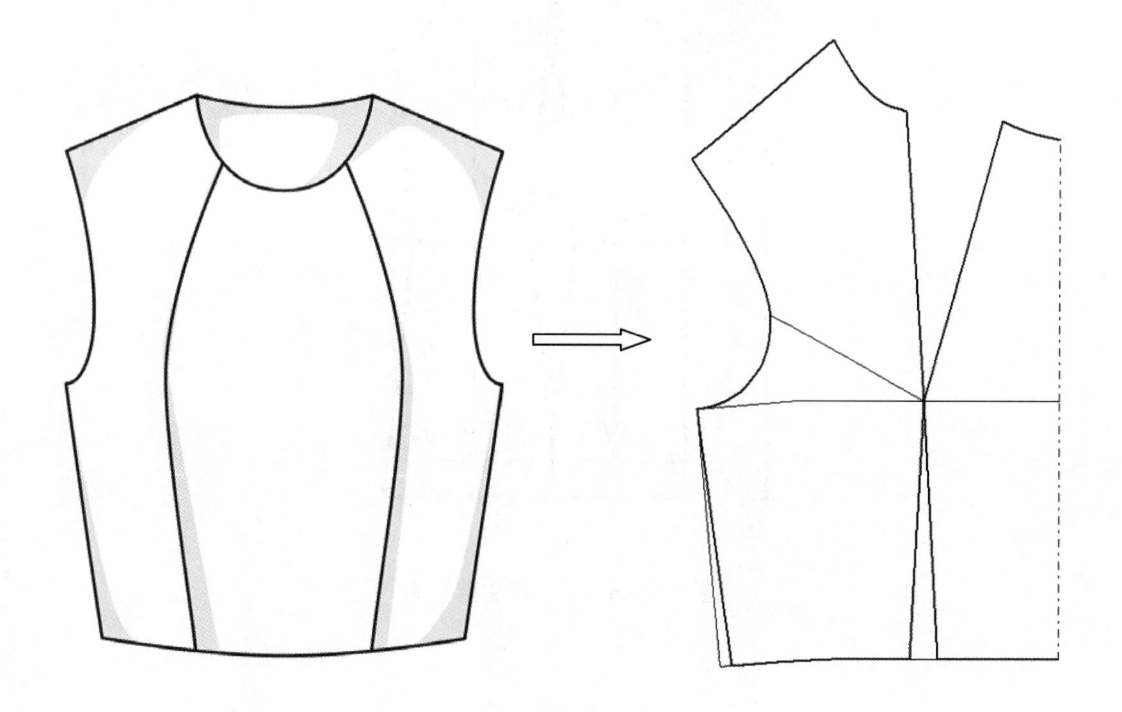

图 2-2-3-10 省道分散处理转移的运用

5. **根据原型省道转移和分散的制图实例，小组讨论、思考 T 型女衬衫前后片制图的要点与步骤**

- 后衣身：

（1）以原型为基础确定女衬衫衣长。

（2）画底摆线，侧缝线。侧缝腰节处偏进 1.5cm，臀围处放出 0.5cm，画顺侧缝弧线和底摆线。

（3）画领圈弧线、肩线、袖隆弧线。

（4）领中心点向下 11cm，向上倾斜 3cm 为横向分割线位置。

（5）根据款式图及腰围大小确定纵向分割线位置与造型，并画顺弧线。

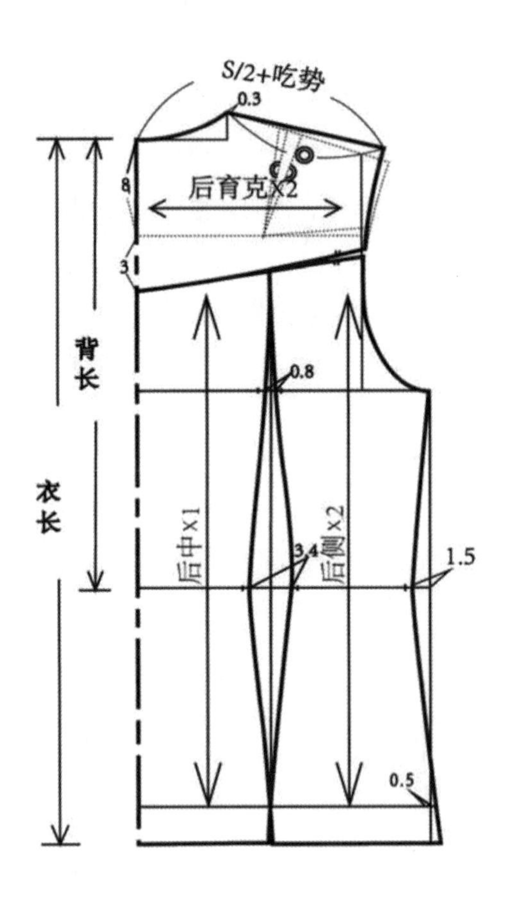

图 2-2-3-11　后片结构图

● 前衣身：

（1）延长后片的胸围线、腰节线、臀围线、衣长线。

（2）画底摆线，侧缝线。侧缝腰节处偏进 1.5cm，臀围处放出 0.5cm，画顺侧缝弧线和底摆线。

（3）前中心处加入叠门量，画出前片挂面。

（4）画领圈弧线。

（5）确定前片分割线位置。

（6）按省道转移原理进行省道转移，并画顺弧线。

（7）确定钮扣位置。

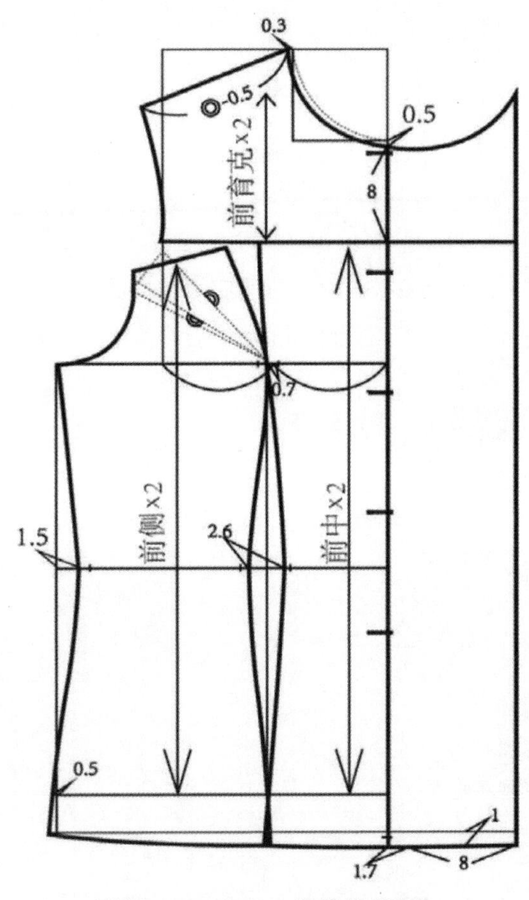

图 2-2-3-12　前片结构图

6. 学生绘制前后片结构图，并进行制图公式、制图符号、丝绺的规范标注

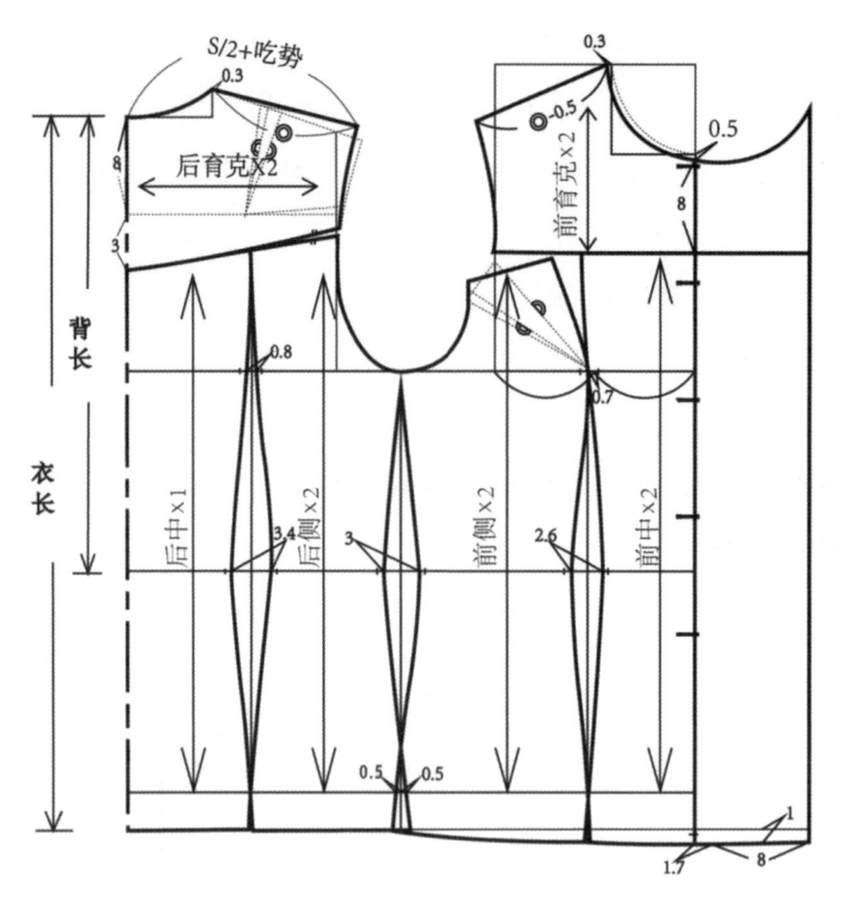

图 2-2-3-13　前后衣片结构图

表 2-2-3-1　评价与分析

班级		姓名		学号		日期			年　月　日
序号	评价要点				配分	自评	互评	师评	总评
1	穿戴整齐，着装符合要求				5				A□(86～100) B□(76～85) C□(60～75) D□(60 以下)
2	会运用省道转移原理				20				
3	能写出 T 型女衬衫制图要点				10				
4	会 T 型女衬衫的结构制图				25				
5	能标注制图公式、制图符号、丝绺				15				
6	同学之间相互合作				10				
7	能严格遵守作息时间				5				
8	能及时完成老师布置的任务				10				
小结建议									

学习活动 4　衣领和衣袖的结构制图

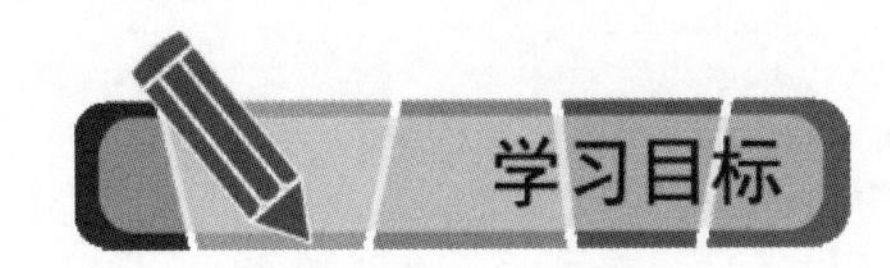

- 能根据袖原型的制图原理进行 T 型女衬衫袖子的结构制图
- 能进行袖克夫制图
- 能进行领子结构制图

建议学时：1 学时

袖原型、1∶1 袖子与领子结构图、制图工具、制图板、A4 纸。

1. 根据袖原型的制图原理小组讨论并写出 T 型女衬衫袖子结构制图的步骤

（1）拷贝前后衣身的袖窿弧线；

（2）确定袖山高度。

（3）画袖长。

（4）确定袖宽。

（5）画袖山弧线。

（6）画袖口弧线。

（7）确定袖衩位置。

（8）画袖克夫。

2. 根据学生的讨论结果，填写制图步骤序号

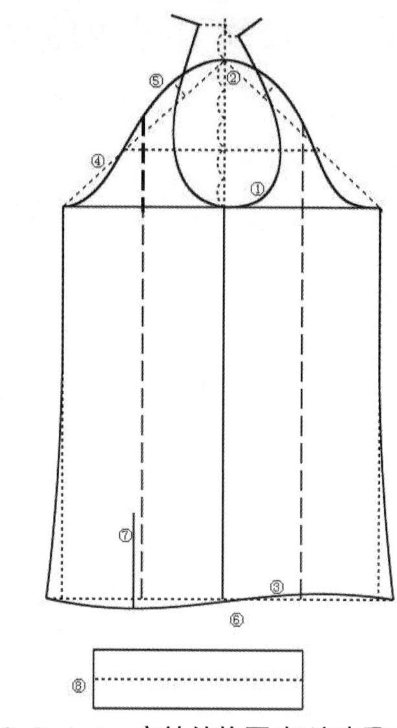

图 2-2-4-1　衣袖结构图(标注步骤序号)

3. 教师演示制图方法，学生独立进行袖子、袖克夫的制图，并对结构图进行规范标注

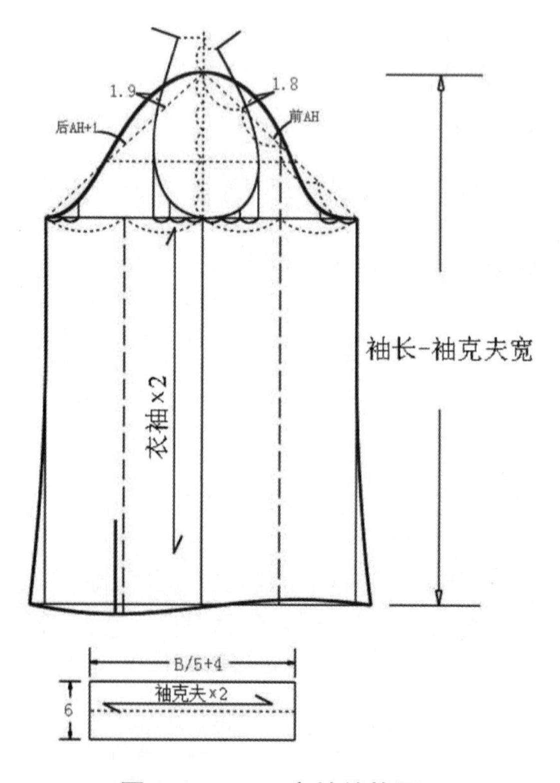

图 2-2-4-2　衣袖结构图

4. 教师以关门领为实例讲解领子的制图步骤，学生记录

- 领子框架制图

（1）标准领口圆，设领脚高为h。，取0.8h。由领肩点量进，取前领宽大减0.8h。为半径作标准领口圆。

（2）驳口线，通过叠门线与领圈弧线的交点与标准领口圆作切线。

（3）根据领驳平直线，间隔0.9h。作驳口线的平行线。

（4）衣领松斜度定位：2(h-h。)。

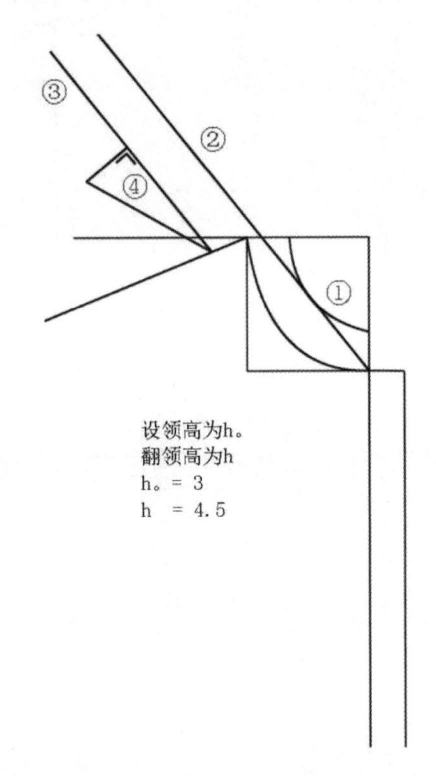

图2-2-4-3 领子框架图制图步骤

- 领子结构制图

（1）后领圈弧长：在领底斜线上取后领圈弧长。

（2）领底弧线：与领圈弧线相连，画顺领底弧线。

（3）后领中心宽：取领脚高h。加翻领的高h的宽度与领底弧线作垂线。

（4）前领角线：根据款式图与前领深线成一定角度，一般领角长为7cm。

（5）领外围直线：与领宽线作垂线，相交于前领角线。

（6）领外围弧线：与领角长连接画顺领外围弧线。

（7）领脚高线：按领脚高在领宽线上取点，画顺领脚高线。

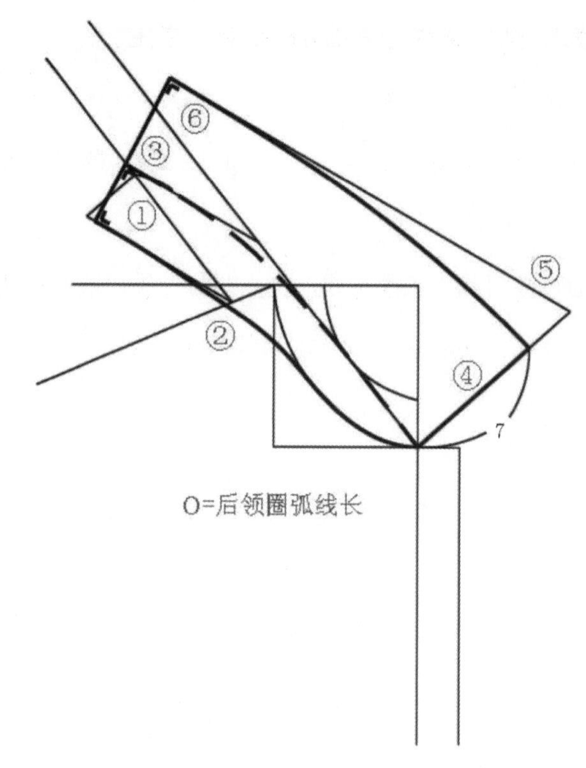

图 2-2-4-4　领子结构制图步骤

5. 教师演示领子结构制图方法，学生进行领子的结构制图并规范标注

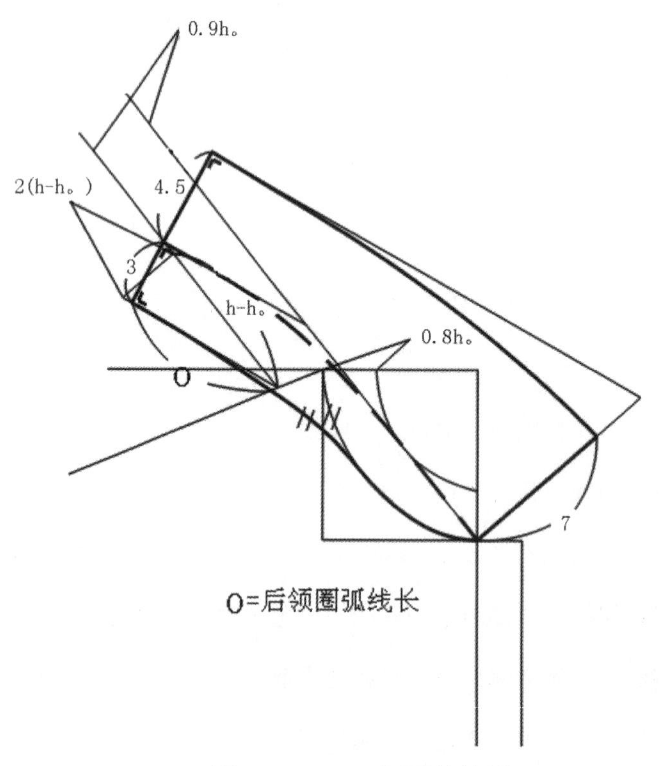

图 2-2-4-5　领子结构图

表 2-2-4-1　评价与分析

<table>
<tr><td>班级</td><td></td><td>姓名</td><td></td><td>学号</td><td></td><td colspan="3">日期</td><td>年　月　日</td></tr>
<tr><td>序号</td><td colspan="4">评价要点</td><td>配分</td><td>自评</td><td>互评</td><td>师评</td><td>总评</td></tr>
<tr><td>1</td><td colspan="4">穿戴整齐，着装符合要求</td><td>5</td><td></td><td></td><td></td><td rowspan="8">A□(86～100)
B□(76～85)
C□(60～75)
D□(60 以下)</td></tr>
<tr><td>2</td><td colspan="4">小组讨论并写出袖子结构制图的步骤</td><td>10</td><td></td><td></td><td></td></tr>
<tr><td>3</td><td colspan="4">能独立完成袖子、袖克夫的结构制图</td><td>20</td><td></td><td></td><td></td></tr>
<tr><td>4</td><td colspan="4">能独立完成领子的框架图</td><td>25</td><td></td><td></td><td></td></tr>
<tr><td>5</td><td colspan="4">能独立完成领子的结构图并规范标注</td><td>15</td><td></td><td></td><td></td></tr>
<tr><td>6</td><td colspan="4">同学之间相互合作</td><td>10</td><td></td><td></td><td></td></tr>
<tr><td>7</td><td colspan="4">能严格遵守作息时间</td><td>5</td><td></td><td></td><td></td></tr>
<tr><td>8</td><td colspan="4">能及时完成老师布置的任务</td><td>10</td><td></td><td></td><td></td></tr>
<tr><td>小结建议</td><td colspan="4"></td><td></td><td></td><td></td><td></td><td></td></tr>
</table>

学习活动 5　工艺分析与纸样制作

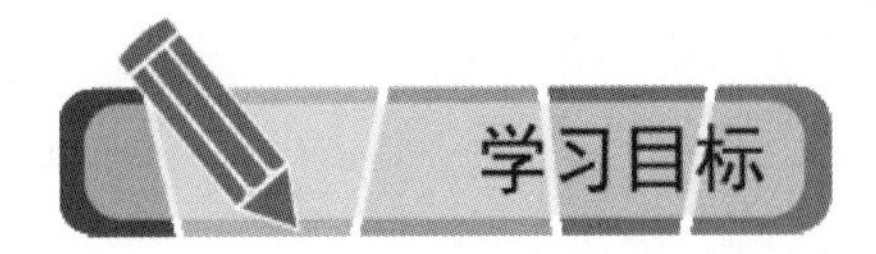

- 能独立查阅相关资料，确定材料准备周期
- 对基本女衬衫的制作工艺有一定的了解
- 能对基本女衬衫进行样板校对与修正
- 能独立查阅相关资料，了解纸样制作的概念及制作方法
- 能独立查阅相关资料，掌握样板的识别标记
- 掌握工业样板制作的基本流程

建议学时：3 学时

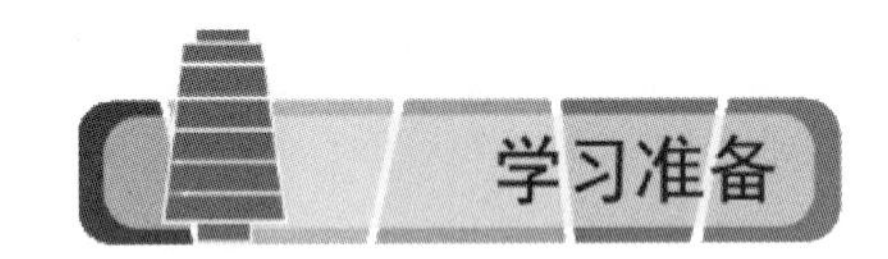

T 型女衬衫款式图、实物、 工艺单、教具、安全操作规程、学习材料

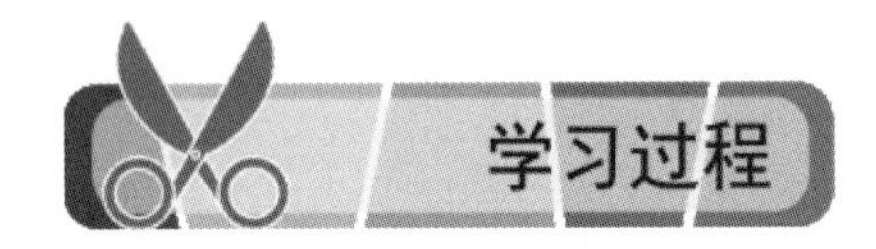

1. 查阅相关资料，了解确定工时应该考虑哪些因素

- 工序安排

工序一般是作为工时的计算单位。影响工时的主要因素是服装工序所使用的面料、缝边形状、缝边长度、缝型、服装设备以及每道工序的质量标准。

- 典型工序基准工时的确定

根据平时的学习情况，进行典型工序基准工时的测算。工时测算的正确与否是生产效率的主要影响因素。

2. 查阅相关资料，了解材料准备周期的概念及注意事项

（1）提前预备：正式投产前应将所需材料全部预备齐全，并对产品的款式、结构、工艺、相关技术及生产人员进行分析、计划、组织，以备正式生产。

（2）材料进库前应先复检。主要是针对所需材料进行数量核对及品质检验，以便与供货单位结清帐目。

（3）特种零配件、专用机件，除应有必要储备外，还应与生产企业签订长期售后服务及供货协议。一些必要的低值易耗备件，凡属标准件的可少配备；凡属专用件除做好必要库存外，主要应与供货商保持联系，以便及时补充。

（4）各种油料因属危险品、烈味品，各种电料多属常用标准件，一般可采取随用随备方法。

3. 查阅相关资料，了解女衬衫纸样制作与修正的概念及其要领

- 纸样制作与修正的概念

服装纸样，也称为服装样板或服装模板。做服装纸样的过程叫出纸样，正确的名称应该叫服装结构设计，服装结构设计是服装设计的重要组成部分，也是服装厂的核心技术，它是联系创作设计和工艺设计的桥梁，是第二设计。

服装纸样的制作是服装生产程序中最重要的环节。当服装设计师在设计出服装效果图后，就必须通过结构设计来分解它的造型，即先在打板纸上画出它的结构制图，再制作出服装结构的纸样，然后利用服装纸样对面料进行裁剪，并由车板的工人制作样衣。如果需要修改，也是在纸样上进行更改的，样衣合格后，这套服装纸样就被定型，除却加缩水之类的更改以外，这套纸样就被作为这个款的标准纸样。

- 纸样制作与修正的要领

（1）纸样的准确性与全面性。

（2）纸样不能缺少的九个方面：缝份、剪口、布纹、款号、名称、数量、尺码、粘合衬、颜色。

4. 查阅相关资料，了解纸样制作的常用工具

纸样制作的常用工具有：直尺、钢圈尺、曲线板、弯尺、三角尺、蛇形尺、半圆量角器、铅笔、橡皮、号码图章、英文字母橡皮图章、样板边章、剪刀、钻子、冲头、胶带、订书机、夹子等。

5. **查阅相关资料，了解服装纸样制作常用的纸张**

- 黄板纸
- 裱卡纸
- 牛皮纸

6. **查阅相关资料，了解纸样制作的文字标记**

- 产品型号
- 产品规格
- 样板种类
- 样板位置
- 经纬线
- 零部件上的上下、前后标记
- 片数裁片标记

7. **查阅相关资料，了解纸样制作的定位标记**

- 定位标记的总类：刀眼、钻眼
- 定位标记的部位：

（1）缝头和贴边的宽窄

（2）收省的位置和大小

（3）开衩的位置

（4）零部件的装配位置

（5）缝纫装配时，应与其他刀眼或缝裥、部位相互对称的位置

（6）贴袋、袖头等的前边与上端

（7）折裥、缉裥、缝线的位置或抽裥的起止点

（8）裁片对条、对格的位置

（9）其他需要表明位置、大小的部位

表 2-2-5-1　制图符号说明

表示事项	表示记号	含义
对折裁线		表示对折裁位置线，用粗虚线表示
粘衬指示线	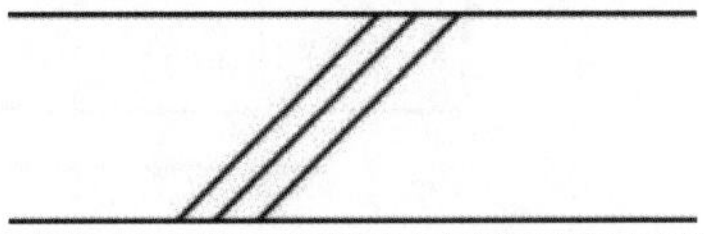	表示需粘黏合衬，在每个需对格纹的裁片上写上对格纹的说明并加细实线
直角	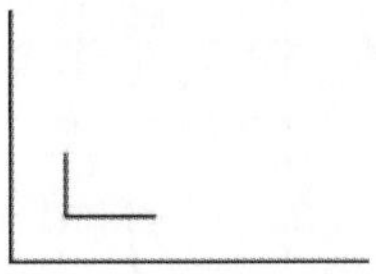	表示直角，用细实线
线的交叉	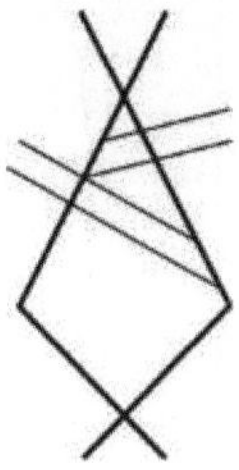	在纸上作喇叭形展开时，表示左右交叉线尺寸相同
抽褶		表示加入抽褶，抽褶终止时，则添加止缝位置的符号 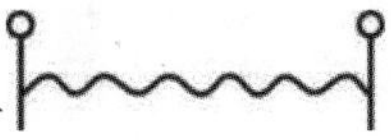
缩缝		表示缩缝位置，有对合缝时也包含在内
拉伸	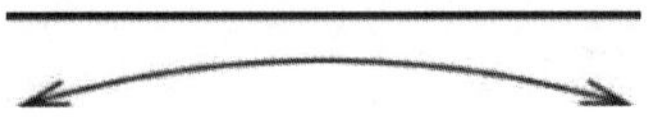	表示拉伸位置，有对合缝时也包含在内
钉钮扣位置		表示钉扣位置
钻孔的位置		裁剪时表示需要钻孔的位置
布纹线		表示布纹的线，用细实线加箭头表示，箭头是双方向的

8. 样板制作的种类

样板制作的种类有：裁剪样板、漏画样板、工艺样板(劈剪样板、定位样板、兜缝样板、熨烫样板)。

9. T型女衬衫净样板

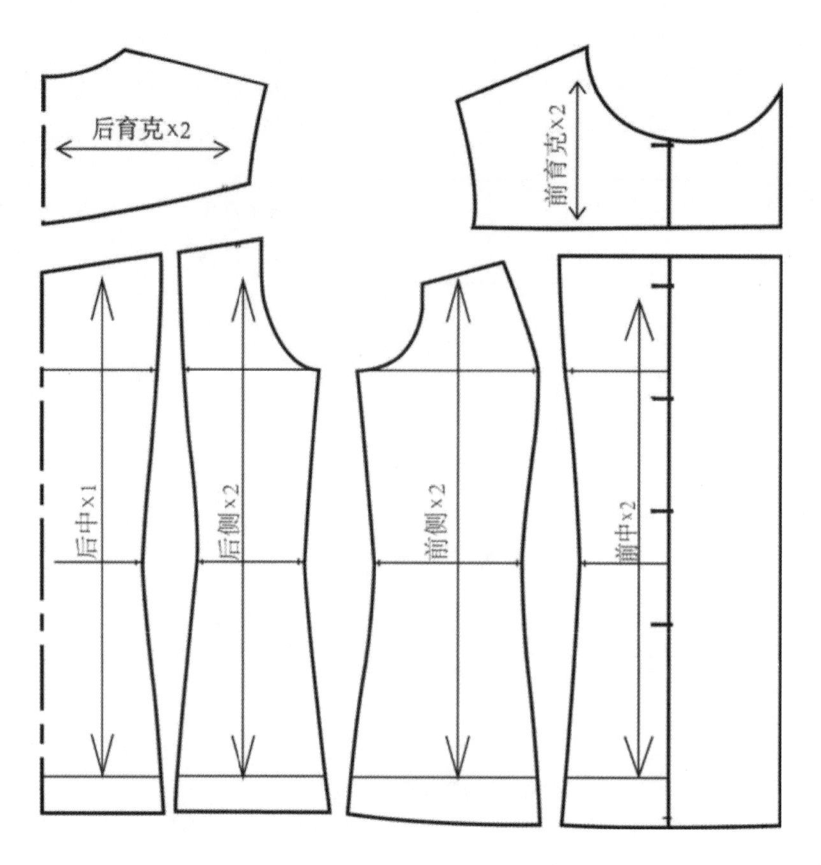

图 2-2-5-1　前后片净样板

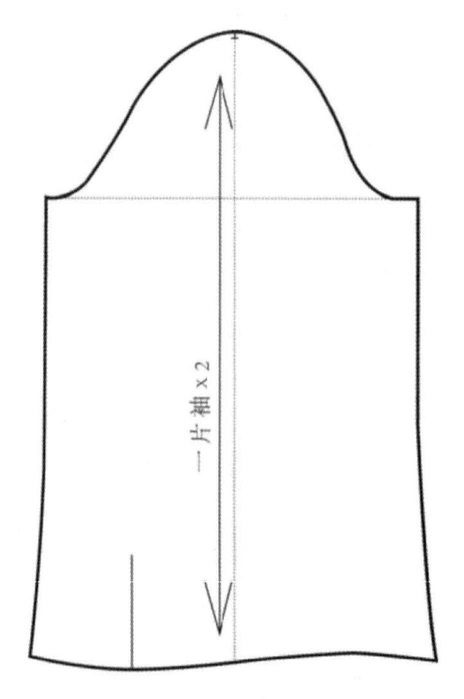

图 2-2-5-2　袖子净样板

图 2-2-5-3　袖克夫净样板

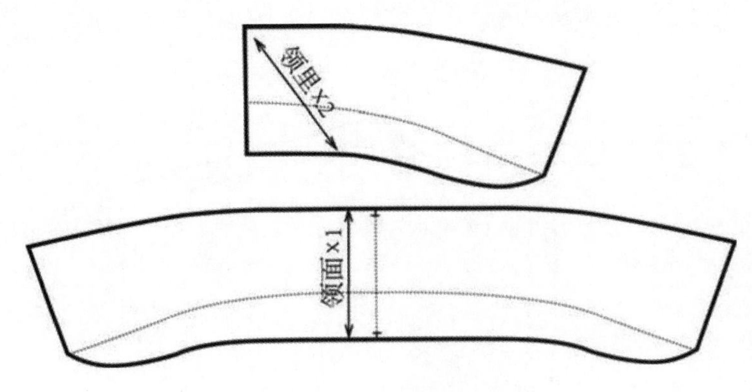

图 2-2-5-4　领子净样板

10. 根据样板制作填写下面的样板统计表

表 2-2-5-2　样本统计表

部位/样板	面料	衬料	净版	辅料
前片(中)	1			
前片(侧)	1			
前片(育克)	1			
后片(中)	1			
后片(侧)	1			
后片(育克)	1			
袖片	1			
领面	1	1		
领里	1			
领子			1	
袖克夫	1	1	1	
袖衩	1			
挂面		1		
钮扣				7
线团				1

11. 女衬衫样板放缝方法

缝份是在完成的结构线上平行加出的。为使领窝线、袖线以及复杂曲线处能连顺并正确的缝合，这些地方的缝份往往要做出角度。

如：刀背分割线处的放缝方法是将成钝角的侧净样线延长，与袖相交，在交点处作直角放缝。另一片则在延长线上找到同尺寸，作直角放缝，如图 2-2-5-5 所示。

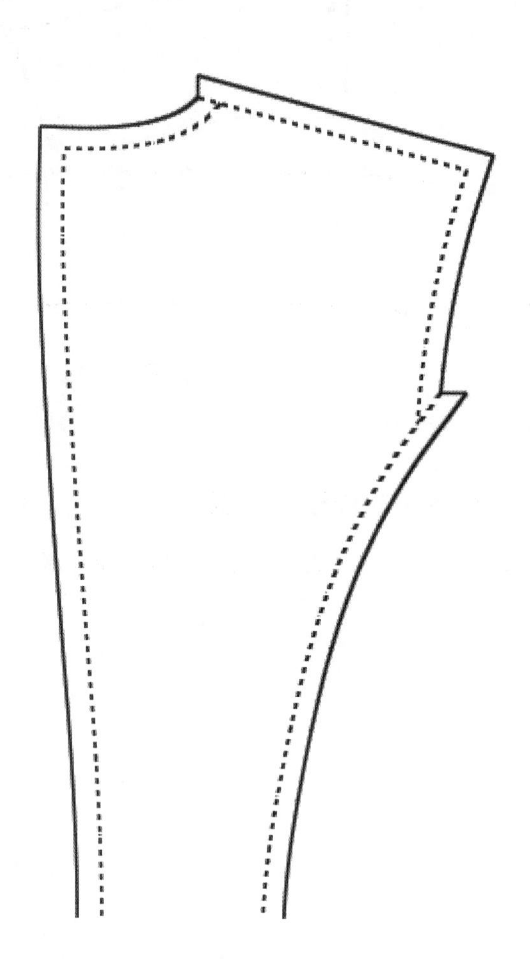

图 2-2-5-5　直角放缝图示

12. 学生独立完成女衬衫的放缝图

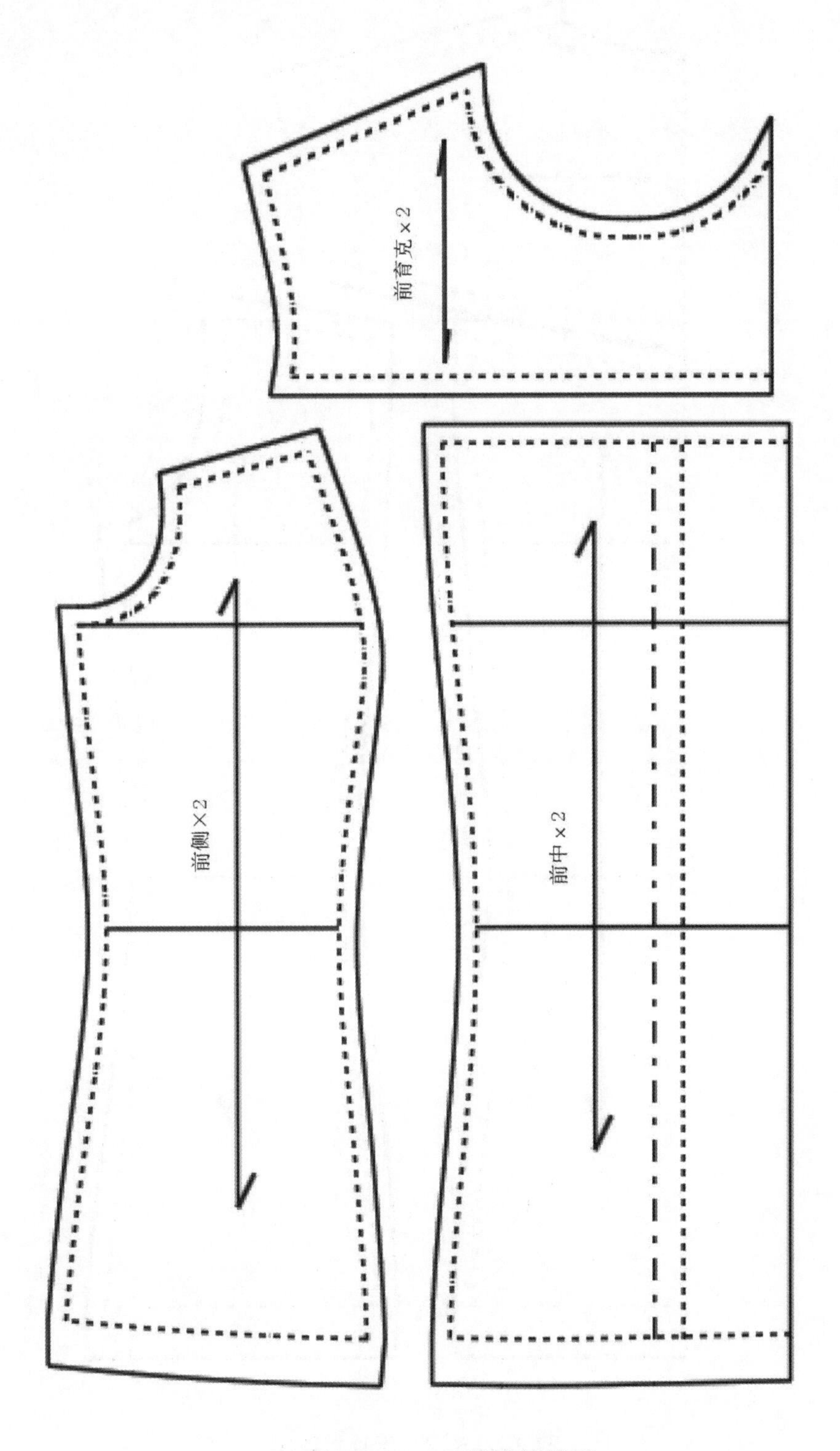

图 2-2-5-6　前片放缝图

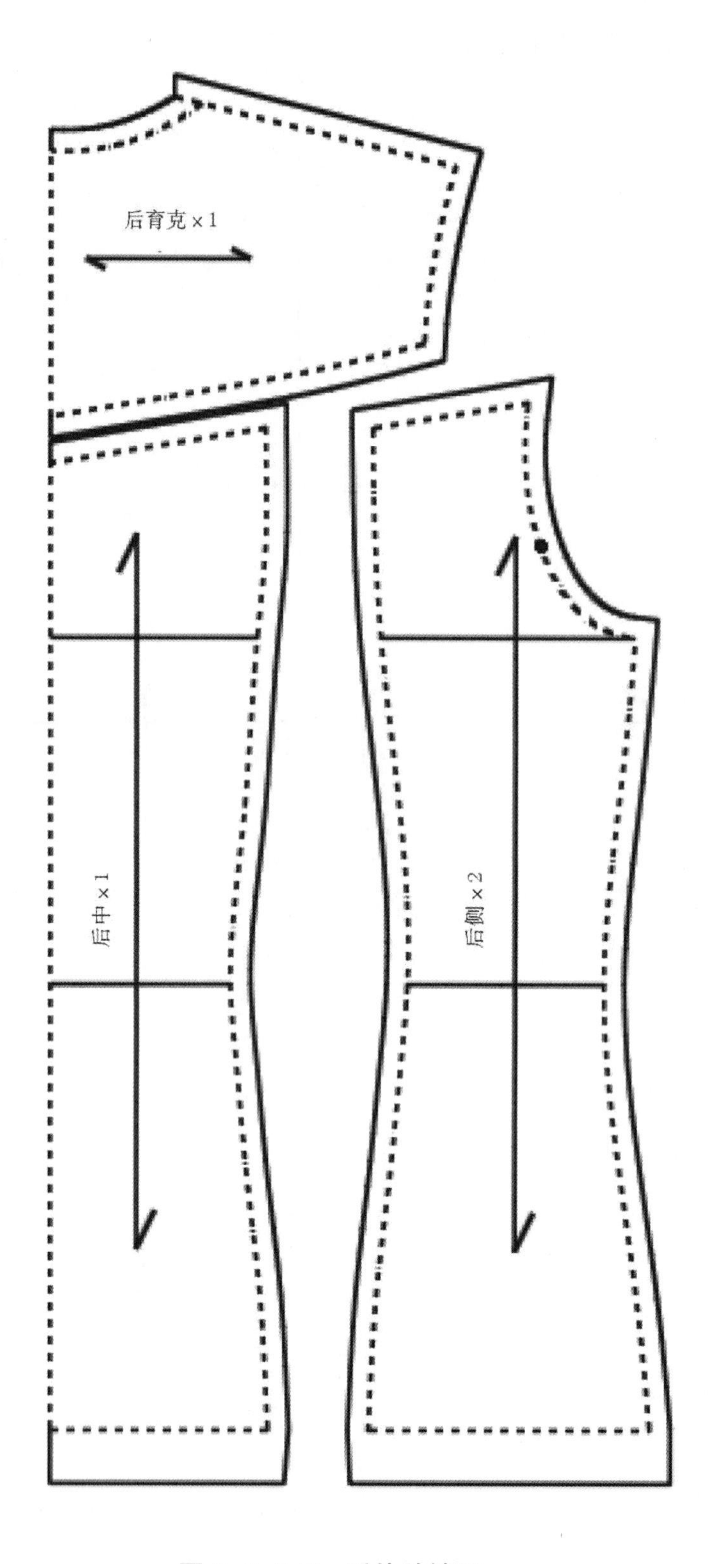

图 2-2-5-7　后片放缝图

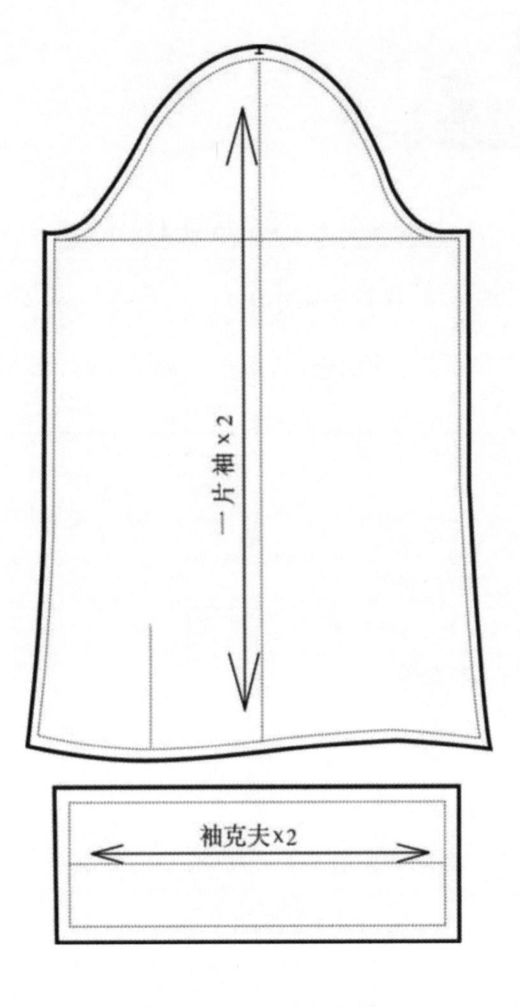

图 2-2-5-8　袖子放缝图

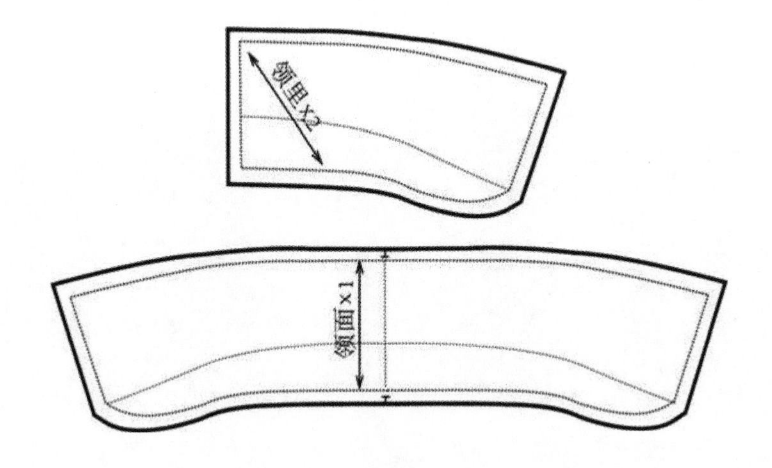

图 2-2-5-9　领子放缝图

表 2-2-5-3　活动过程评价表

班级		姓名		学号		日期			年　月　日
序号	评价要点				配分	自评	互评	师评	总评
1	穿戴整齐，着装符合要求				5				A□(86～100) B□(76～85) C□(60～75) D□(60 以下)
2	掌握服装纸样的概念与制作的方法				10				
3	掌握纸样制作的识别标记				10				
4	掌握服装纸样制作的基本流程				10				
5	独立进行 T 型女衬衫纸样的制作				30				
6	独立完成 T 型女衬衫纸样数量统计表				10				
7	独立完成 T 型女衬衫的放缝图				10				
8	与同学之间能相互合作				5				
9	能严格遵守作息时间				5				
10	能及时完成老师布置的任务				5				
小结建议									

学习活动6 纸样检查与修正

- 能独立查阅相关资料，了解纸样修正的重要性
- 能独立查阅相关资料，了解纸样修正的部位与基本方法
- 能独立完成T型女衬衫纸样修正

建议学时：2学时

教具、安全操作规程、学习材料

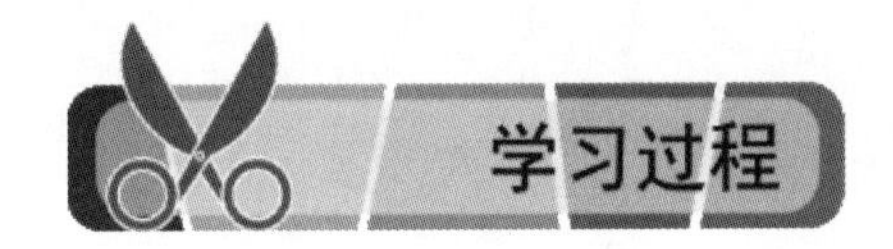

1. 独立进行样板检查，并写出女衬衫样板检查的情况

表2-2-6-1 女衬衫样板检查

序号	内容	自评检查结果	互评结果
1	样板各部位尺寸		
2	样板各部位缝份		
3	样板的对合部位，归缩放量		
4	各部位标记和刀眼、钻眼		
5	样板文字标记有否遗漏		
6	样板的直横丝绺标记，光边部位标记		
7	样板的性质与数量的标识		

2. 查阅相关资料，了解纸样修正的部位与基本方法

- 修正部位

前后片开刀缝的长度、前后片侧缝长度、前后片肩缝、前后片领围弧线拼接、前后片袖弧线拼接、前后片下摆折边、领下口与领围弧线、袖山弧线与袖弧线、袖底弧线。

- 基本方法

（1）目测样板的轮廓是否光滑顺直，弧线是否圆顺，袖、袖山等形状部位是否准确

（2）测量：用测量工具测量样板的大小规格，各部位用的计算公式和具体数据是否正确

（3）用样板相互核对

① 前后片领围弧线校对、修正

图 2-2-6-1 确定校对位置

图 2-2-6-2 两者组合图

图 2-2-6-3 弧线调整

② 肩缝拼合检查校对、修正

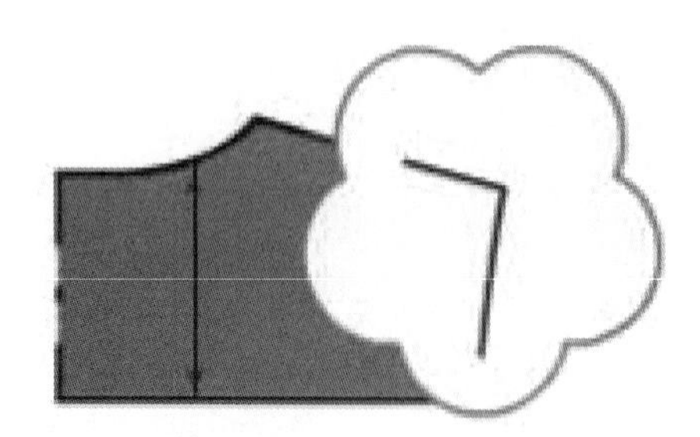

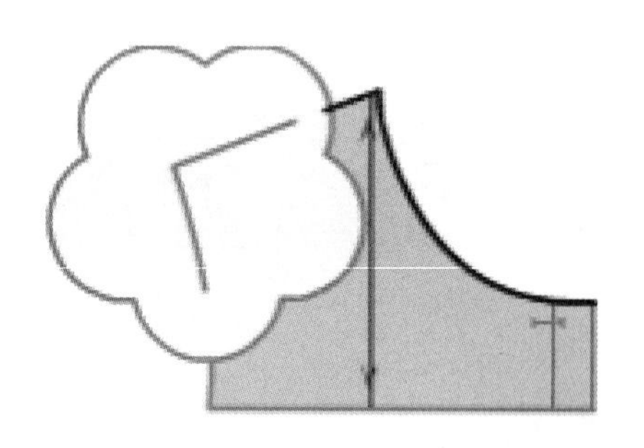

图 2-2-6-4 确定校对位置

图 2-2-6-5　两者组合

图 2-2-6-6　弧线调整

③　前后片袖拼合检查校对、修正

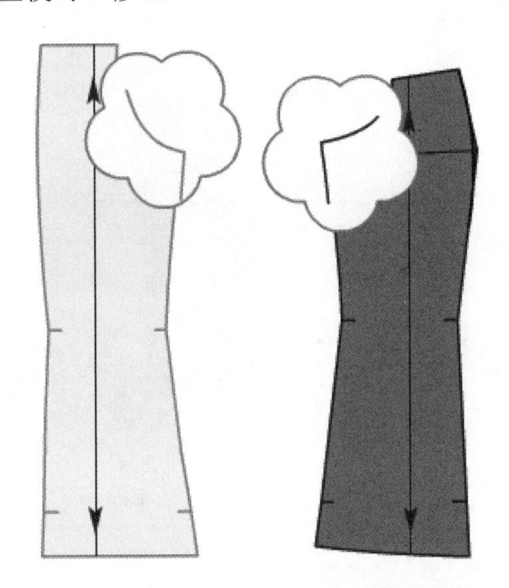

图 2-2-6-7　组合检查位置

图 2-2-6-8　两者组合

图 2-2-6-9　弧线调整

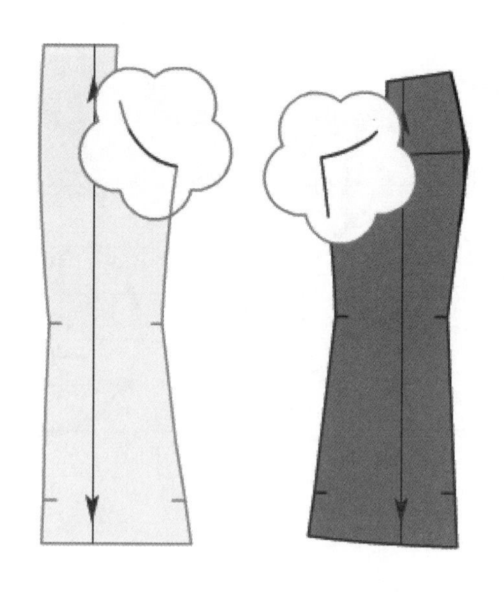

图 2-2-6-10　样板修正

④ 前后片下摆组合检查校对、修正

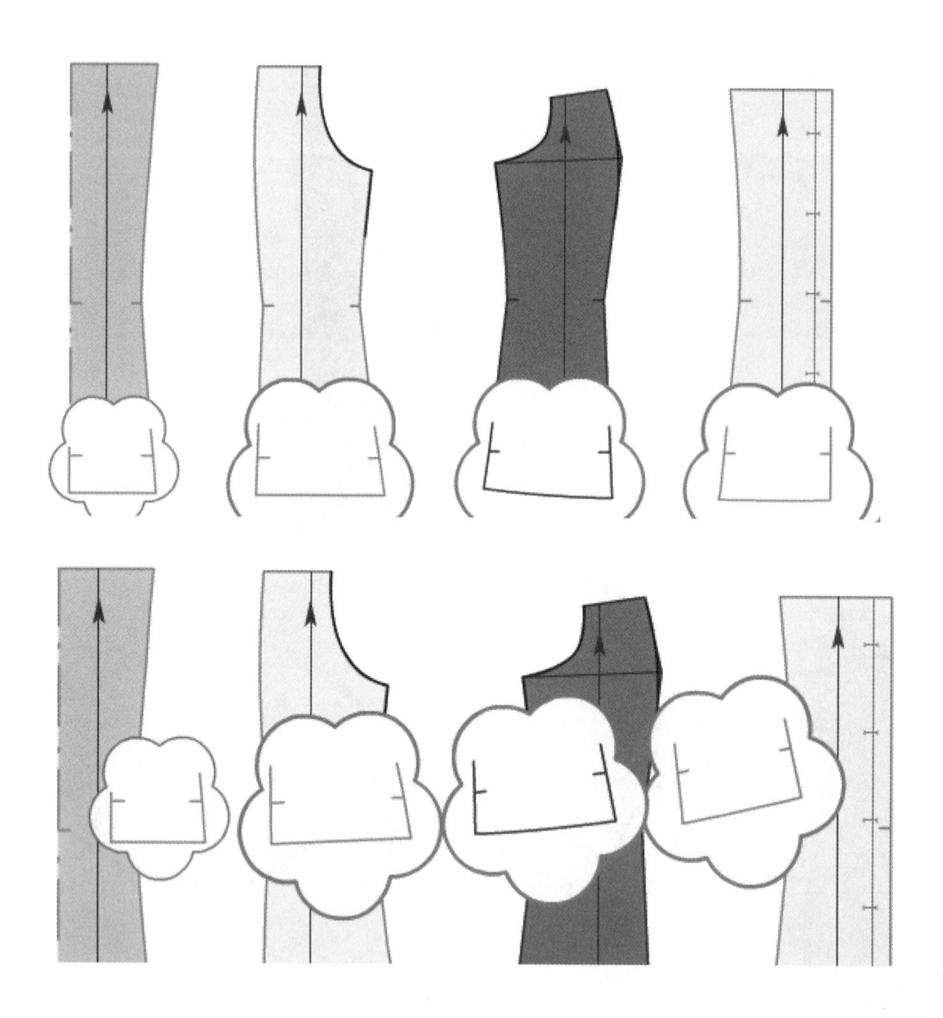

图 2-2-6-11　组合位置确定

图 2-2-6-12　前后衣片组合

图 2-2-6-13　线条修顺

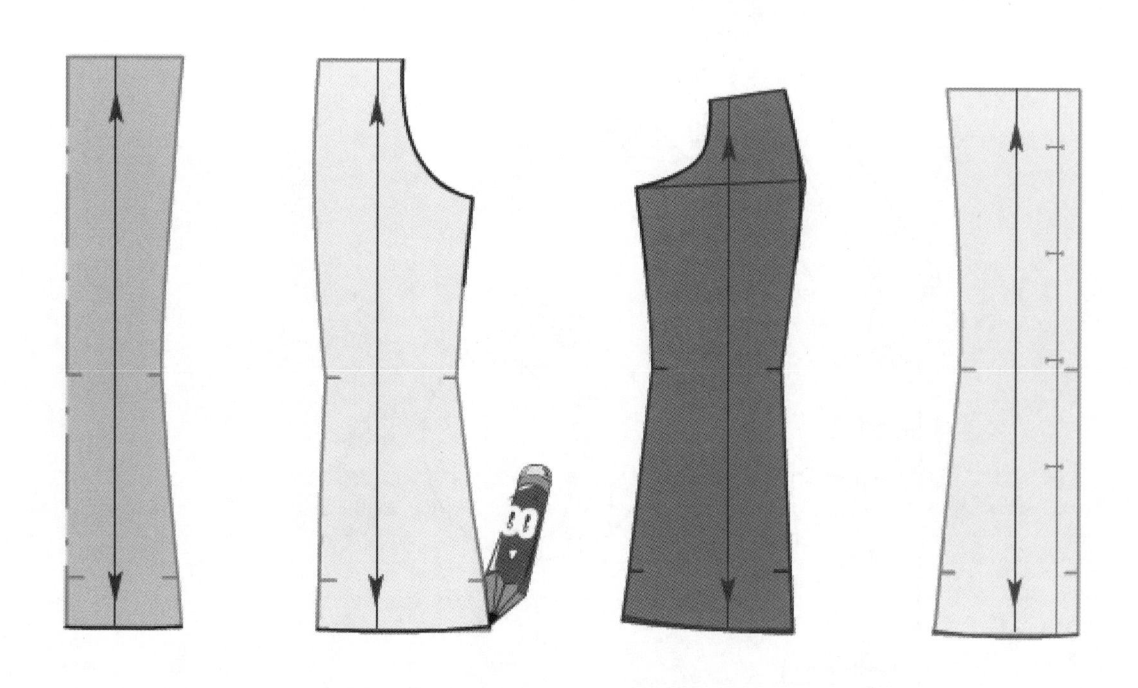

图 2-2-6-14　样板修正

⑤ 前片育克分割线校对

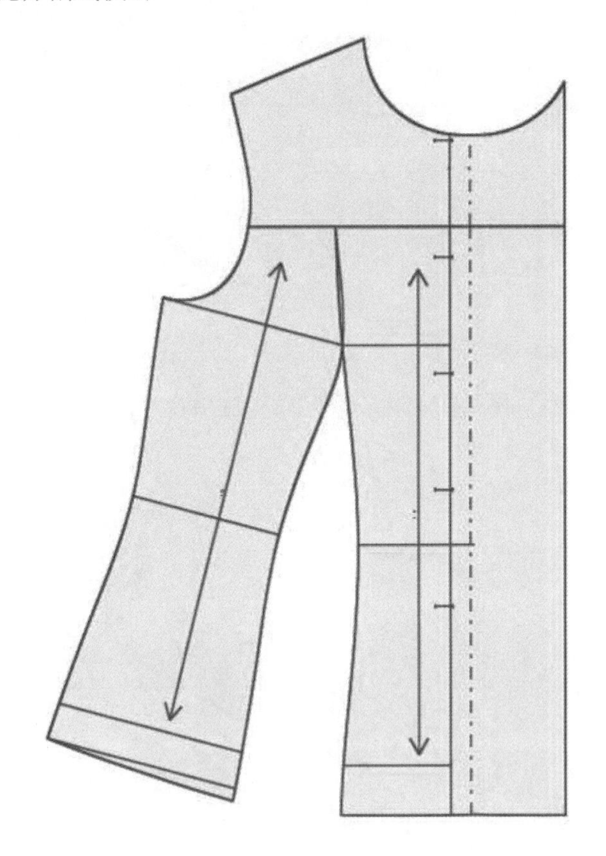

图 2-2-6-15　前后育克分割线校对

⑥ 整个袖弧线校对、修顺

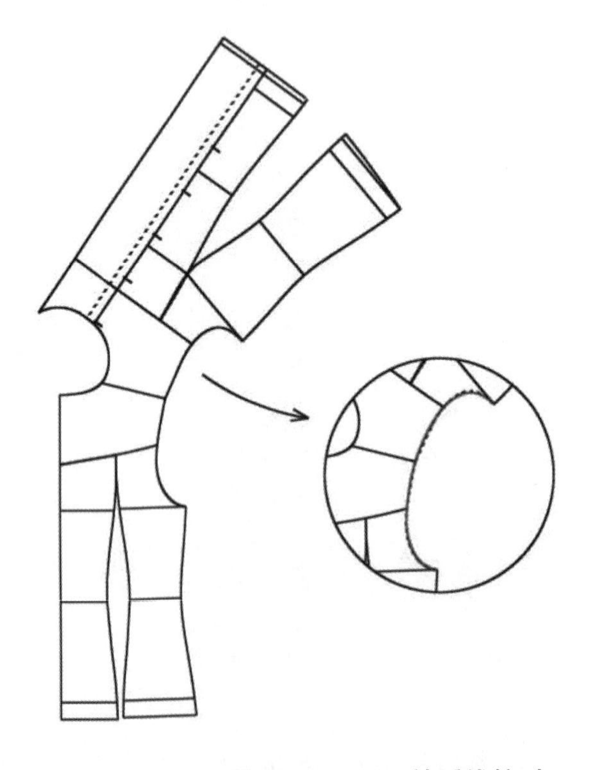

图 2-2-6-16　袖弧线校对

⑦ 分割缝长度校对

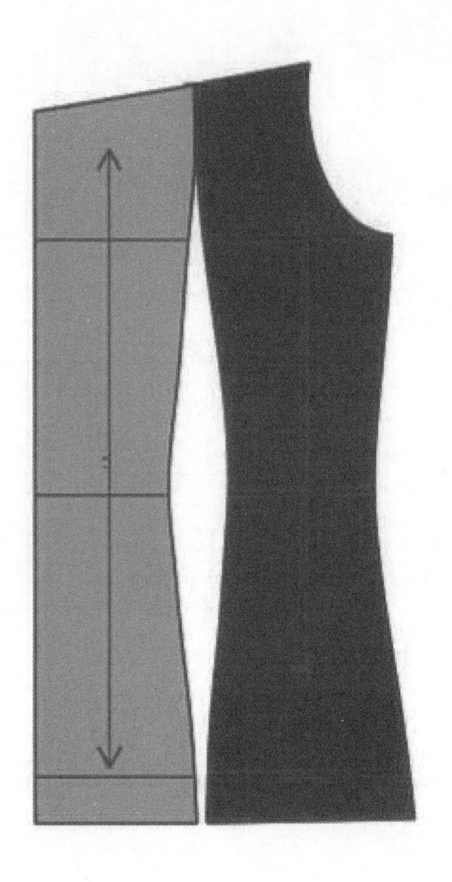

图 2-2-6-17　分割缝长度校对

3. 独立进行女衬衫纸样校对与修正

表 2-2-6-2　T 型女衬衫纸样校对与修正

序号	内容	修正情况记录	教师检查反馈
1	前片开刀缝的长度		
2	后片开刀缝的长度		
3	前后片侧缝长度		
4	前后片肩缝		
5	前后片领围弧线拼接		
6	前后片袖弧线拼接		
7	前后片下摆折边		
8	领下口与领围弧线		
9	袖山弧线与袖窿弧线		
10	袖底弧线		

表 2-2-6-3　活动过程评价表

<table>
<tr><td>班级</td><td></td><td>姓名</td><td></td><td>学号</td><td></td><td colspan="3">日期</td><td>年　月　日</td></tr>
<tr><td>序号</td><td colspan="4">评价要点</td><td>配分</td><td>自评</td><td>互评</td><td>师评</td><td>总评</td></tr>
<tr><td>1</td><td colspan="4">穿戴整齐，着装符合要求</td><td>5</td><td></td><td></td><td></td><td rowspan="7">A□(86～100)
B□(76～85)
C□(60～75)
D□(60 以下)</td></tr>
<tr><td>2</td><td colspan="4">能独立进行样板检查</td><td>20</td><td></td><td></td><td></td></tr>
<tr><td>3</td><td colspan="4">能独立查阅相关资料，了解纸样修正的部位与基本方法</td><td>15</td><td></td><td></td><td></td></tr>
<tr><td>4</td><td colspan="4">能独立进行基本女衬衫纸样校对与修正</td><td>40</td><td></td><td></td><td></td></tr>
<tr><td>5</td><td colspan="4">与同学之间能相互合作</td><td>10</td><td></td><td></td><td></td></tr>
<tr><td>6</td><td colspan="4">能严格遵守作息时间</td><td>5</td><td></td><td></td><td></td></tr>
<tr><td>7</td><td colspan="4">能及时完成老师布置的任务</td><td>5</td><td></td><td></td><td></td></tr>
<tr><td>小结
建议</td><td colspan="9"></td></tr>
</table>

任务三　经典款女衬衫结构制图拓展

学习活动 1　接受任务、制定计划

- 能独立查阅相关资料，了解经典款女衬衫外形特征，并可以独立绘制款式图
- 能进行 160/84A 的经典女衬衫成衣规格设计
- 可以独立绘制各种经典款女衬衫的衣身及各种零部件的结构图
- 能根据加工工序确定工时，并制定出合理的工作计划进度表

建议学时：9 学时

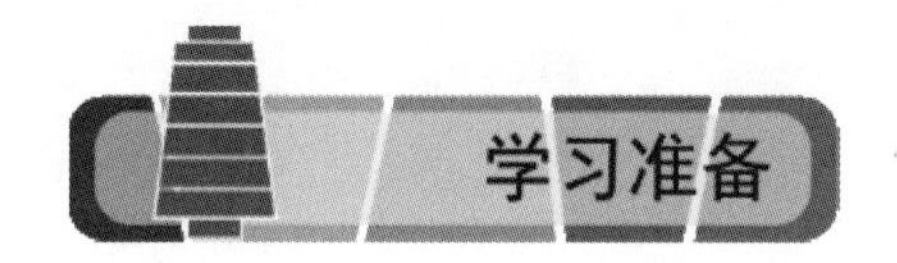

教具、学习材料、原型图、制图工具、制图板、A4 纸、安全操作规程

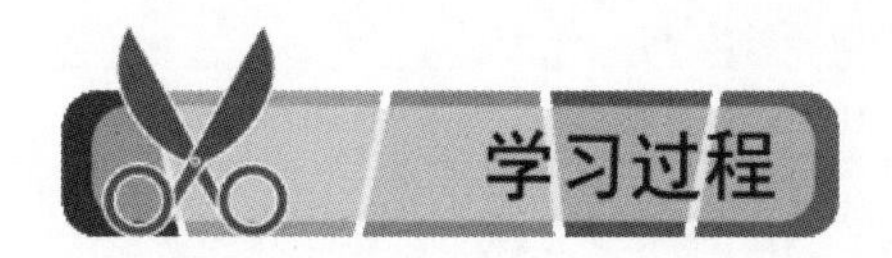

1. 查阅相关资料，了解经典女衬衫的特征
2. 学习活动 2：完成经典款女衬衫 1 的结构制图(2 学时)
3. 学习活动 3：完成经典款女衬衫 2 的结构制图(2 学时)
4. 学习活动 4：完成经典款女衬衫 3 的结构制图(2 学时)
5. 学习活动 5：完成经典款女衬衫 4 的结构制图(2 学时)
6. 根据本任务的内容，小组讨论完成本任务工作安排

表 2-3-1-1　任务工作安排表

时间		主题	经典女衬衫 结构制图工作安排
主持人		成员	
讨论过程			
结论			

7. 根据小组讨论结果，制定最适合自己的工作计划

表 2-3-1-2　工作计划表

序号	开始时间	结束时间	工作内容	工作要求	备注

表 2-3-1-3　工作评价表

<table>
<tr><td>班级</td><td colspan="2">　　姓名　　　学号</td><td colspan="3">日期</td><td>年　月　日</td></tr>
<tr><td>序号</td><td>评价要点</td><td>配分</td><td>自评</td><td>互评</td><td>师评</td><td>总评</td></tr>
<tr><td>1</td><td>穿戴整齐，着装符合要求</td><td>10</td><td></td><td></td><td></td><td rowspan="6">A□(86～100)
B□(76～85)
C□(60～75)
D□(60 以下)</td></tr>
<tr><td>2</td><td>能对经典女衬衫有一定的了解</td><td>20</td><td></td><td></td><td></td></tr>
<tr><td>3</td><td>能完成几种经典女衬衫的结构制图</td><td>40</td><td></td><td></td><td></td></tr>
<tr><td>4</td><td>与同学之间能相互合作</td><td>10</td><td></td><td></td><td></td></tr>
<tr><td>5</td><td>能严格遵守作息时间</td><td>10</td><td></td><td></td><td></td></tr>
<tr><td>6</td><td>能及时完成老师布置的任务</td><td>10</td><td></td><td></td><td></td></tr>
<tr><td>小结
建议</td><td colspan="6"></td></tr>
</table>

学习活动 2　经典款女衬衫拓展一

1. 款式特征

图 2-3-2-1　经典款女衬衫拓展一款式图

款式特征概述：

较宽松的 H 型衣身，圆弧形下摆，有肩覆势，领型为典型的男士衬衫领，前中连身出门襟，单排扣，钉扣五粒，胸口有贴袋，袖型为一片式长袖，较宽松，袖口开袖衩，装袖克夫，是一款较为经典的衬衣。

2. 根据 160/84A 型号进行女衬衫的成衣规格设计

表 2-3-2-1　女衬衫成衣规格尺寸　　单位:cm

部位	衣长(L)	胸围(B)	腰围(W)	臀围(H)	腰臀高(HG)	肩宽(S)	门襟宽(FW)
成衣规格	62	100	94	100	18	39	3
部位	后领高(NR)	前领高(FR)	后翻领宽(CR)	前翻领宽(CPW)	袖长(SL)	袖口(CW)	袖克夫宽(CH)
成衣规格	3	2.5	4	6	59	22	4

3. 前后片结构制图

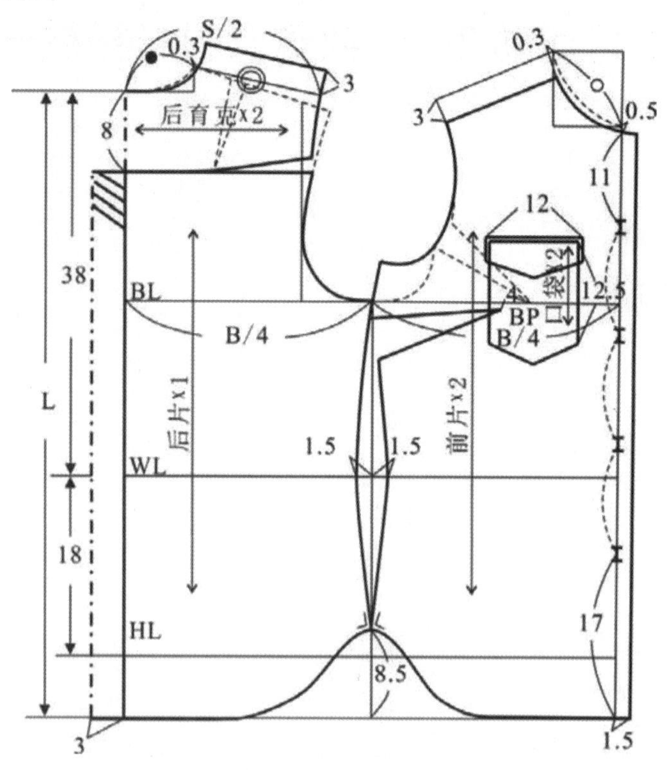

图 2-3-2-2　经典款女衬衫拓展—前后片结构图

4. 衣袖及衣领等部件的结构制图

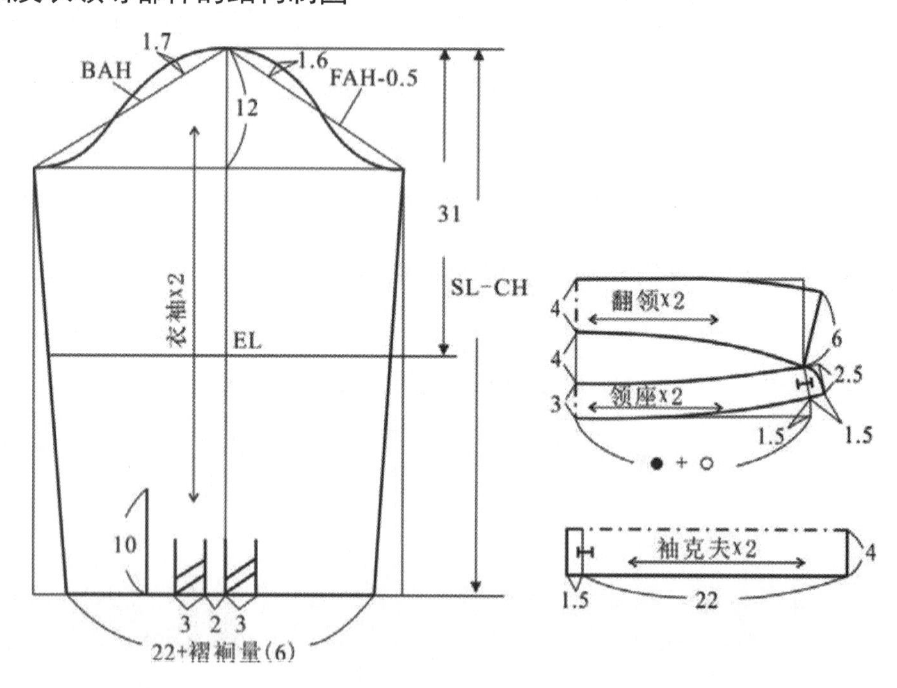

图 2-3-2-3　经典款女衬衫拓展—衣袖及衣领结构图

学习活动 3　经典款女衬衫拓展二

1. 款式特征

图 2-3-3-1　经典款女衬衫拓展二款式图

款式特征概述：

衣身整体风格较为修身，有胸省和腰省，有肩覆势，领型为典型的西装领，单排扣，钉扣五粒，袖型为一片式圆装长袖，袖口装袖克夫，是一款较为经典的衬衣。

2. 根据 160/84A 型号进行女衬衫的成衣规格设计

表 2-3-3-1　女衬衫成衣规格尺寸　　单位：cm

部位	衣长(L)	胸围(B)	腰围(W)	臀围(H)	腰臀高(HG)	肩宽(S)	门襟宽(FW)
成衣规格	62	96	82	100	18	39	3
部位	后领高(NR)	前领高(FR)	后翻领宽(CR)	前翻领宽(CPW)	袖长(SL)	袖口(CW)	袖克夫宽(CH)
成衣规格	3	2.5	4.5	5	56	21	4

3. 前后片及衣领结构制图

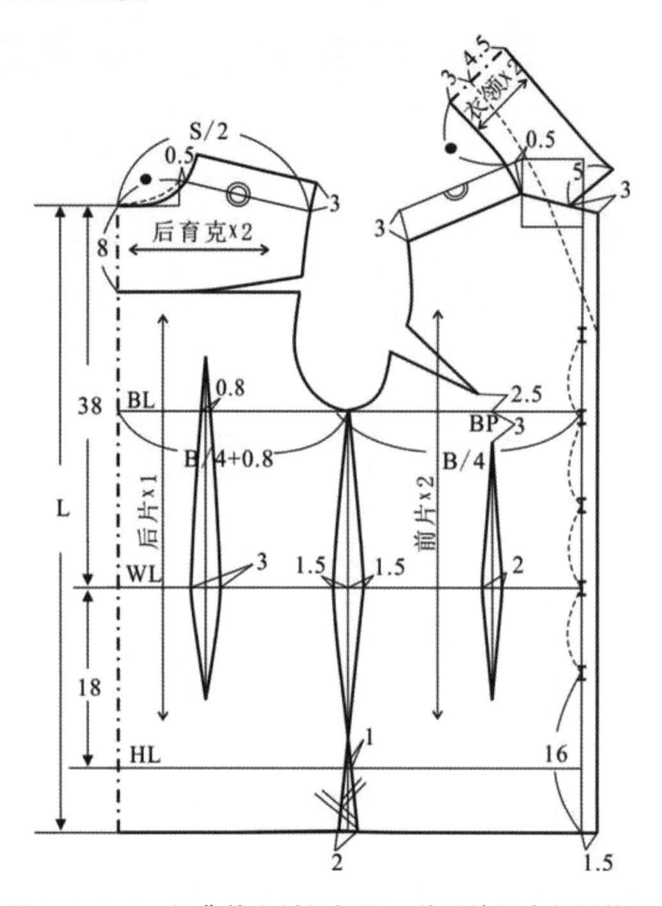

图 2-3-3-2　经典款女衬衫拓展二前后片及衣领结构图

4. 衣袖等部件的结构制图

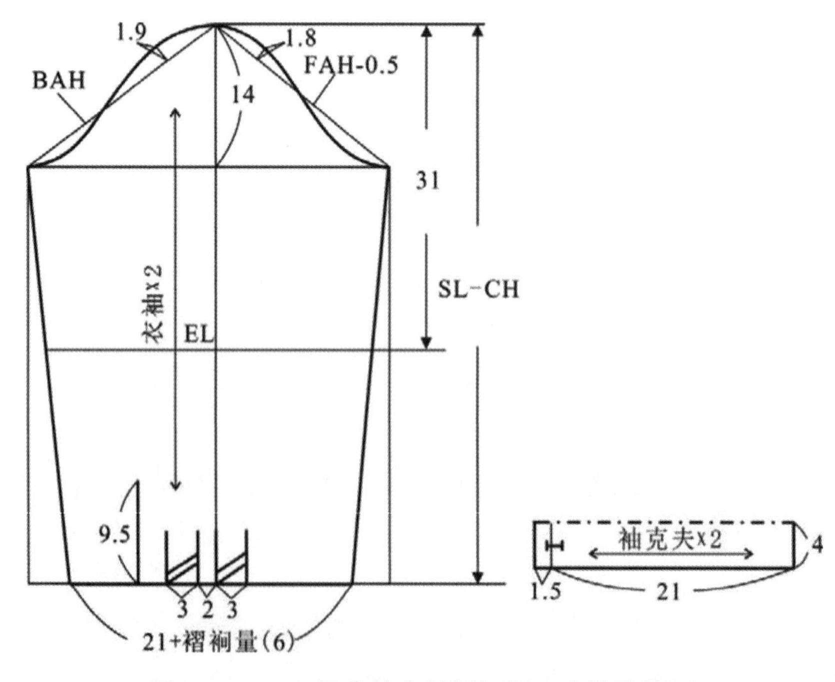

图 2-3-3-3　经典款女衬衫拓展二衣袖结构图

学习活动 4　经典款女衬衫拓展三

1. 款式特征

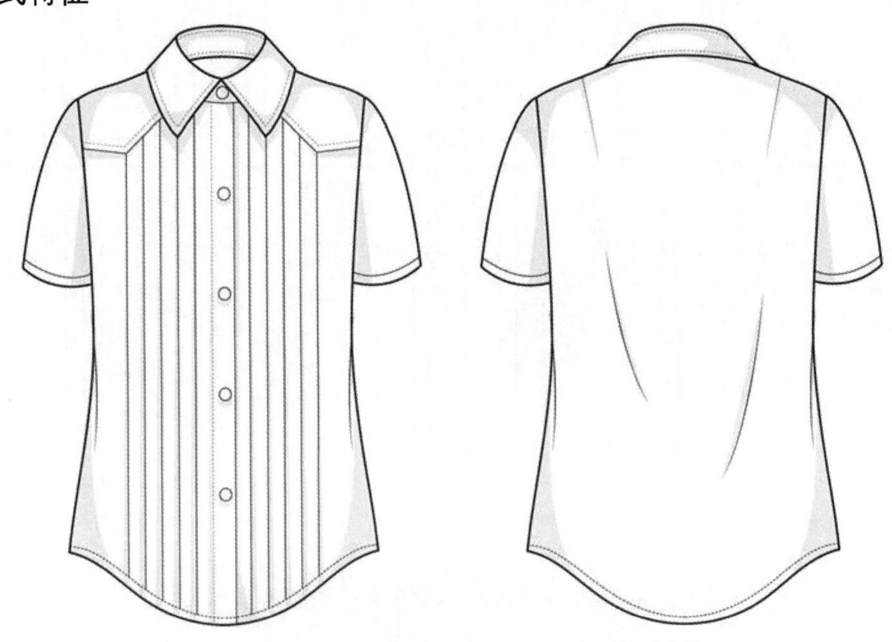

图 2-3-4-1　经典款女衬衫拓展三款式图

款式特征概述：

衣身整体风格较宽松，圆弧形下摆，前片有塔克，胸省转移至塔克部位，领型为翻立领，单排扣，钉扣五粒，袖型为一片式圆装短袖，肩部有育克，是一款较为经典的衬衣。

2. 根据 160/84A 型号进行女衬衫的成衣规格设计

表 2-3-4-1　女衬衫成衣规格尺寸　　单位：cm

部位	衣长(L)	胸围(B)	腰围(W)	臀围(H)	腰臀高(HG)	肩宽(S)	门襟宽(FW)
成衣规格	59	100	103	106	18	40	3
部位	后领高(NR)	前领高(FR)	后翻领宽(CR)	前翻领宽(CPW)	袖长(SL)	袖口(CW)	袖克夫宽(CH)
成衣规格	3	2.5	4	6.5	25	33.5	1.8

3. 前后片结构制图

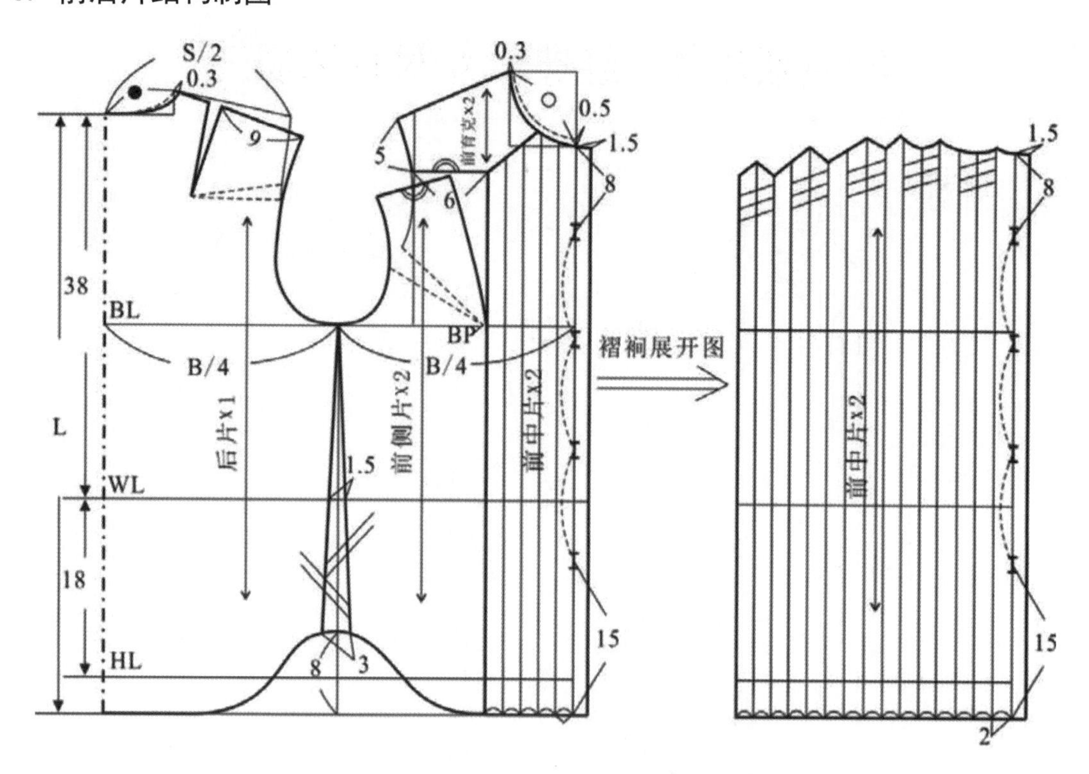

图 2-3-4-2　经典款女衬衫拓展三前后片结构图

4. 衣袖及衣领等部件的结构制图

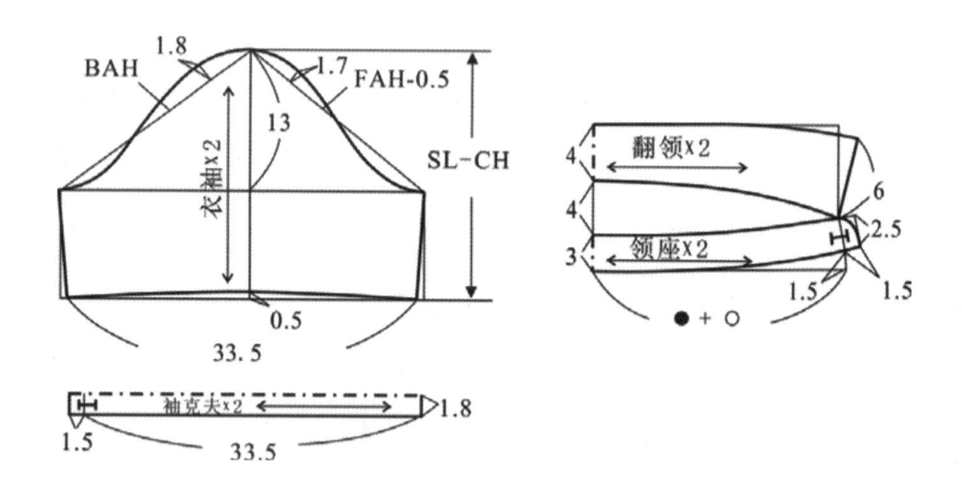

图 2-3-4-3　经典款女衬衫拓展三衣袖及衣领结构图

学习活动 5　经典款女衬衫拓展四

1. 款式特征

图 2-3-5-1　经典款女衬衫拓展四款式图

款式特征概述：

衣身整体风格较贴体，有腰省，肩部有育克，领型为翻立领，领子加大，原身出门襟，单排扣，钉扣五粒，胸口有单个贴袋，袖型为一片式圆装长袖。装袖克夫，袖口有单粒扣，是一款较为经典的衬衣。

2. 根据 160/84A 型号进行女衬衫的成衣规格设计

表 2-3-5-1　女衬衫成衣规格尺寸　　　　单位：cm

部位	衣长(L)	胸围(B)	腰围(W)	臀围(H)	腰臀高(HG)	肩宽(S)	门襟宽(FW)
成衣规格	62	98	83	106	18	39	3
部位	后领高(NR)	前领高(FR)	后翻领宽(CR)	前翻领宽(CPW)	袖长(SL)	袖口(CW)	袖克夫宽(CH)
成衣规格	3	2.5	4.5	9	58	22	4

3. 前后片结构制图

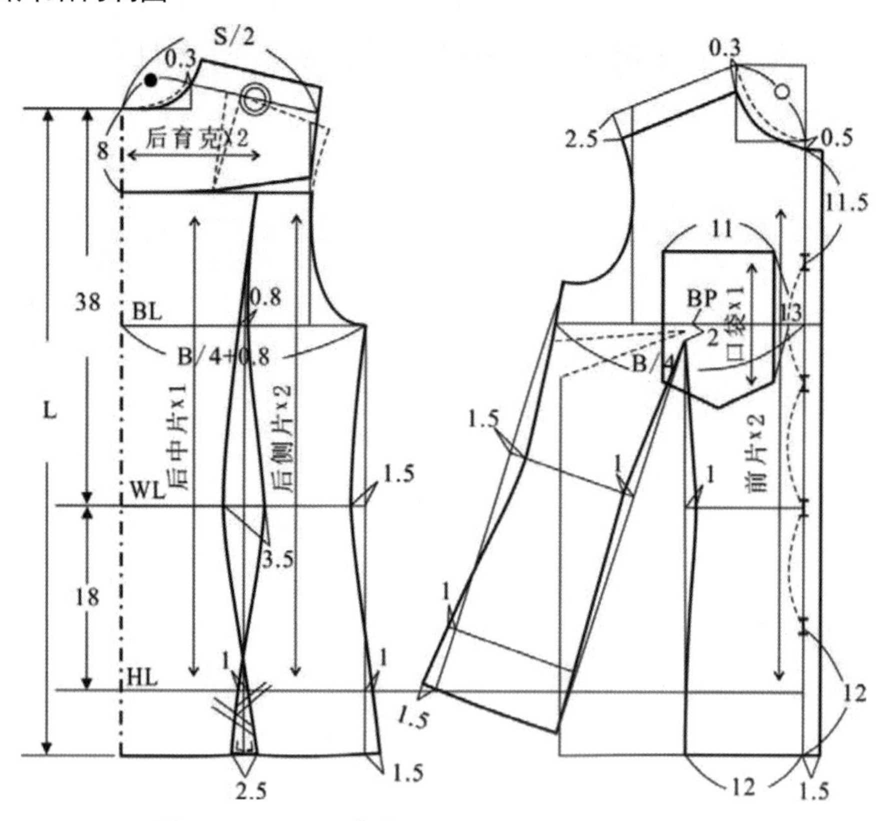

图 2-3-5-2　经典款女衬衫拓展四前后片结构图

4. 衣袖及衣领等部件的结构制图

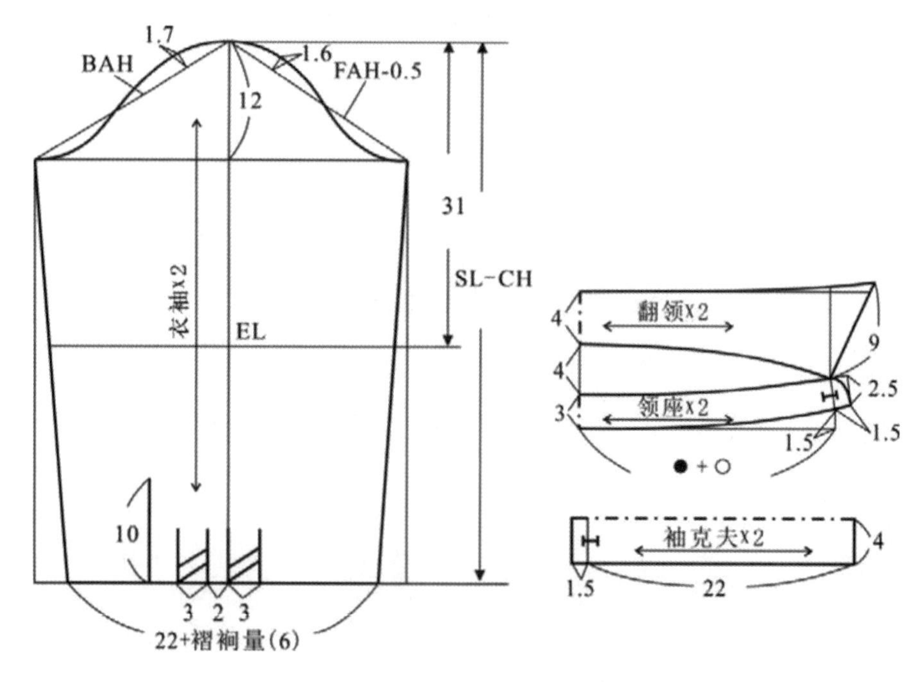

图 2-3-5-3　经典款女衬衫拓展四衣袖及衣领结构图

任务四　时尚款女衬衫结构制图拓展

学习活动 1　接受任务、制定计划

- 能独立查阅相关资料，了解各种女衬衫的款式，分析各种时尚款女衬衫外形特征，可以独立绘制款式图
- 能进行 160/84A 的时尚女衬衫成衣规格设计
- 可以独立绘制各种时尚款女衬衫的衣身及各种零部件的结构图
- 能根据加工工序确定工时，并制定出合理的工作计划进度表

建议学时：17 学时

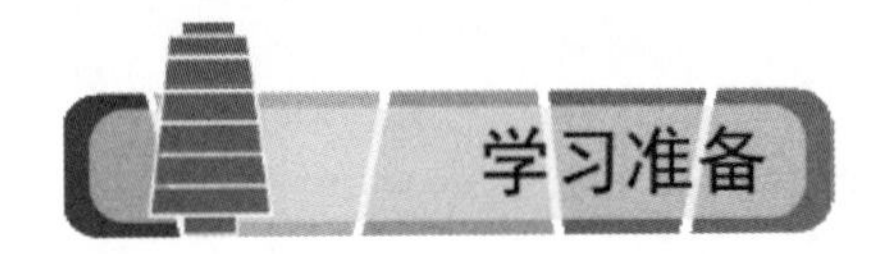

教具、学习材料、原型图、制图工具、制图板、A4 纸、安全操作规程

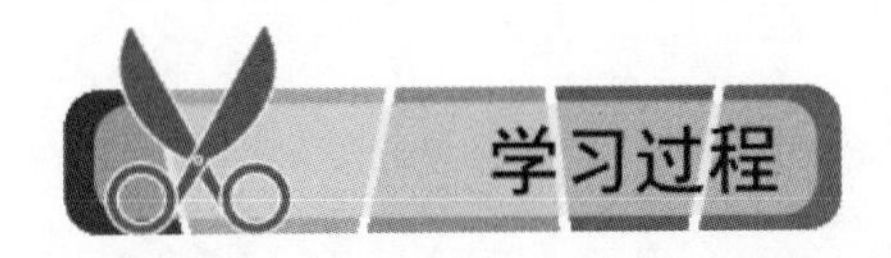

1. 查阅相关资料，了解时尚女衬衫的特征

2. 学习活动 2：完成时尚款女衬衫 1 的结构制图(2 学时)

3. 学习活动 3：完成时尚款女衬衫 2 的结构制图(2 学时)

4. 学习活动 4：完成时尚款女衬衫 3 的结构制图(2 学时)

5. 学习活动 5：完成时尚款女衬衫 4 的结构制图(2 学时)

6. 学习活动 6：完成时尚款女衬衫 5 的结构制图(2 学时)

7. 学习活动 7：完成时尚款女衬衫 6 的结构制图(2 学时)

8. 学习活动 8：完成时尚款女衬衫 7 的结构制图(2 学时)

9. 学习活动 9：完成时尚款女衬衫 8 的结构制图(2 学时)

10. 根据本任务的内容，小组讨论完成本任务工作安排

表 2-4-1-1　任务工作安排表

<table>
<tr><td>时间</td><td></td><td>主题</td><td>时尚女衬衫
结构制图工作安排</td></tr>
<tr><td>主持人</td><td></td><td>成员</td><td></td></tr>
<tr><td>讨论过程</td><td colspan="3"></td></tr>
<tr><td>结论</td><td colspan="3"></td></tr>
</table>

11. 根据小组讨论结果，制定最适合自己的工作计划

表 2-4-1-2　工作计划表

序号	开始时间	结束时间	工作内容	工作要求	备注

表 2-4-1-3　工作评价表

<table>
<tr><td>班级</td><td colspan="2">　　　姓名</td><td>学号</td><td></td><td colspan="3">日期</td><td>年　月　日</td></tr>
<tr><td>序号</td><td colspan="3">评价要点</td><td>配分</td><td>自评</td><td>互评</td><td>师评</td><td>总评</td></tr>
<tr><td>1</td><td colspan="3">穿戴整齐，着装符合要求</td><td>10</td><td></td><td></td><td></td><td rowspan="6">A□(86～100)
B□(76～85)
C□(60～75)
D□(60 以下)</td></tr>
<tr><td>2</td><td colspan="3">能对时尚款女衬衫有一定的了解</td><td>20</td><td></td><td></td><td></td></tr>
<tr><td>3</td><td colspan="3">能完成几种时尚款女衬衫的结构制图</td><td>40</td><td></td><td></td><td></td></tr>
<tr><td>4</td><td colspan="3">与同学之间能相互合作</td><td>10</td><td></td><td></td><td></td></tr>
<tr><td>5</td><td colspan="3">能严格遵守作息时间</td><td>10</td><td></td><td></td><td></td></tr>
<tr><td>6</td><td colspan="3">能及时完成老师布置的任务</td><td>10</td><td></td><td></td><td></td></tr>
<tr><td>小结
建议</td><td colspan="8"></td></tr>
</table>

学习活动 2　时尚款女衬衫拓展一

1. 款式特征

图 2-4-2-1　时尚款女衬衫拓展一款式图

款式特征概述：

较宽松的 H 廓形衣身，圆下摆，且前短后长，前中装门襟，单排扣，钉扣五粒。领型为一片翻折领，领口较大，较为宽松，胸口有贴袋，袖口卷起，九分袖，较宽松，是一款简单时尚的衬衣。

2. 根据 160/84A 型号进行女衬衫的成衣规格设计

表 2-4-2-1　女衬衫成衣规格尺寸　　单位：cm

部位	衣长(L)	胸围(B)	腰围(W)	臀围(H)	腰臀高(HG)	肩宽(S)	门襟宽(FW)
成衣规格	62	98	100	102	18	41	3
部位	后领高(NR)	前领高(FR)	后翻领宽(CR)	前翻领宽(CPW)	袖长(SL)	袖口(CW)	袖克夫宽(CH)
成衣规格	2	0	6	6	48	33.5	8

3. 前后片及衣领结构制图

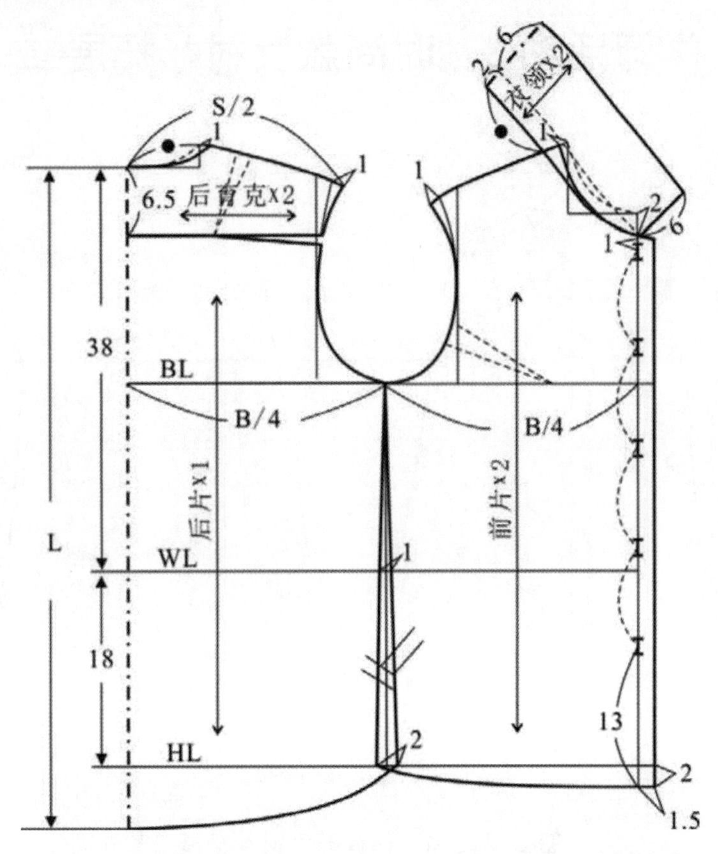

图 2-4-2-2 时尚款女衬衫拓展一前后片及衣领结构图

4. 衣袖等部件的结构制图

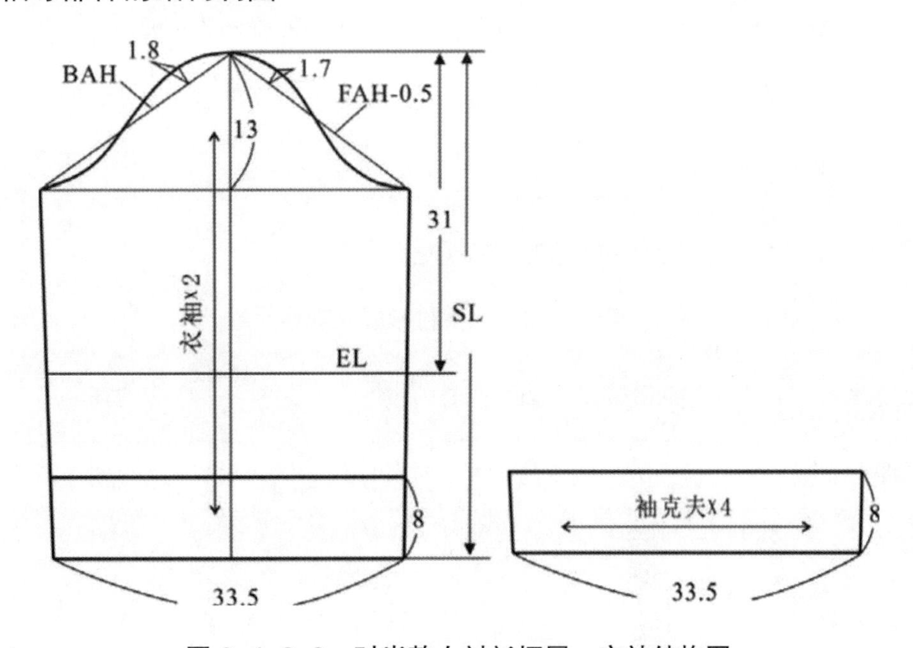

图 2-4-2-3 时尚款女衬衫拓展一衣袖结构图

学习活动 3　时尚款女衬衫拓展二

1. 款式特征

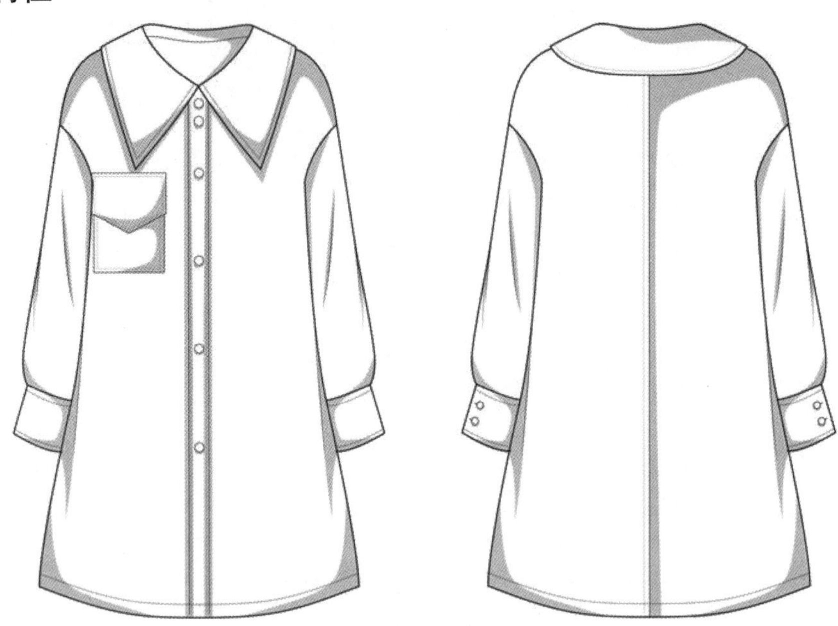

图 2-4-3-1　时尚款女衬衫拓展二款式图

款式特征概述：

较宽松的衬衫式连衣裙，A 廓型，平贴领，采用较大的翻领结构，落肩袖，袖子整体比较宽松，在袖口处收紧，长袖克夫，门襟适当加宽，胸前有一个贴袋，整体缉明线，是一款简单时尚的衬衣。

2. 根据 160/84A 型号进行女衬衫的成衣规格设计

表 2-4-3-1　女衬衫成衣规格尺寸　　　单位：cm

部位	衣长(L)	胸围(B)	腰围(W)	臀围(H)	腰臀高(HG)	肩宽(S)	门襟宽(FW)
成衣规格	80	102	106	110	18	41	3
部位	后领高(NR)	前领高(FR)	后翻领宽(CR)	前翻领宽(CPW)	袖长(SL)	袖口(CW)	袖克夫宽(CH)
成衣规格	2	0	7.5	11	55	29	10

3. 前后片及衣领结构制图

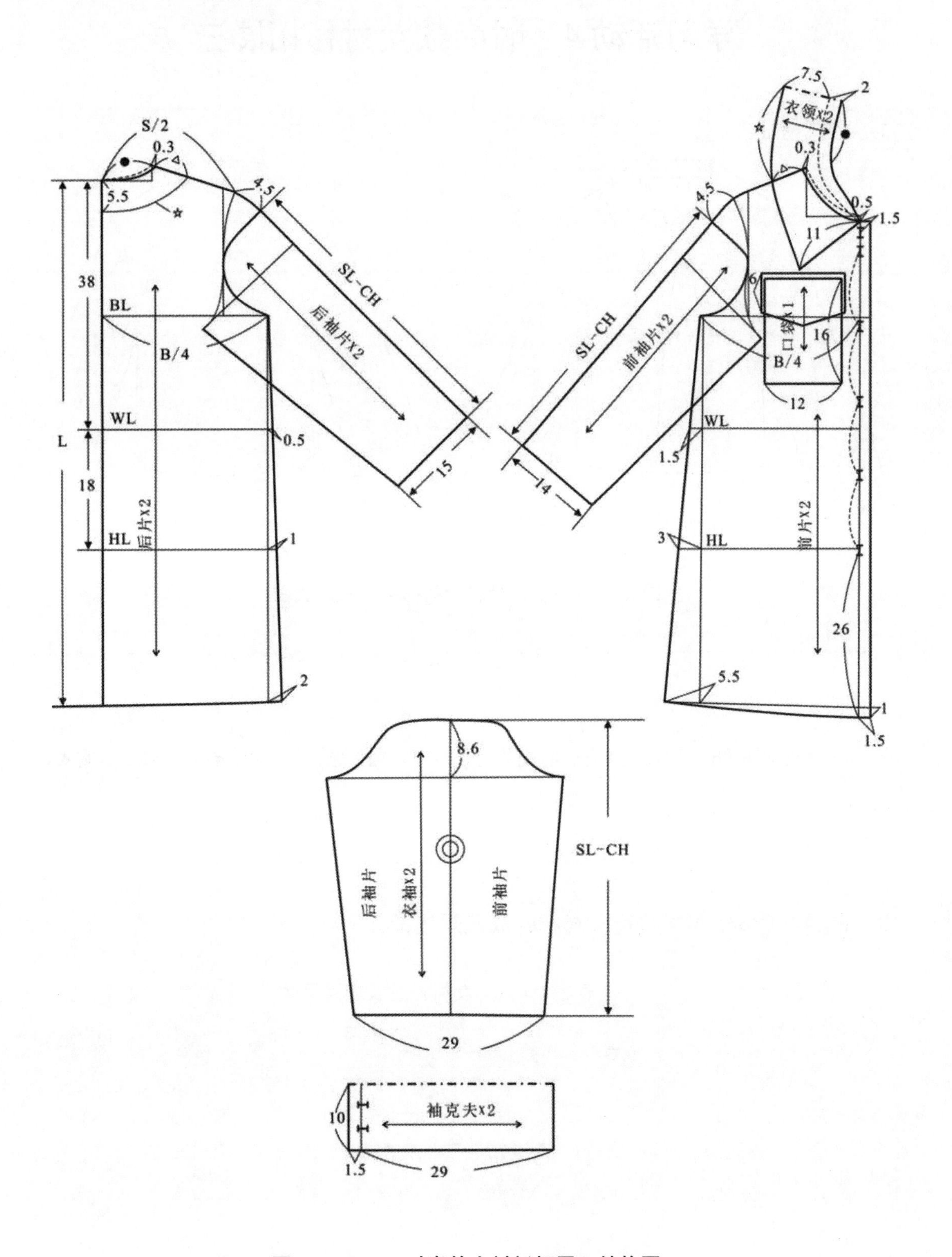

图 2-4-3-2 时尚款女衬衫拓展二结构图

学习活动 4　时尚款女衬衫拓展三

1. 款式特征

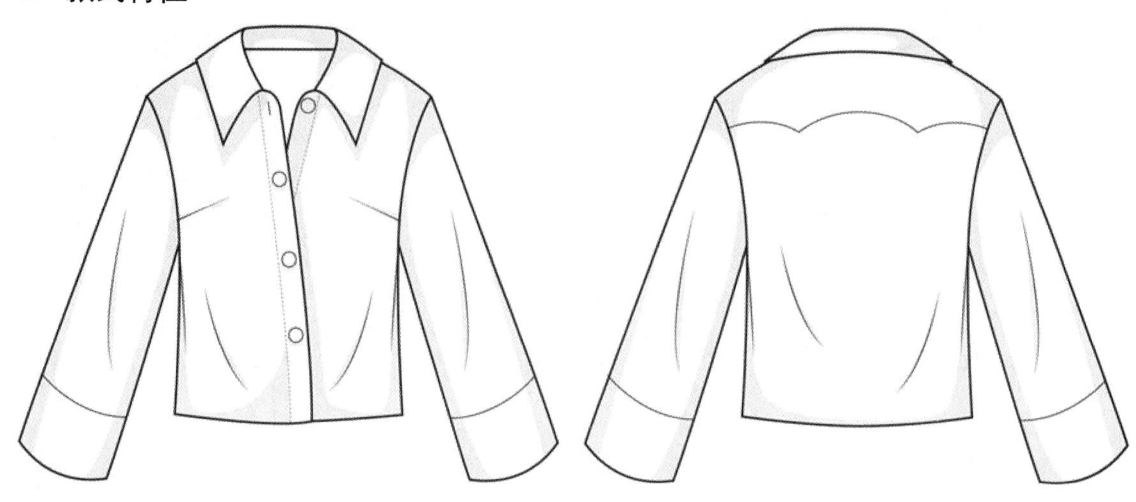

图 2-4-4-1　时尚款女衬衫拓展三款式图

款式特征概述：

衣身较贴体，H 廓型，后片有较时尚的育克分割，翻折领，明门襟，钉扣四粒，有胸省，袖型较为宽大，袖长偏长，袖口袖克夫偏大，是一款简单时尚的衬衣。

2. 根据 160/84A 型号进行女衬衫的成衣规格设计

表 2-4-4-1　女衬衫成衣规格尺寸　　单位：cm

部位	衣长(L)	胸围(B)	腰围(W)	臀围(H)	腰臀高(HG)	肩宽(S)	门襟宽(FW)
成衣规格	45	98	98	98	18	40	3
部位	后领高(NR)	前领高(FR)	后翻领宽(CR)	前翻领宽(CPW)	袖长(SL)	袖口(CW)	袖克夫宽(CH)
成衣规格	3	0	5	6	59	35	14

3. 前后片及衣领结构制图

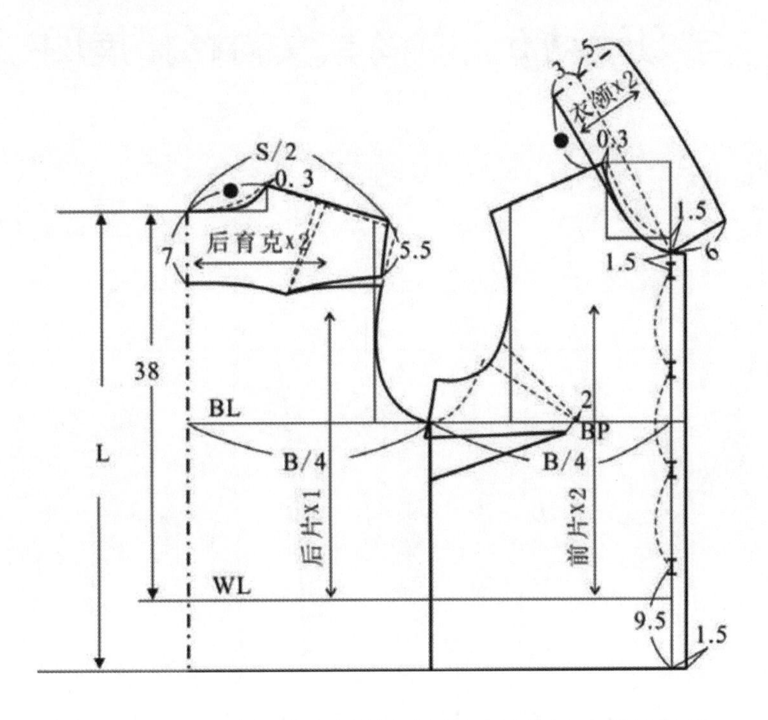

图 2-4-4-2 时尚款女衬衫拓展三前后片及衣领结构图

4. 衣袖等部件的结构制图

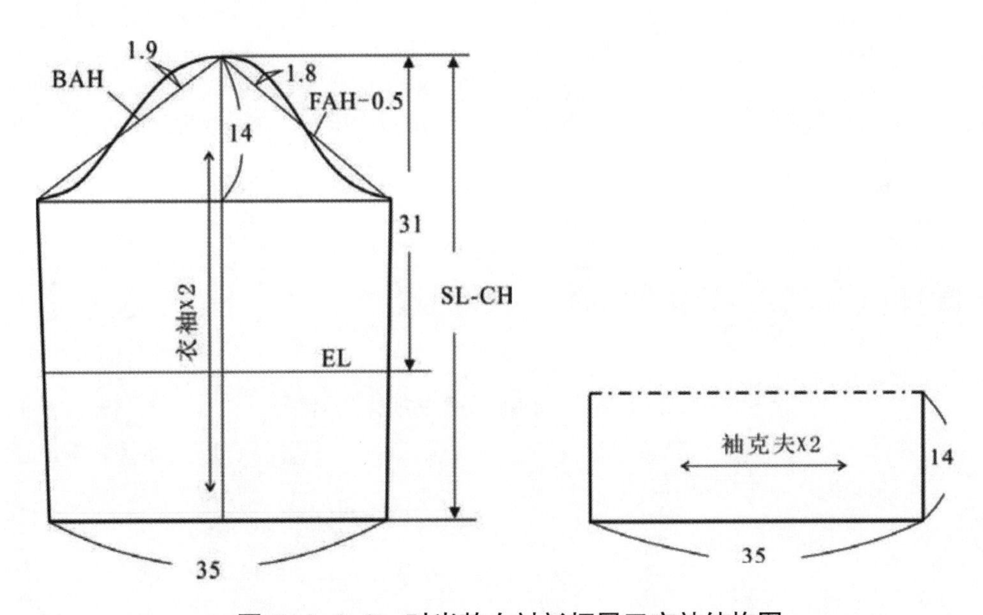

图 2-4-4-3 时尚款女衬衫拓展三衣袖结构图

学习活动 5　时尚款女衬衫拓展四

1. 款式特征

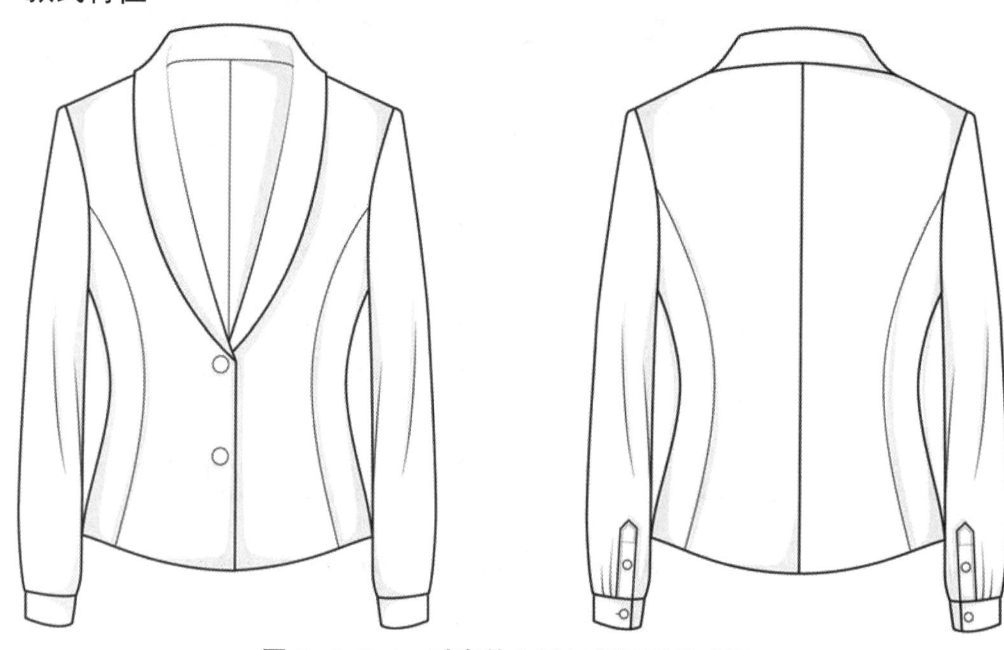

图 2-4-5-1　时尚款女衬衫拓展四款式图

款式特征概述：

衣身整体风格较为修身，X 廓型，有刀背分割线，后中破缝，领型为翻折青果领，单排扣，钉扣两粒，袖型为圆装长袖，袖口较小，装袖克夫。是一款较时尚的衬衣。

2. 根据 160/84A 型号进行女衬衫的成衣规格设计

表 2-4-5-1　女衬衫成衣规格尺寸　　单位：cm

部位	衣长 (L)	胸围(B)	腰围(W)	臀围 (H)	腰臀高 (HG)	肩宽(S)	门襟宽 (FW)
成衣规格	62	98	79	101	18	40	3
部位	后领高 (NR)	前领高 (FR)	后翻领宽 (CR)	前翻领宽 (CPW)	袖长 (SL)	袖口 (CW)	袖克夫宽 (CH)
成衣规格	3	0	8	视款式	58	23	5

3. 前后片及衣领结构制图

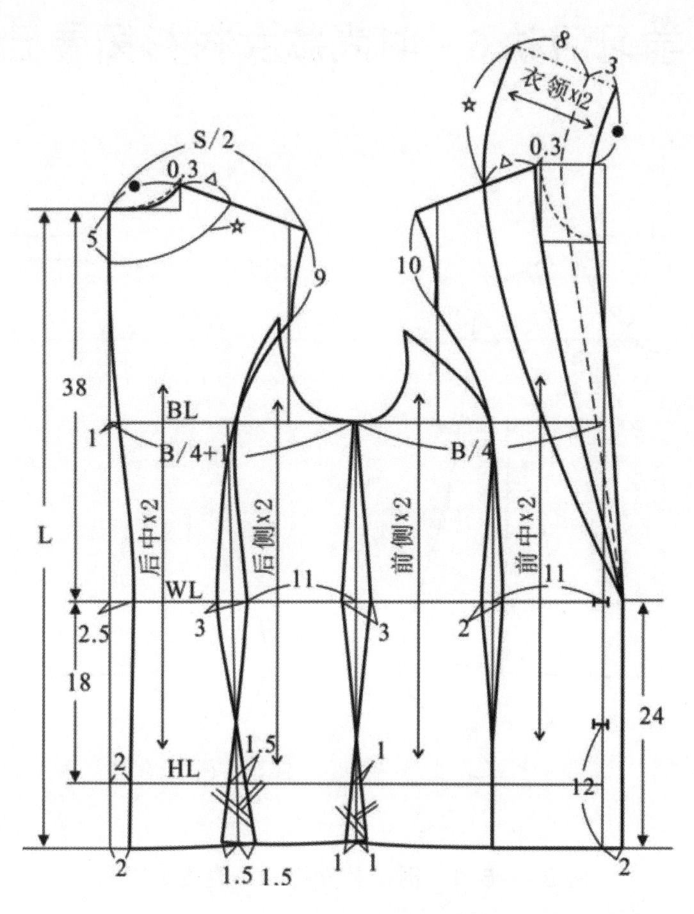

图 2-4-5-2　时尚款女衬衫拓展四前后片及衣领结构图

4. 衣袖等部件的结构制图

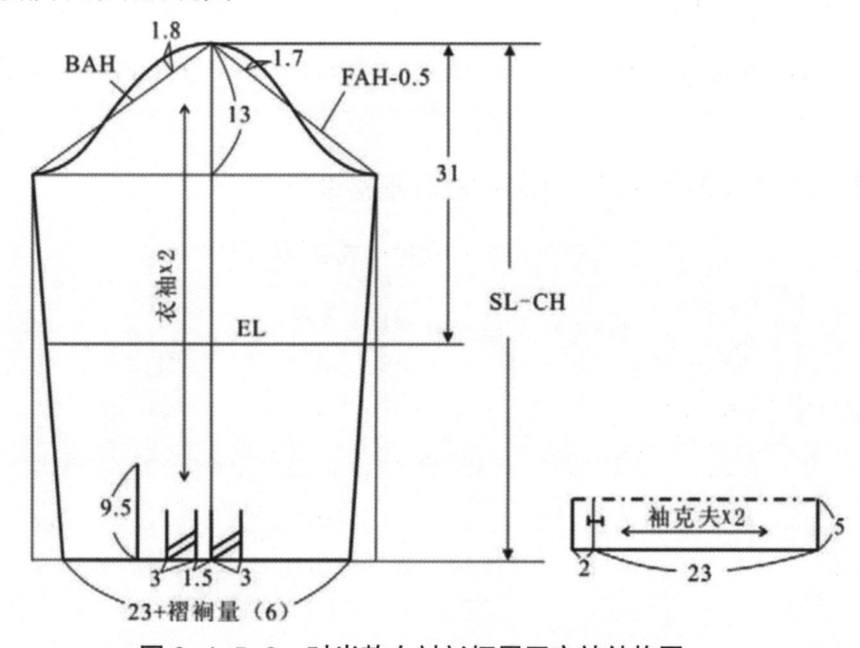

图 2-4-5-3　时尚款女衬衫拓展四衣袖结构图

学习活动 6　时尚款女衬衫拓展五

1. 款式特征

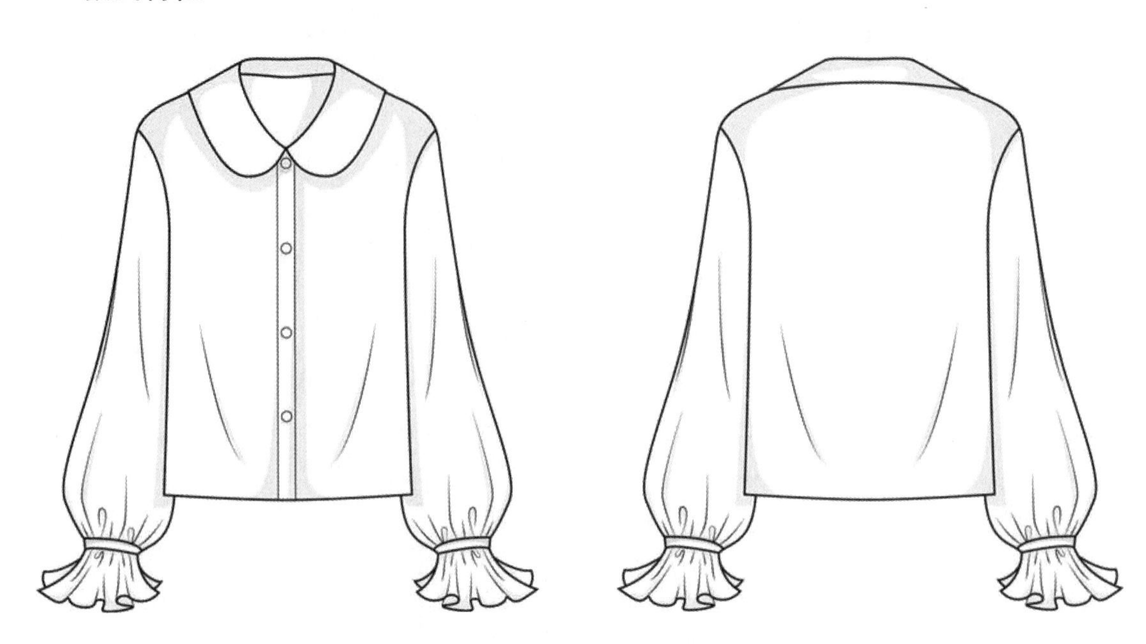

图 2-4-6-1　时尚款女衬衫拓展五款式图

款式特征概述：

衣身为较宽松的 H 廓形，装明门襟，单排扣，稍落肩，领型为娃娃领；袖型为圆装长袖，袖口较宽，通过袖带固定抽褶，袖口自然展开呈波浪状，是一款可爱时尚的衬衣。

2. 根据 160/84A 型号进行女衬衫的成衣规格设计

表 2-4-6-1 女衬衫成衣规格尺寸　　单位：cm

部位	衣长 (L)	胸围(B)	腰围(W)	臀围 (H)	腰臀高 (HG)	肩宽(S)	门襟宽 (FW)
成衣规格	60	98	98	98	18	42	3
部位	后领高 (NR)	前领高 (FR)	后翻领宽 (CR)	前翻领宽 (CPW)	袖长 (SL)	袖口 (CW)	袖带宽 (CH)
成衣规格	0	0	10	9	62	35	1.5

3. 前后片结构制图

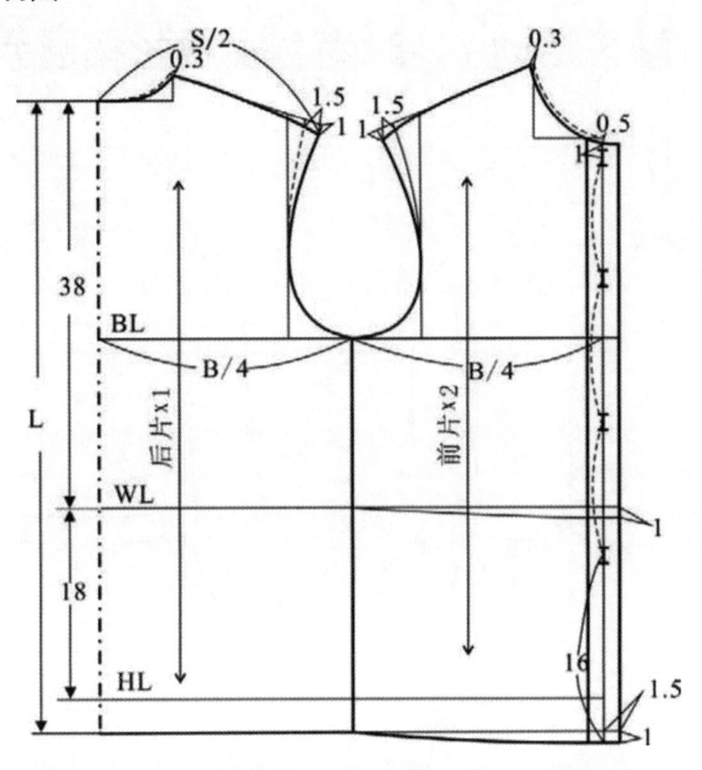

图 2-4-6-2 时尚款女衬衫拓展五前后片结构图

4. 衣袖及衣领等部件的结构制图

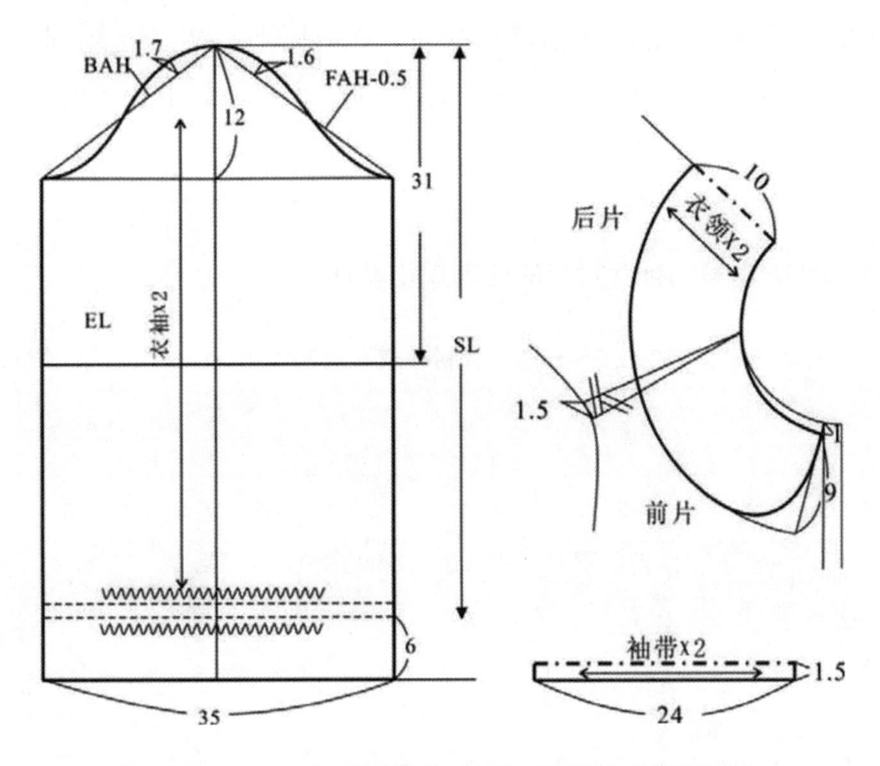

图 2-4-6-3 时尚款女衬衫拓展五衣袖及衣领结构图

学习活动 7　时尚款女衬衫拓展六

1. 款式特征

图 2-4-7-1　时尚款女衬衫拓展六款式图

款式特征概述：

较修身的 X 廓形衣身，腰部采用省道形式收腰，腰带以下抽碎褶，下摆自然散开形成波浪，领型为翻立领，装明门襟，单排扣。宽松型衬衣袖，袖口收紧，袖口有袖克夫，是一款较为时尚的衬衣。

2. 根据 160/84A 型号进行女衬衫的成衣规格设计

表 2-4-7-1　女衬衫成衣规格尺寸　　单位：cm

部位	衣长(L)	胸围(B)	腰围(W)	臀围(H)	腰臀高(HG)	肩宽(S)	门襟宽(FW)
成衣规格	56	94	83		18	40	3
部位	后领高(NR)	前领高(FR)	后翻领宽(CR)	前翻领宽(CPW)	袖长(SL)	袖口(CW)	袖克夫宽(CH)
成衣规格	3	2.5	4	6	58	22	3

3. 前后片结构制图

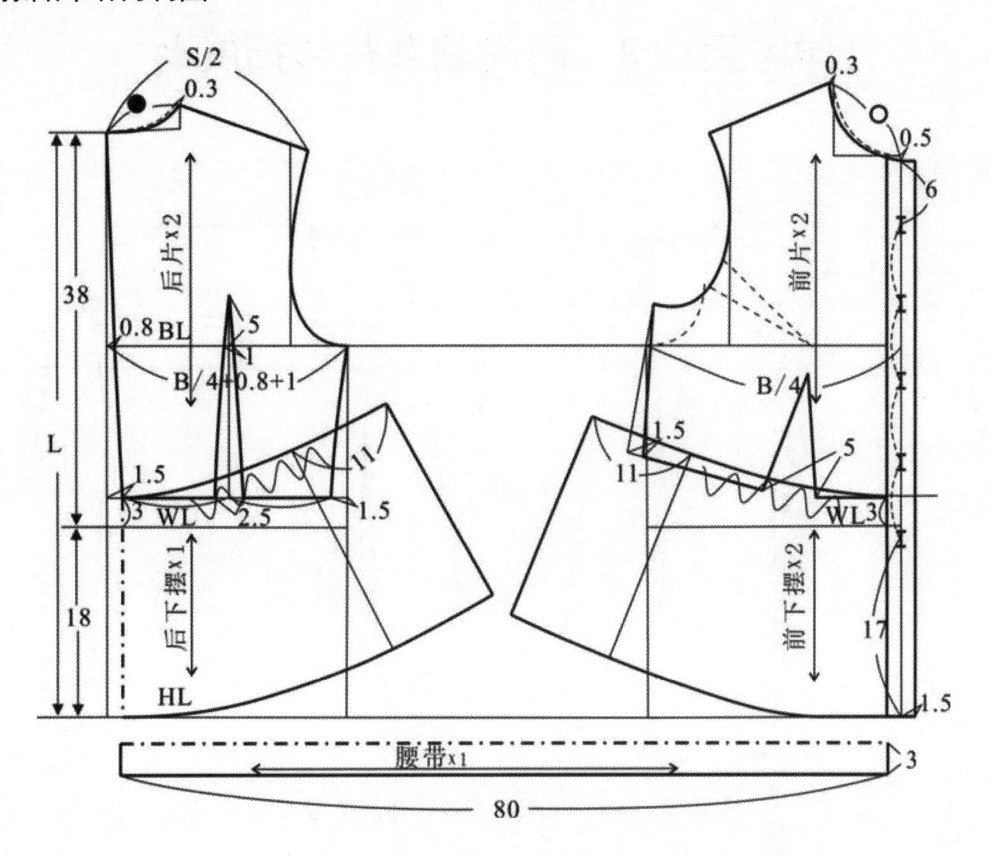

图 2-4-7-2　时尚款女衬衫拓展六前后片结构图

4. 衣袖及衣领等部件的结构制图

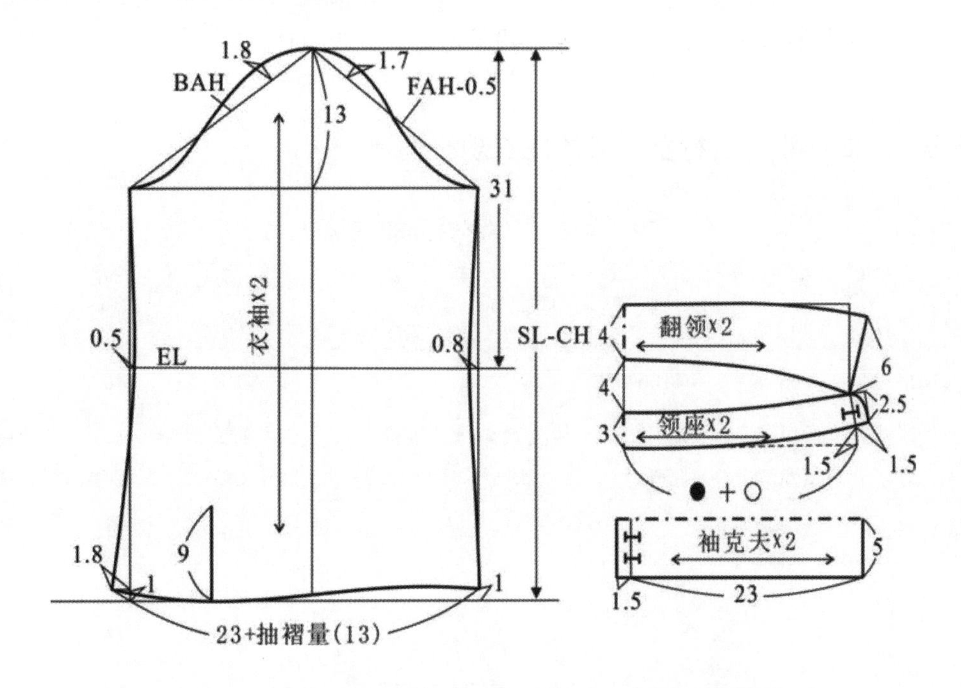

图 2-4-7-3　时尚款女衬衫拓展六衣袖及衣领结构图

学习活动 8　时尚款女衬衫拓展七

1. 款式特征

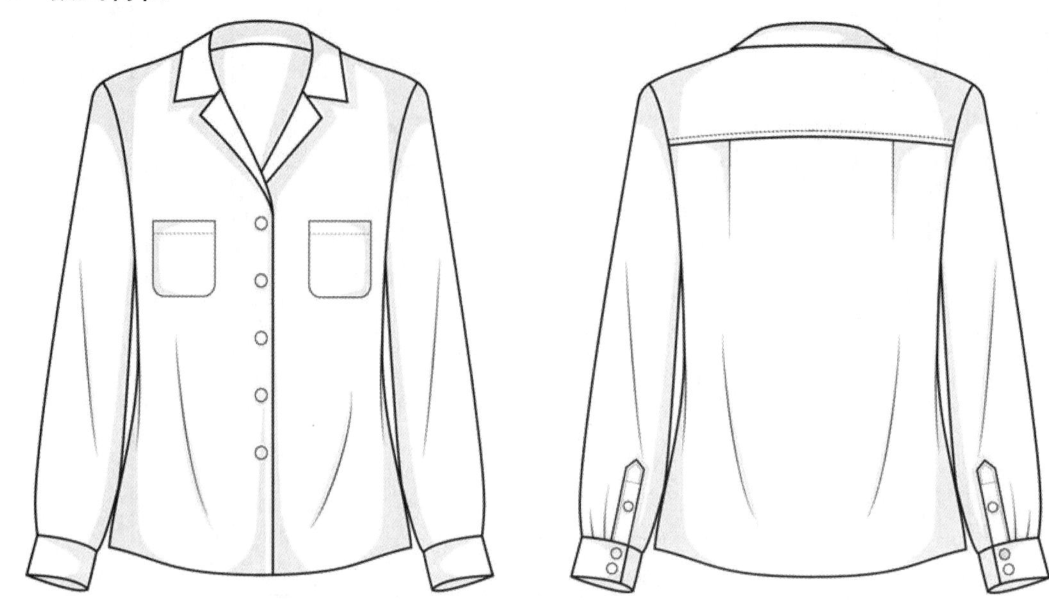

图 2-4-8-1　时尚款女衬衫拓展七款式图

款式特征概述：

衣身较宽松，后衣身有育克、褶裥，衣领为翻折领，连门襟，门襟翻折形成驳头，单排扣；衣袖为宽松型衬衣袖，袖口有褶裥与开衩的设计，是一款较为时尚的衬衣。

2. 根据 160/84A 型号进行女衬衫的成衣规格设计

表 2-4-8-1　女衬衫成衣规格尺寸　　单位：cm

部位	衣长(L)	胸围(B)	腰围(W)	臀围(H)	腰臀高(HG)	肩宽(S)	门襟宽(FW)
成衣规格	65	106	104	108	18	40	3
部位	后领高(NR)	前领高(FR)	后翻领宽(CR)	前翻领宽(CPW)	袖长(SL)	袖口(CW)	袖克夫宽(CH)
成衣规格	2.5	2	3.5		56	21	9

3. 前后片及衣领结构制图

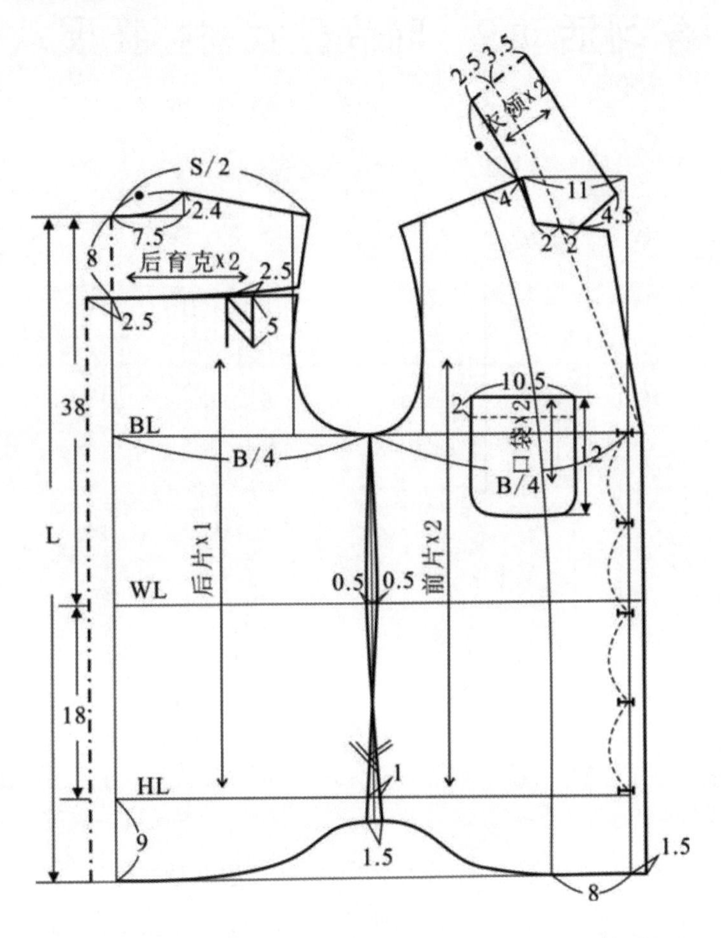

图 2-4-8-2　时尚款女衬衫拓展七前后片及衣领结构图

4. 衣袖等部件的结构制图

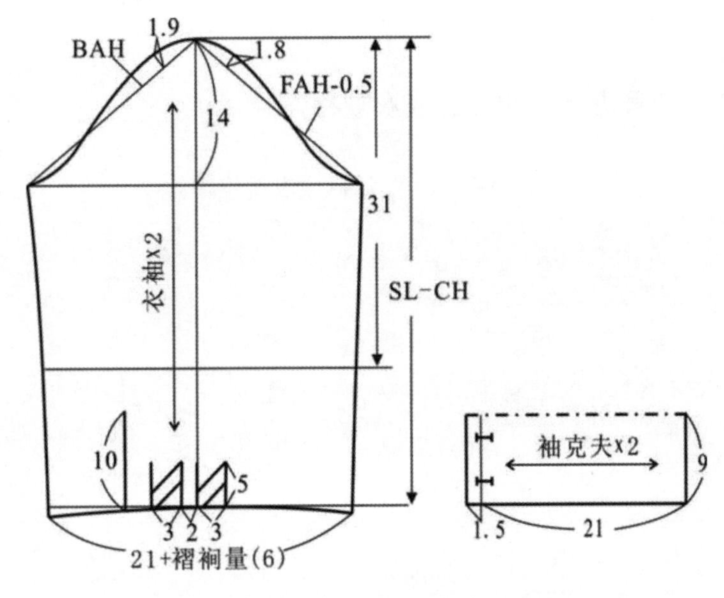

图 2-4-8-3　时尚款女衬衫拓展七衣袖结构图

学习活动 9　时尚款女衬衫拓展八

1. 款式特征

图 2-4-9-1　时尚款女衬衫拓展八款式图

款式特征概述：

领型为典型衬衫领，有领座；装暗门襟，单排暗扣。宽松型衬衣衣袖，袖口收紧，袖口有袖克夫。整体比较宽松，下摆自然散开形成波浪，是一款较为时尚的长款衬衣。

2. 根据 160/84A 型号进行女衬衫的成衣规格设计

表 2-4-9-1　女衬衫成衣规格尺寸　　　　单位：cm

部位	衣长(L)	胸围(B)	腰围(W)	臀围(H)	腰臀高(HG)	肩宽(S)	门襟宽(FW)
成衣规格	90	100	102	104	18	43	3.5
部位	后领高(NR)	前领高(FR)	后翻领宽(CR)	前翻领宽(CPW)	袖长(SL)	袖口(CW)	袖克夫宽(CH)
成衣规格	3	2.5	4	6	60	22	6

3. 前后片结构制图

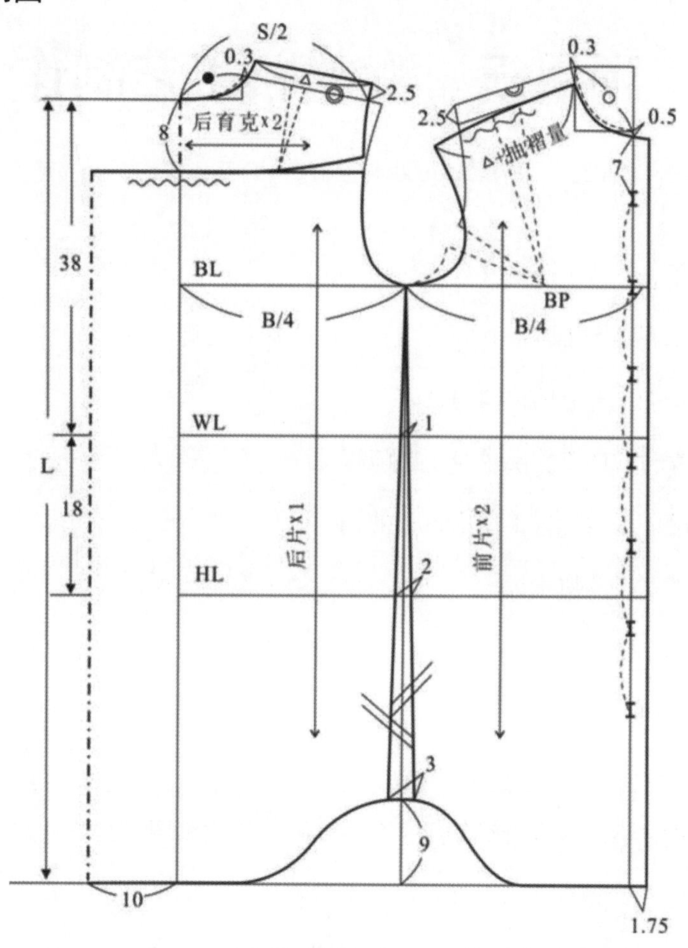

图 2-4-9-2　时尚款女衬衫拓展八前后片结构图

4. 衣袖及衣领等部件的结构制图

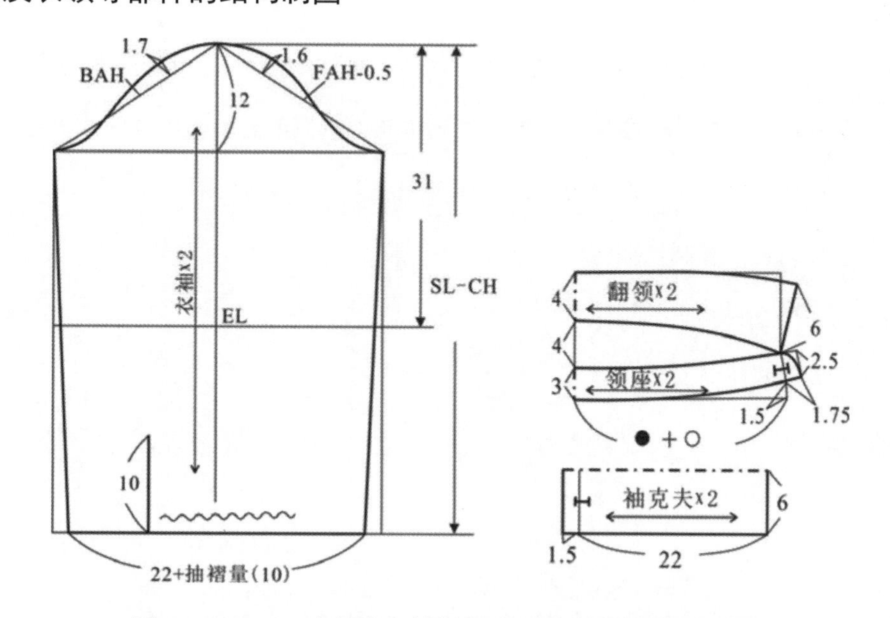

图 2-4-9-3　时尚款女衬衫拓展八衣袖及衣领结构图

项目三　女衬衫工艺制作

学习目标

- 能独立查阅相关资料，确定女衬衫的加工工序
- 能根据加工工序确定工时，并制定出合理的工作计划进度表
- 能独立进行 T 型女衬衫的排料与裁剪
- 能描述 T 型女衬衫的工艺要求及工艺流程
- 能利用服装缝制工具完成 T 型女衬衫的加工
- 能根据 T 型女衬衫的质量标准，对成品进行质量检查与评析

建议学时 24 学时

学习任务

根据项目二的内容，我们已经完成了 T 型女衬衫结构制图，在技术部门的要求下，我们将进行工业样板的制作，为后面的 T 型女衬衫工艺制作做好准备工作，并在规定的时间内完成 T 型女衬衫的裁剪、排料、用料等工序，严格依照工艺单的要求。

学习内容

学生从教师处接受 T 型女衬衫工艺制作的任务，制定工作计划，分析工艺单的各项指标，获取制作 T 型女衬衫的标准、要求等，根据工艺单领取制图的材料，独立完成 T 型女衬衫工艺制作。工作过程中遵循现场工作管理规范。认真完成以下三个任务：

任务一、女衬衫工艺制作准备

任务二、基础女衬衫工艺制作

任务三、女衬衫工艺制作拓展

任务一　女衬衫工艺制作准备

学习活动 1　接受任务、制定计划

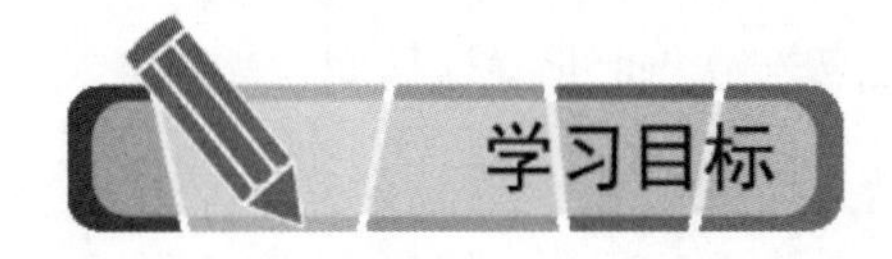

- 能独立查阅相关资料，确定材料准备周期
- 能确定工时，并制定出合理的工作计划进度表

建议学时：2 学时

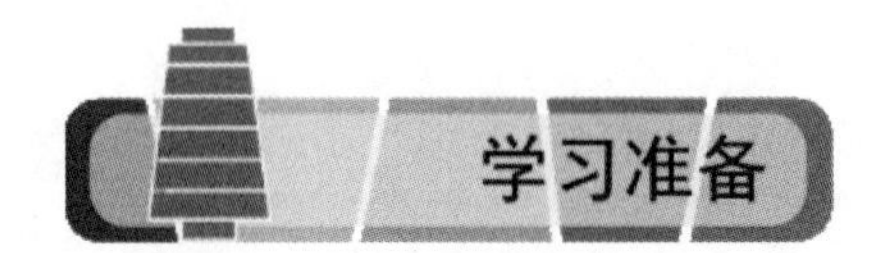

T 型女衬衫款式图、实物、 工艺单、教具、安全操作规程、学习材料

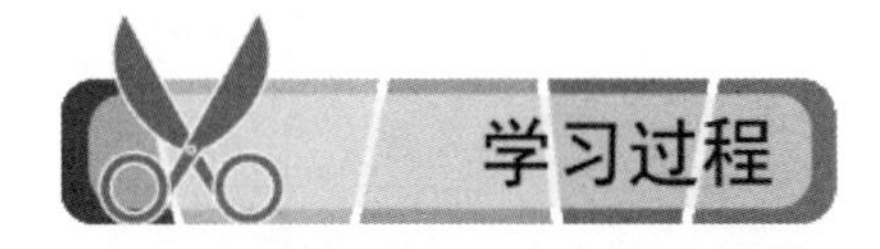

1. 查阅相关资料，了解确定工时应该考虑哪些因素

- 工序安排

工序一般是作为工时的计算单位。影响工时的主要因素是服装工序所使用的面料、缝边形状、缝边长度、缝型、服装设备以及每道工序的质量标准。

- 典型工序基准工时的确定

根据平时的学习情况，进行典型工序基准工时的测算。工时测算的正确与否是生产效率的主要影响因素。

2. 查阅相关资料，了解材料准备周期的概念及注意事项

（1）提前预备：正式投产前应将所需材料全部预备齐全，并对产品的款式、结构、工艺、相关技术及生产人员进行分析、计划、组织，以备正式生产。

（2）材料进库前应先复检。主要是针对所需材料进行数量核对及品质检验，以便与供货单位结清帐目。

（3）特种零配件、专用机件，除应有必要储备外，还应与生产企业签订长期售后服务及供货协议。一些必要的低值易耗备件，凡属标准件的可少配备；凡属专用件除做好必要库存外，主要应与供货商保持联系，以便及时补充。

（4）各种油料因属危险品、烈味品，各种电料多属常用标准件，一般可采取随用随备方法。

3. 分析工艺单款式图和 T 型女衬衫实物，小组讨论完成本任务工作安排

表 3-1-1-1　任务工作安排表

时间		主题	T 型女衬衫 工艺制作工作安排
主持人		成员	
讨论过程			
结论			

4. 根据小组讨论结果，制定最适合自己的工作计划

表 3-1-1-2　个人工作计划表

序号	开始时间	结束时间	工作内容	工作要求	备注

表 3-1-1-3　评价与分析表

<table>
<tr><td>班级</td><td></td><td>姓名</td><td></td><td>学号</td><td></td><td colspan="3">日期</td><td>年　月　日</td></tr>
<tr><td>序号</td><td colspan="4">评价要点</td><td>配分</td><td>自评</td><td>互评</td><td>师评</td><td>总评</td></tr>
<tr><td>1</td><td colspan="4">穿戴整齐，着装符合要求</td><td>10</td><td></td><td></td><td></td><td rowspan="7">A□(86～100)
B□(76～85)
C□(60～75)
D□(60 以下)</td></tr>
<tr><td>2</td><td colspan="4">能独立制作女衬衫工艺单</td><td>20</td><td></td><td></td><td></td></tr>
<tr><td>3</td><td colspan="4">能对女衬衫进行排料和裁剪</td><td>20</td><td></td><td></td><td></td></tr>
<tr><td>4</td><td colspan="4">能制定出合理的工作计划</td><td>20</td><td></td><td></td><td></td></tr>
<tr><td>5</td><td colspan="4">与同学之间能相互合作</td><td>10</td><td></td><td></td><td></td></tr>
<tr><td>6</td><td colspan="4">能严格遵守作息时间</td><td>10</td><td></td><td></td><td></td></tr>
<tr><td>7</td><td colspan="4">能及时完成老师布置的任务</td><td>10</td><td></td><td></td><td></td></tr>
<tr><td>小结建议</td><td colspan="9"></td></tr>
</table>

学习活动 2　女衬衫工艺单制作

- 能了解女衬衫各部件的数量
- 能填写女衬衫的工艺要求及分值
- 能掌握女衬衫的工艺流程
- 能根据实物样衣正确填写完成工艺单

建议学时：2 学时

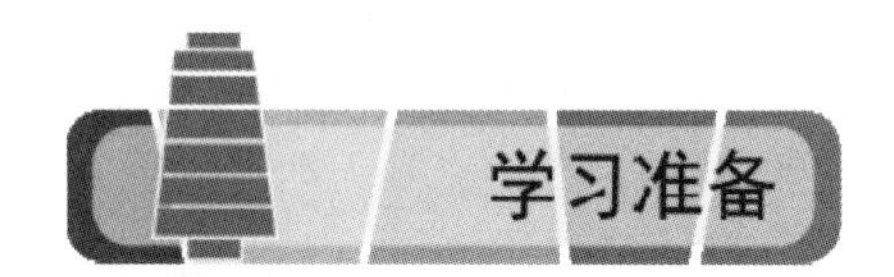

女衬衫实物、教具、安全操作规程、学习材料、多媒体素材

1. 查阅相关资料，了解女衬衫的各部件的数量

前中衣片两片，前侧两片，前育克两片，后中衣片一片，后侧片两片，后育克一片，袖片两片，袖克夫两片，袖衩条两片，领面一片、领里两片，纽扣七粒。

2. 查阅相关资料，填写女衬衫的工艺要求及分值

表 3-1-2-1　女衬衫工艺要求及分值

项目	工艺要求	分值
规格	允许误差：W±1，B±1，T±1	15
领子	领面、里平服，丝绺正确，领止口不外露，领角长短一致，绱领平服，装领左右对称，领面有窝势，面里松紧适宜，压缉领面要离领脚 0.1cm，不要超过 0.2cm，不能缉牢领里脚	10
门里襟	门、里襟平服、顺直，不搅不豁不外吐，挂面松紧适宜，左右对称、顺直	15
前后片	分割缝线摆缝平服顺直，不起吊，明止口宽窄一致，线迹松紧一致，肩部育克左右对称，平服且宽窄一致	5
袖子	绱袖缝迹线顺直，装袖层势均匀，袖山圆顺，吃势均匀，袖型饱满美观，两袖长短一致，前后准确，左右对称，袖衩顺直，宽窄长短一致，袖口平服、大小一致，袖口细裥均匀	10
下摆底边	底边宽窄一致，缉线顺直，底边平服，不拧不皱	5
后整理	手工部位平服整齐，锁眼、钉扣位置正确、对应，钉扣牢固	5
整烫效果	无污、无黄、无焦、无光、无皱，烫迹线顺直	10

3. 能掌握女衬衫的工艺流程

准备工作—检查裁片—做缝制标记—烫黏合衬—做领—做袖克夫—各裁片组合车缝(缝合前 T 分割缝、缝合前育克、缝合后分割缝、缝合后育克)—分割缝锁边缉止口—缝合肩缝—装领—做袖(袖衩)—装袖—缝合侧缝和袖底缝—装袖克夫—卷边—锁眼、钉扣—整烫—检验—包装。

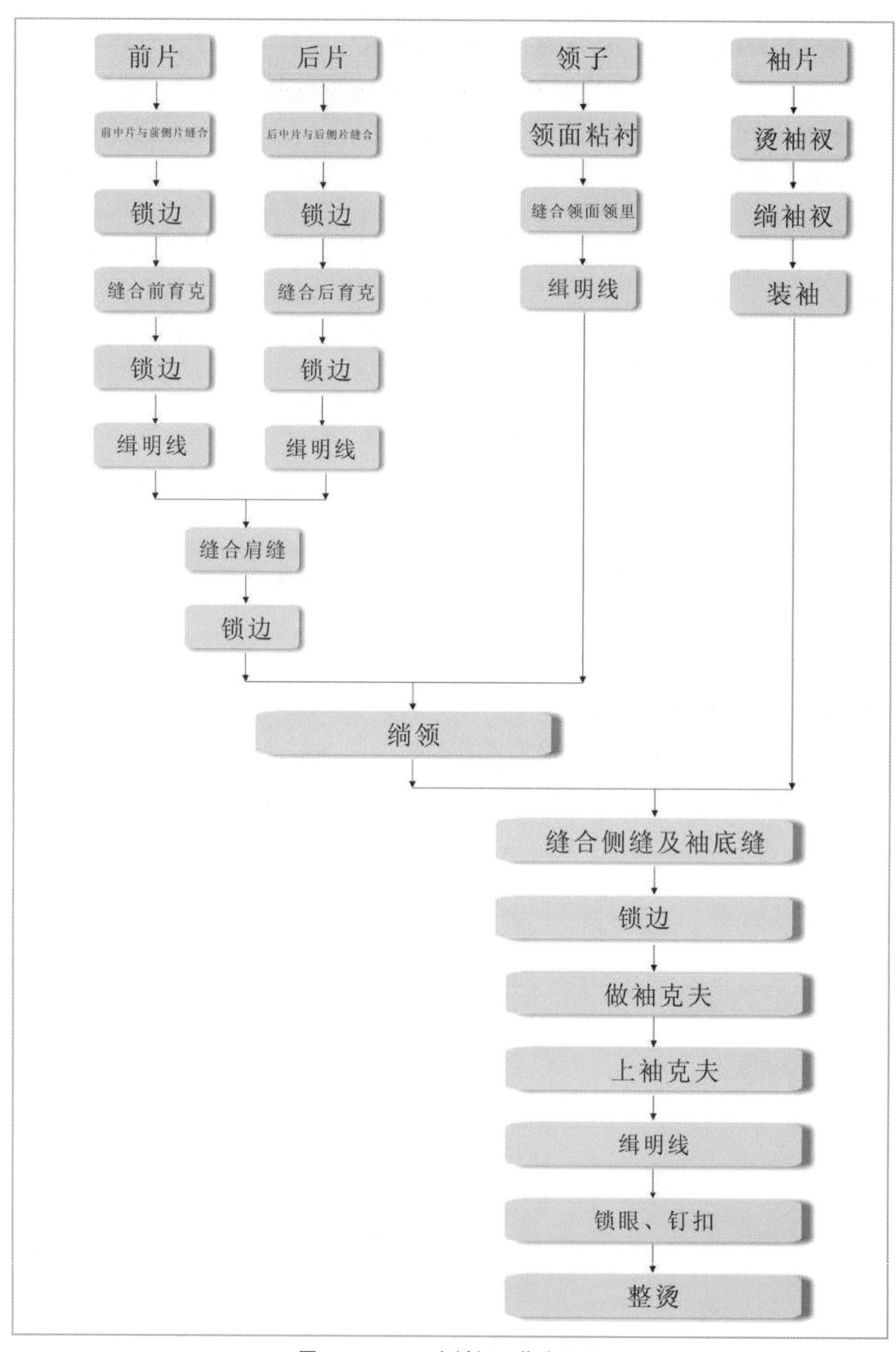

图 3-1-2-1　女衬衫工艺流程图

4. 能根据实物正确填写完成工艺单

表 3-1-2-2　工艺单

<table>
<tr><td colspan="11">上海纺织科技发展中心工艺单
参审工作室名　群益工作室</td></tr>
<tr><td>款式编号</td><td>2014-QY-CS-1001</td><td>款式名称</td><td>女衬衫</td><td>季节</td><td>春夏</td><td colspan="5">制版规格单（单位：CM）</td></tr>
<tr><td colspan="6" rowspan="10">正面图示：（要求标明各缝份的工艺符号） 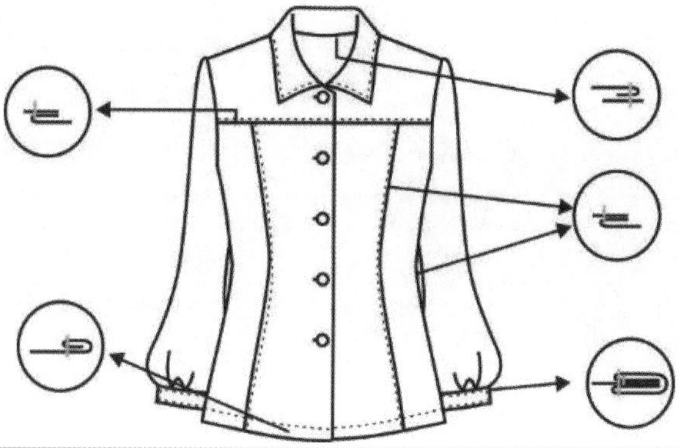</td><td>部位</td><td>S</td><td>M</td><td>L</td><td>XL</td></tr>
<tr><td>后衣长</td><td>58</td><td>60</td><td>62</td><td>64</td></tr>
<tr><td>胸围</td><td>92</td><td>96</td><td>100</td><td>104</td></tr>
<tr><td>腰围</td><td>74</td><td>78</td><td>82</td><td>86</td></tr>
<tr><td>后腰长</td><td>36</td><td>37</td><td>38</td><td>39</td></tr>
<tr><td>臀围</td><td>94</td><td>98</td><td>100</td><td>102</td></tr>
<tr><td>肩宽</td><td>37</td><td>38</td><td>39</td><td>40</td></tr>
<tr><td>袖长</td><td>53.5</td><td>55</td><td>56.5</td><td>58</td></tr>
<tr><td>领围</td><td>36</td><td>37</td><td>38</td><td>39</td></tr>
<tr><td colspan="5"></td></tr>
<tr><td colspan="6"></td><td colspan="5">面料小样</td></tr>
<tr><td colspan="6"></td><td colspan="5"> </td></tr>
<tr><td colspan="6"></td><td colspan="5">用面料部件及片数说明：
前中衣片两片，前侧两片，前育克两片，后中衣片一片，后侧片两片，后育克一片，袖片两片，袖克夫两片，袖衩条两片，领面一片、领里两片，钮扣七粒</td></tr>
<tr><td colspan="6">背面图示：（要求标明各缝份的工艺符号） 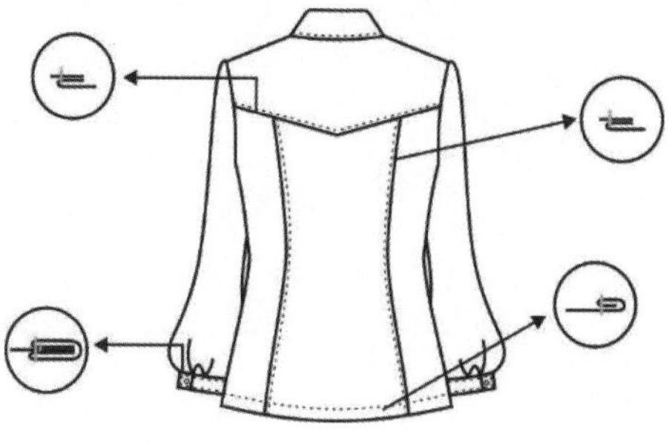</td><td colspan="5"></td></tr>
</table>

<table>
<tr><td colspan="5" rowspan="2">款式概述：
领型为关门尖角领，前中开门襟，单排扣，钉扣五粒，袖型为独片式长袖，袖口开袖衩，装袖克夫。袖克夫钉扣一粒，前片 T 型分割，装育克，后片Π型分割，前后片腰节处略收腰</td><td>辅料说明：
无纺衬、直径 1.2cm 钮扣、配色涤棉线</td></tr>
<tr><td>工艺要求说明：
分割缝、领面压止口 0.5cm，袖口止口 0.1cm，底摆卷边 2.5cm</td></tr>
<tr><td colspan="5"></td><td>针距要求说明：
明线 14～16 针 / 3cm</td></tr>
<tr><td colspan="5"></td><td>裁剪要求说明：
丝绺归正，正负差不超过 1cm</td></tr>
<tr><td>制单人签名</td><td></td><td>制单时间</td><td></td><td>审核情况说明</td><td></td></tr>
<tr><td>审核者签名</td><td></td><td>审核时间</td><td></td><td></td><td></td></tr>
</table>

表 3-1-2-3　评价与分析表

<table>
<tr><td>班级</td><td colspan="2">姓名</td><td>学号</td><td colspan="3">日期</td><td>年　月　日</td></tr>
<tr><td>序号</td><td colspan="2">评价要点</td><td>配分</td><td>自评</td><td>互评</td><td>师评</td><td>总评</td></tr>
<tr><td>1</td><td colspan="2">穿戴整齐，着装符合要求</td><td>10</td><td></td><td></td><td></td><td rowspan="8">A□(86～100)
B□(76～85)
C□(60～75)
D□(60 以下)</td></tr>
<tr><td>2</td><td colspan="2">能填写女衬衫的工艺要求及分值</td><td>20</td><td></td><td></td><td></td></tr>
<tr><td>3</td><td colspan="2">能了解女衬衫的各部件的数量</td><td>10</td><td></td><td></td><td></td></tr>
<tr><td>4</td><td colspan="2">能掌握女衬衫的工艺流程</td><td>10</td><td></td><td></td><td></td></tr>
<tr><td>5</td><td colspan="2">能根据实物样衣正确填写完成工艺单</td><td>20</td><td></td><td></td><td></td></tr>
<tr><td>6</td><td colspan="2">与同学之间能相互合作</td><td>10</td><td></td><td></td><td></td></tr>
<tr><td>7</td><td colspan="2">能严格遵守作息时间</td><td>10</td><td></td><td></td><td></td></tr>
<tr><td>8</td><td colspan="2">能及时完成老师布置的任务</td><td>10</td><td></td><td></td><td></td></tr>
<tr><td>小结建议</td><td colspan="7"></td></tr>
</table>

学习活动 3　女衬衫排料与裁剪

- 能独立进行 T 型女衬衫的排料
- 能独立进行 T 型女衬衫的裁剪

建议学时：2 学时

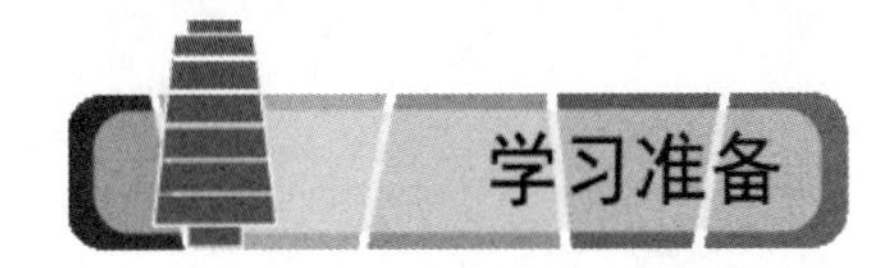

教具、样板、布料、辅料、安全操作规程、学习材料

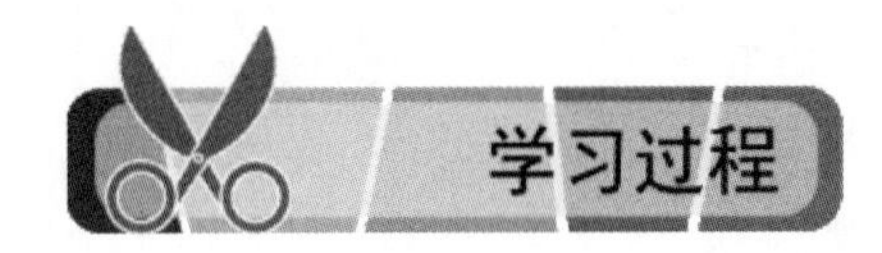

1. 根据样板排料规则，小组研究讨论 T 型女衬衫的不同门幅的用料数量，并在下列门幅中填计算结果，使面料的利用率达到最高

门幅宽 144cm　　用料量

90cm　　用料量

113cm　　用料量

2. 根据已学知识，学生简述排料规则

（1）方向规则：衣片上的经线方向与材料的经线方向相一致；注意面料的倒顺方向；注意对格对条。

（2）大小主次规则：按先大片，后小片，先主片，后次片，零星部件见缝插针，达到节省材料的目的。

（3）紧密排料规则：排料时，在满足上述规则的前提下，应该紧密排料，衣片之间尽量不要留有间隙，达到节省材料的目的。

（4）注意每一个衣片样板的标记。

3. 学生独立进行 T 型女衬衫的排料

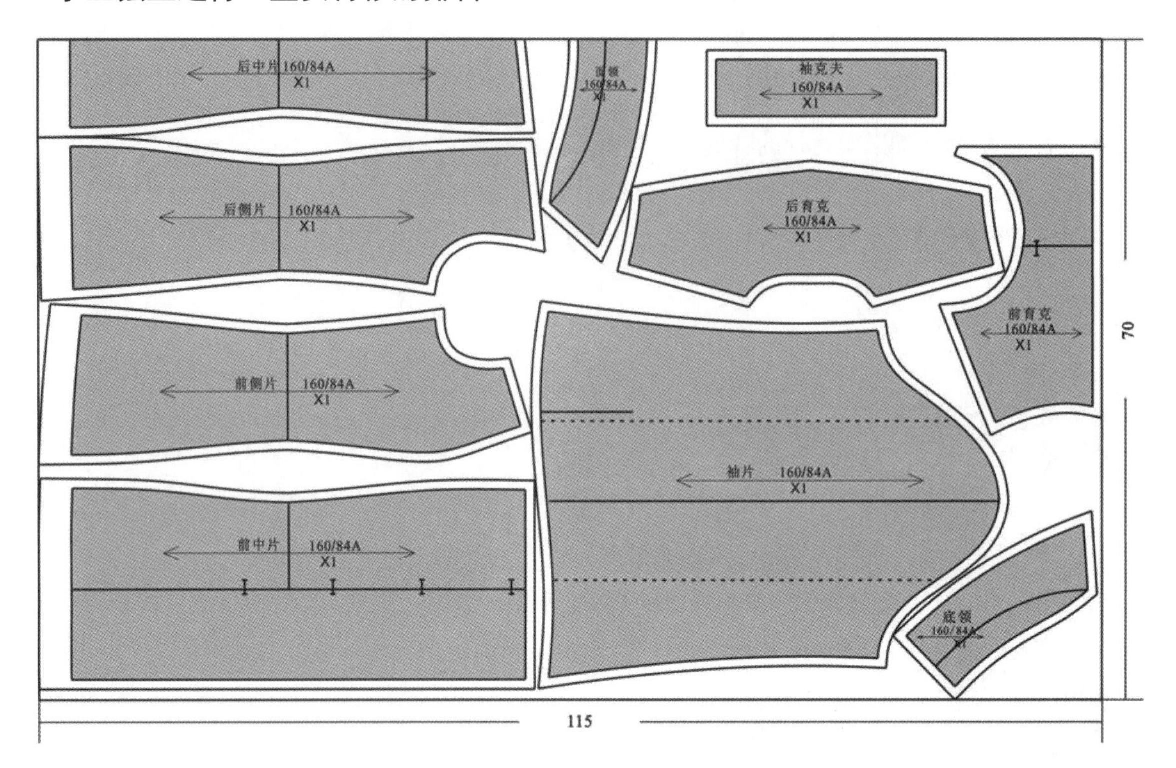

图 3-1-3-1　T 型女衬衫排料图

4. T 型女衬衫的裁剪顺序

先横后直，先外后里，先部件后零部件；打对位记号，钻孔要求位置准确。

5. 能独立进行裁片数量检查并填写下表

表 3-1-3-1　T 型女衬衫裁片数量表(一件)

部位/样板	面料	衬料	辅料
前片(中)	2		
前片(侧)	2		
前片(育克)	2		
后片(中)	1		
后片(侧)	2		
后片(育克)	2		
袖片	2		
领面	1	1	
领里	2		
袖克夫	2	1	
袖衩	2		
挂面		2	
钮扣			7
商标			1
配色线团			1

表 3-1-3-2　活动过程评价表

<table>
<tr><td>班级</td><td></td><td>姓名</td><td></td><td>学号</td><td></td><td colspan="3">日期</td><td>年　月　日</td></tr>
<tr><td>序号</td><td colspan="4">评价要点</td><td>配分</td><td>自评</td><td>互评</td><td>师评</td><td>总评</td></tr>
<tr><td>1</td><td colspan="4">穿戴整齐，着装符合要求</td><td>10</td><td></td><td></td><td></td><td rowspan="7">A□(86～100)
B□(76～85)
C□(60～75)
D□(60 以下)</td></tr>
<tr><td>2</td><td colspan="4">了解 T 型女衬衫的排料图及排料规则</td><td>10</td><td></td><td></td><td></td></tr>
<tr><td>3</td><td colspan="4">独立进行 T 型女衬衫的排料</td><td>20</td><td></td><td></td><td></td></tr>
<tr><td>4</td><td colspan="4">能独立完成 T 型女衬衫的裁剪</td><td>30</td><td></td><td></td><td></td></tr>
<tr><td>5</td><td colspan="4">与同学之间能相互合作</td><td>10</td><td></td><td></td><td></td></tr>
<tr><td>6</td><td colspan="4">能严格遵守作息时间</td><td>10</td><td></td><td></td><td></td></tr>
<tr><td>7</td><td colspan="4">能及时完成老师布置的任务</td><td>10</td><td></td><td></td><td></td></tr>
<tr><td>小结
建议</td><td colspan="9"></td></tr>
</table>

任务二　基础女衬衫工艺制作

学习活动 1　接受任务、制定计划

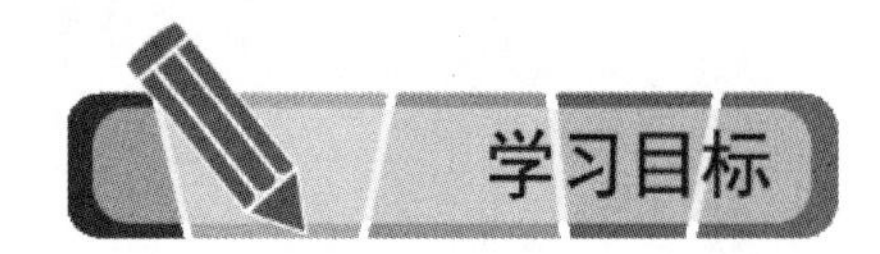

- 能独立查阅相关资料，确定女衬衫的加工工序
- 能查阅相关资料，了解材料准备对服装的影响因素
- 能根据加工工序确定工时，并制定出合理的工作计划进度表

建议学时：2 学时

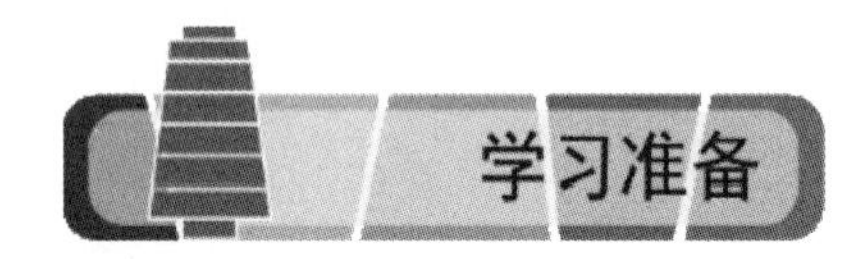

女衬衫相关参考资料、实物、工艺单、计划表、多媒体素材

1. **查阅相关资料，了解确定加工工序应考虑哪些因素**
    - 根据客户对女衬衫加工的要求来合理安排人员
    - 根据工艺单制定出合理的加工工序
    - 根据加工工序安排快速有效的流水线
2. **查阅相关资料，了解材料准备对服装的影响因素**
    - 调研市场女衬衫面料的价格
    - 调研市场女衬衫辅料的价格
    - 调研市场材料运输的成本
    - 根据客户要求制定出合理的用料损耗

3. 查阅相关资料，了解女衬衫制作需要哪些材料和工具

- 剪刀
- 布料
- 黏合衬
- 缝纫机
- 缝纫线
- 熨斗
- 尺等

4. 分析解读工艺单，小组讨论完成女衬衫制作工作安排

表 3-2-1-1　制作安排表

时间		主题	女衬衫缝制工作安排
主持人		成员	
讨论过程			
结论			

5. 根据小组讨论结果，制定出最适合自己的工作计划

表 3-2-1-2 工作计划表

序号	开始时间	结束时间	工作内容	工作要求	备注

表 3-2-1-3 评价与分析表

班级		姓名		学号		日期			年 月 日
序号	评价要点				配分	自评	互评	师评	总评
1	穿戴整齐，着装符合要求				10				A□(86～100) B□(76～85) C□(60～75) D□(60 以下)
2	能根据实物与工艺单的要求分配制作女衬衫部件的工序				20				
3	能写出影响工序的主要因素				10				
4	能了解材料准备对服装的影响因素				20				
5	能制定出合理的工作计划				10				
6	与同学之间能相互合作				10				
7	能严格遵守作息时间				10				
8	能及时完成老师布置的任务				10				
小结建议									

学习活动 2　粘衬、做领、做袖克夫

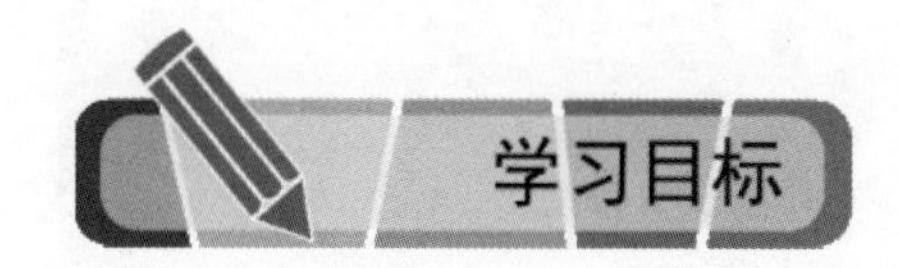

- 能掌握女衬衫的粘衬部位及粘衬技术要领
- 能掌握女衬衫做领的工艺步骤及缝制要点
- 能掌握制作女衬衫袖克夫的工艺步骤及缝制要点

建议学时：7 学时

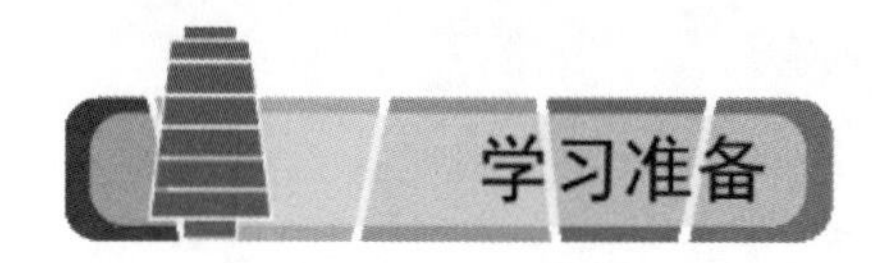

女衬衫实物、教具、学习材料、工艺单、缝制工具、安全操作规程

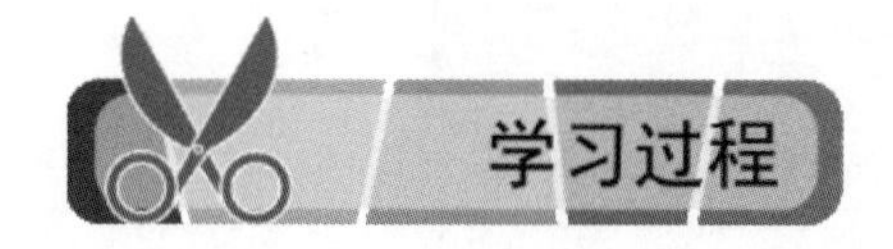

1. 缝制女衬衫的准备工作

- 在缝制前需选用与面料相适应的针号和线，调整底、面线的松紧度及线迹密度，针号：80／12～90／14 号。用线与线迹密度：明线 14～16 针／3cm。暗线 13～15 针／3cm，底、面线均用配色线。
- 检查裁片

数量检查：对照排料图，清点裁片是否齐全。

质量检查：认真检查每个裁片的用料方向、正反、形状是否正确。

（1）核对裁件：复核定位、对位标记；检查对应部位是否符合要求。

（2）划线：在领片上画出领净线、在袖克夫上画出净线。

2. 烫黏衬部位

用熨斗在领面、挂面、袖克夫烫黏合衬。黏合衬的纱向要与面料的纱向相同，注意调到适当的温度、时间、压力，以保证粘合均匀、平服、牢固，无起翘现象。

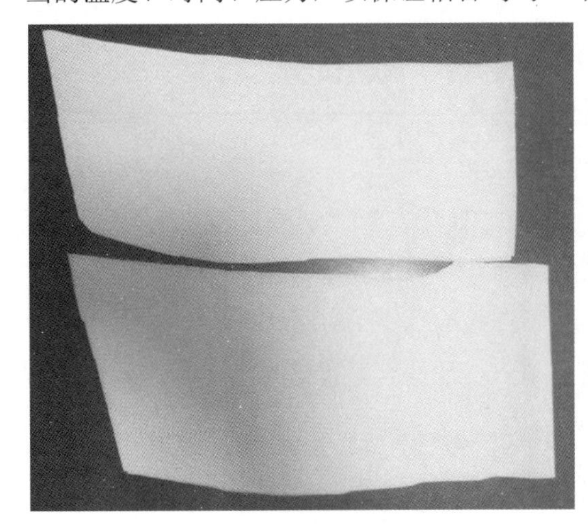

图 3-2-2-1　熨烫领面衬

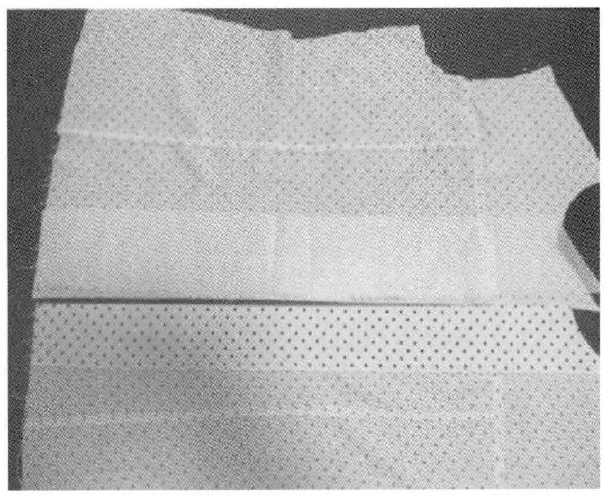

图 3-2-2-2　熨烫挂面衬

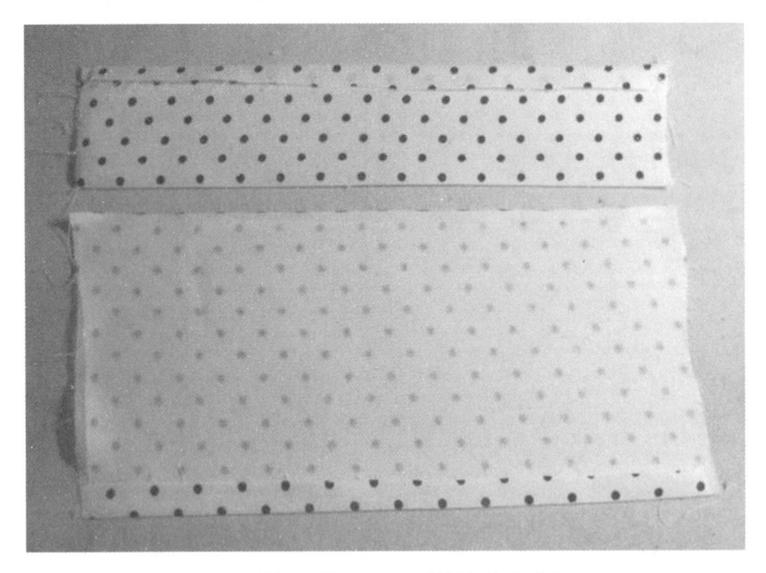

图 3-2-2-3　熨袖克夫衬

3. 做领的步骤

（1）沿净线兜缉领面和领里，领面在上，在缝制领角时注意里外均匀。

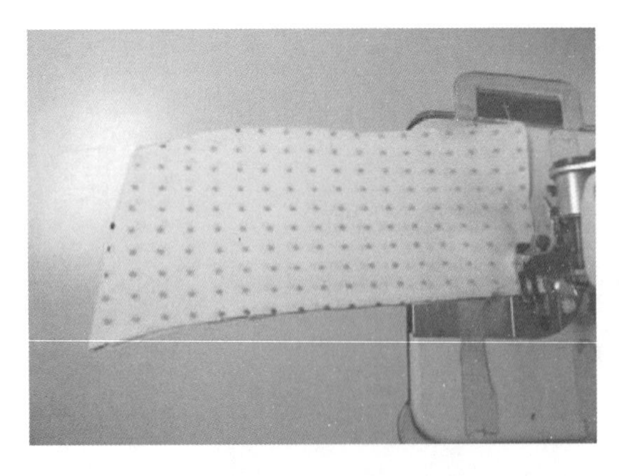

图 3-2-2-4　领里拼接

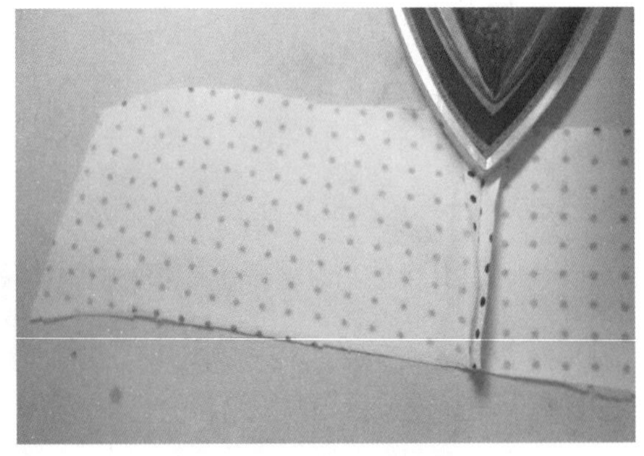

图 3-2-2-5　熨烫平整

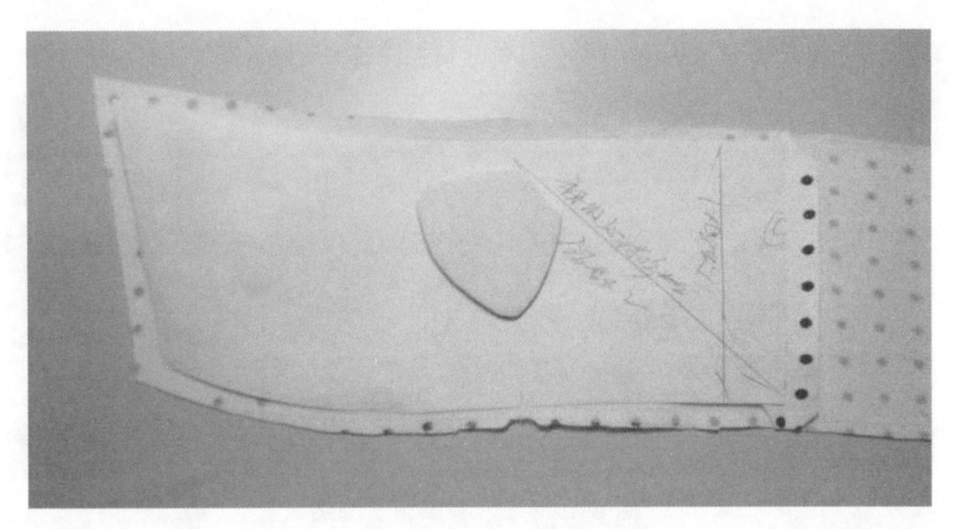

图 3-2-2-6　画领净样

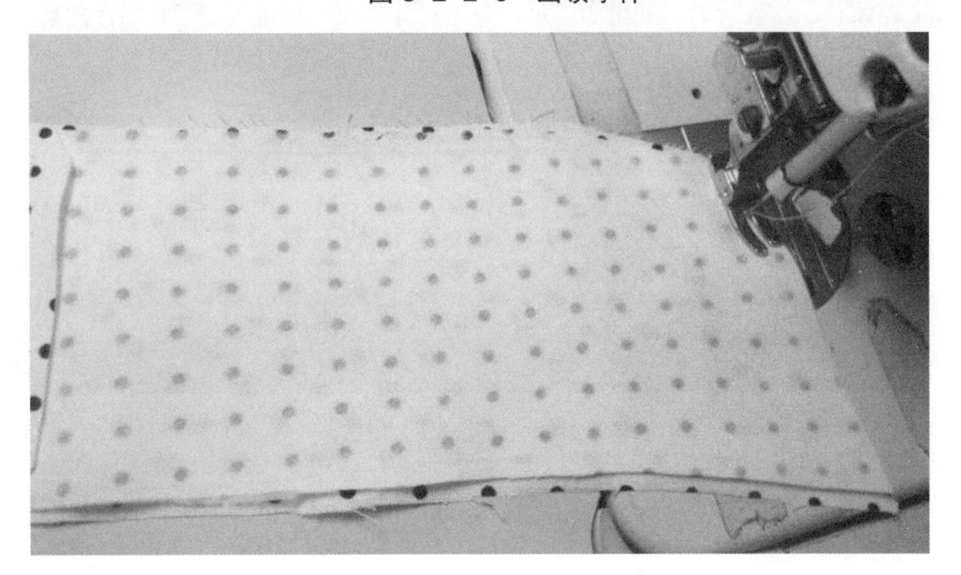

图 3-2-2-7　缉领里与领面

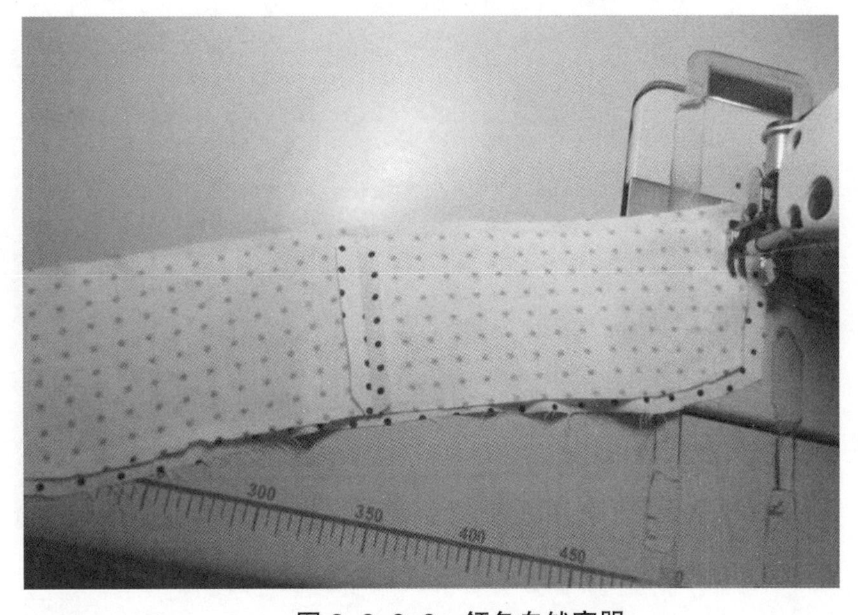

图 3-2-2-8　领角自然窝服

（2）将领子缝份剪窄、剪齐 0.6cm，使领止口平薄容易烫煞。按缉线把缝份向领衬一边烫倒。

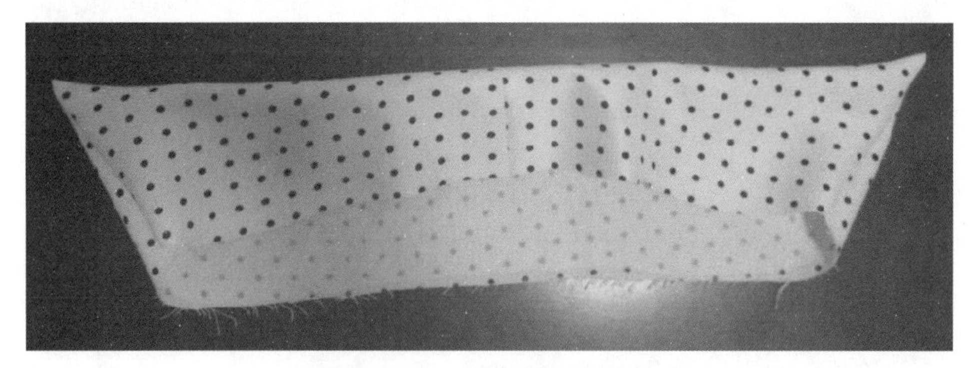

图 3-2-2-9 剪窄领子缝头

（3）翻领角：领角折尖，领角要翻足，两角对称一致，翻转后烫领止口，注意止口不得反吐。

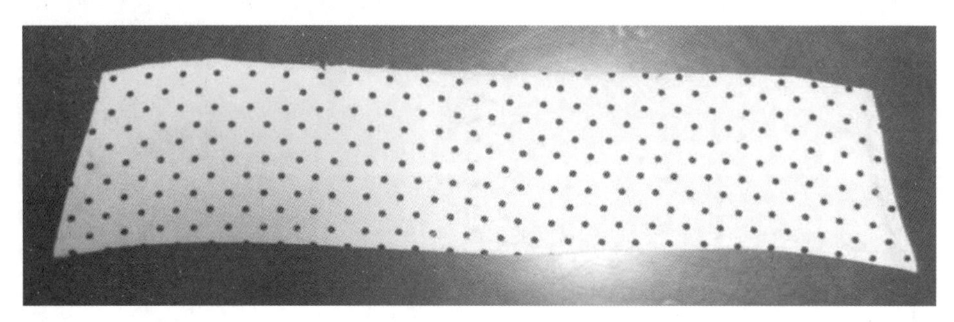

图 3-2-2-10 翻领角

（4）修齐领面下口：领里在上，使领子自然翻转，依照领里修剪领面，领面缉 0.5cm 止口，最后打好三角刀眼。

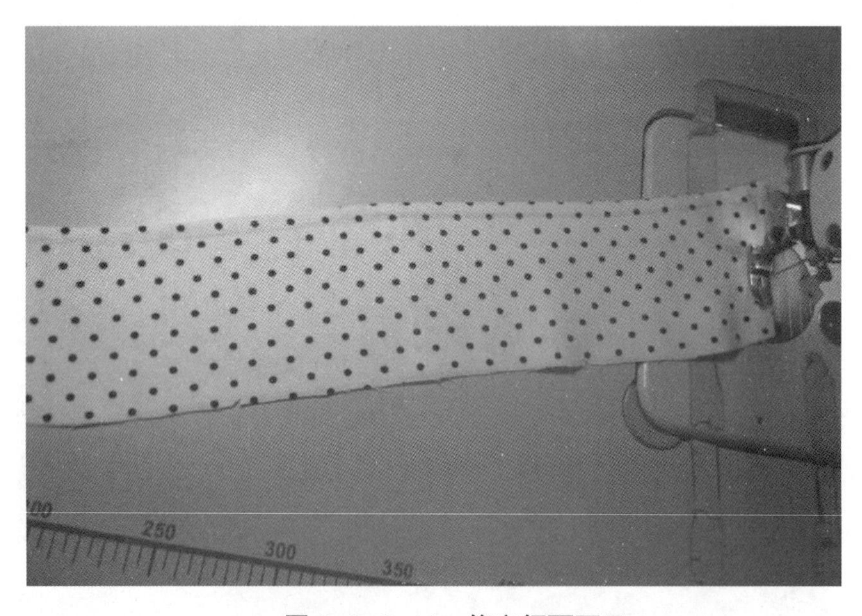

图 3-2-2-11 修齐领面下口

4. 做袖克夫的步骤

（1）沿袖克夫净线兜缉。

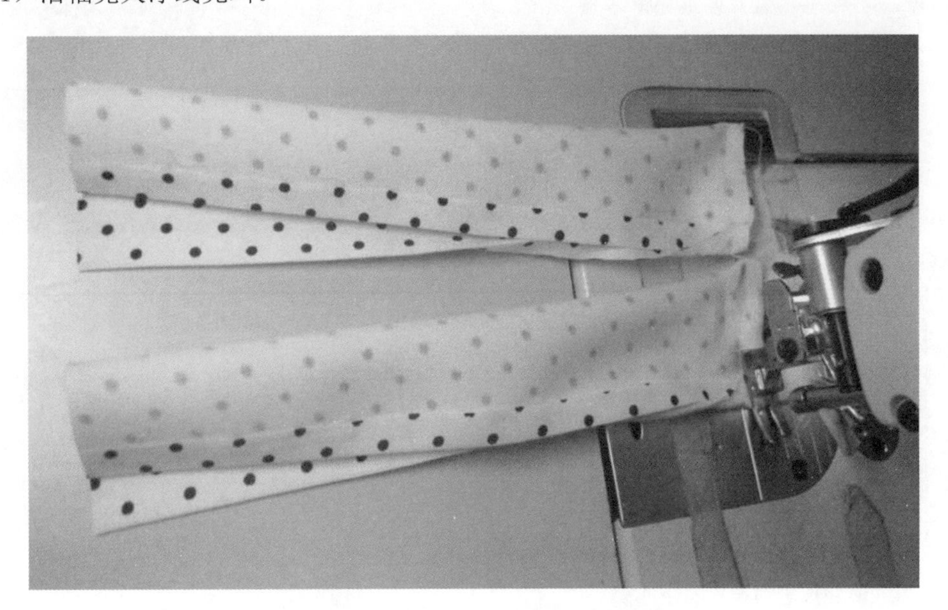

图 3-2-2-12　沿袖克夫净线兜缉

（2）烫袖克夫：修齐袖克夫两头缝份 0.6cm，两边缝份翻出后烫平。

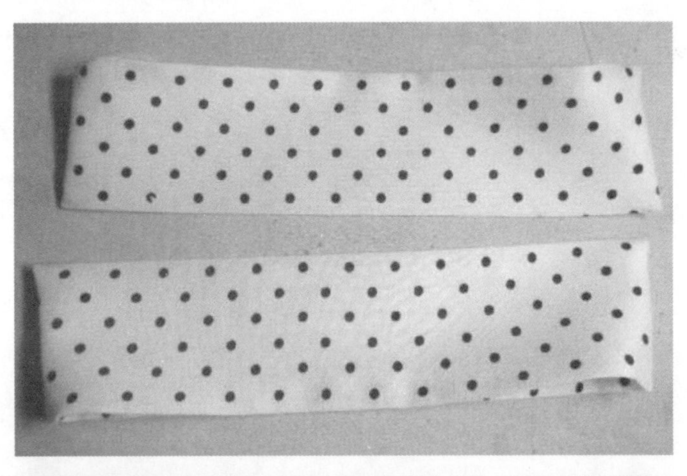

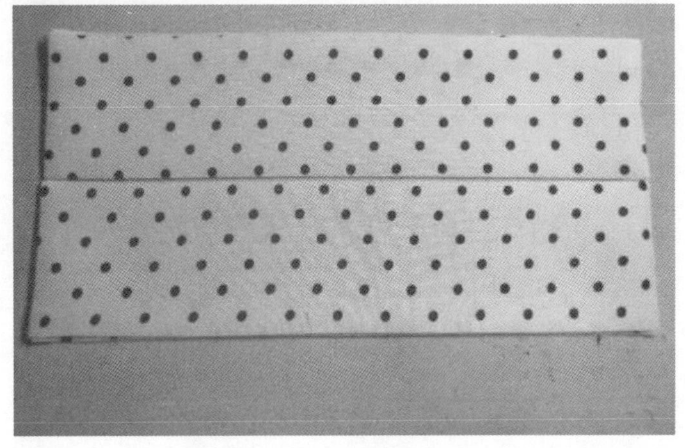

图 3-2-2-13　熨烫袖克夫

评价与分析

表 3-2-2-1　评价与分析表

班级		姓名		学号		日期			年　月　日
序号	评价要点				配分	自评	互评	师评	总评
1	穿戴整齐，着装符合要求				5				A□(86～100) B□(76～85) C□(60～75) D□(60 以下)
2	能根据实物与工艺单做好缝制女衬衫的准备工作				10				
3	能熨烫粘衬				10				
4	能缝制女衬衫领子				30				
5	能缝制女衬衫袖克夫				20				
6	与同学之间能相互合作				5				
7	能严格遵守作息时间				10				
8	能及时完成老师布置的任务				10				
小结建议									

学习活动 3　各裁片组合车缝、分割缝锁边缉止口

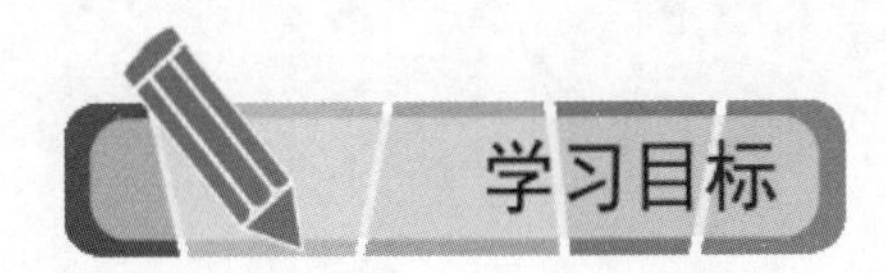

- 能掌握各裁片组合车缝的工艺步骤
- 能掌握各分割缝锁边的工艺要求
- 能掌握各分割线缉止口的工艺操作方法

建议学时：4 学时

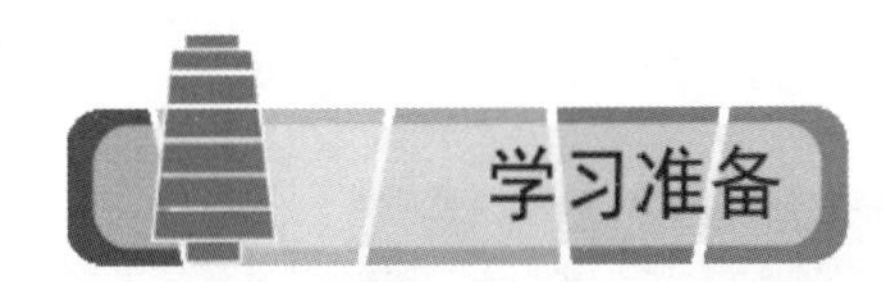

女衬衫实物、教具、学材、工艺单、缝制工具、安全操作规程

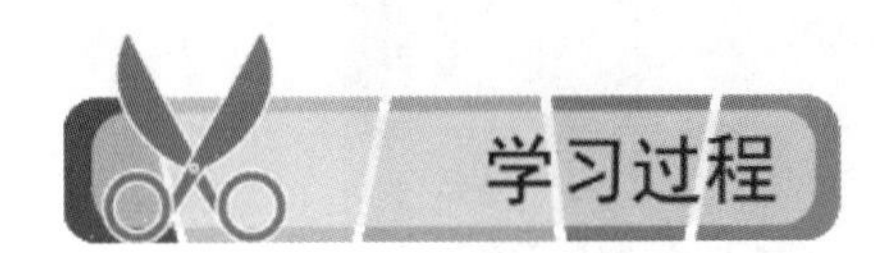

1. 各裁片组合车缝步骤

（1）缝合前片和前侧片

正面相对，前中片在上，合缉缝份 1cm，前右片从下往上缝，左前片从上往下缝。

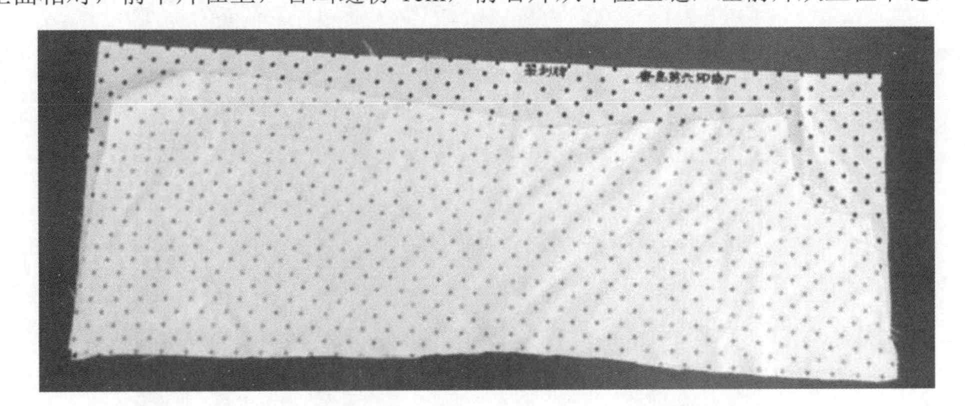

图 3-2-3-1　缝合前片与前侧片

（2）缉前育克

前育克在上，正面相对，缝份 1cm。

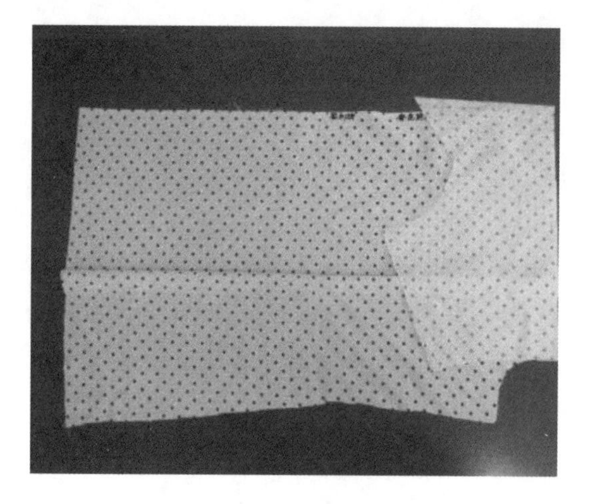

图 3-2-3-2　缉前育克

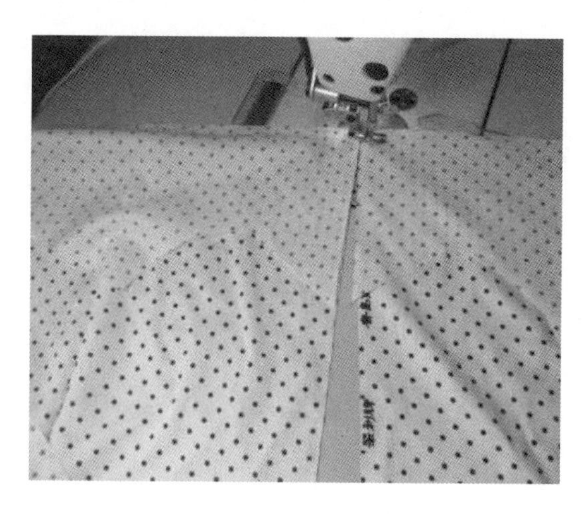

图 3-2-3-3　正面对正面

（3）缝合后中片与后侧片

缝份 1cm，左右对称缝。

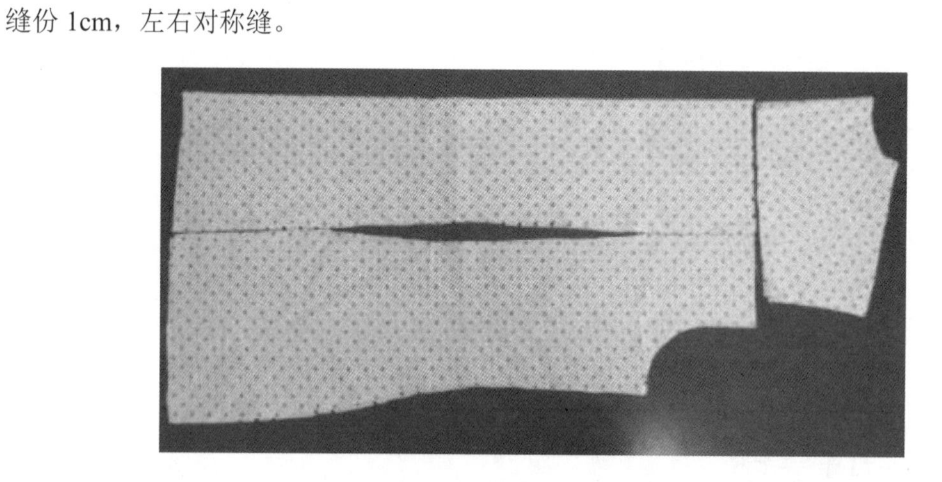

图 3-2-3-4　缝合后片

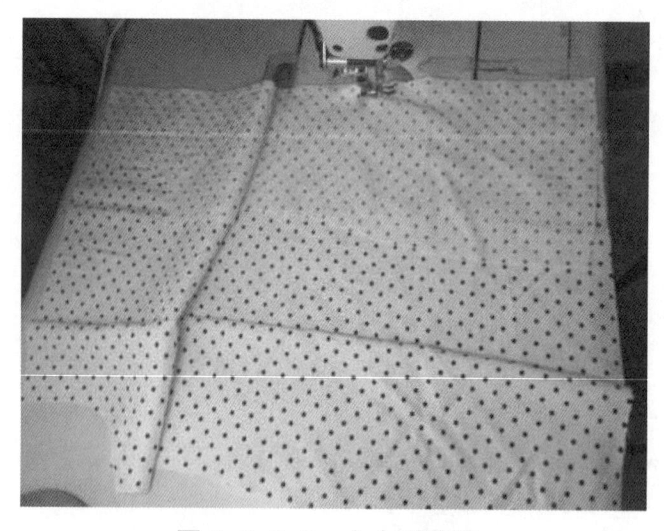

图 3-2-3-5　左右对称缝

（4）缉后育克

后育克在上，正面相对，缝份 1cm。

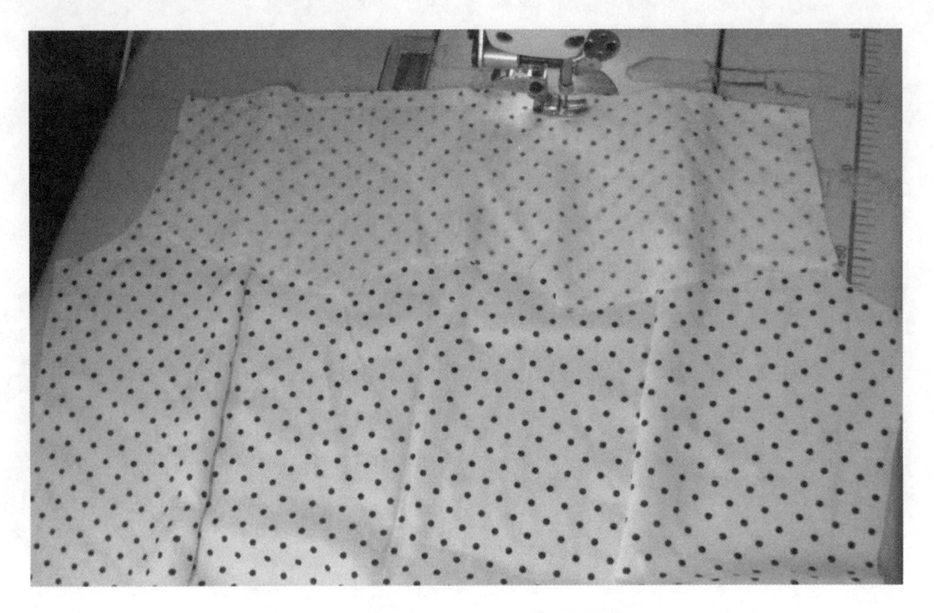

图 3-2-3-6　缉后育克

2. 锁边

（1）前片分割缝(前侧片放在上面锁边)，前育克(衣片放在上面锁边)。

（2）后片分割缝(后侧片放在上面锁边)，后育克(衣片放在上面锁边)。

3. 缉明线

（1）前后片分割线分别缉 0.5cm 止口。

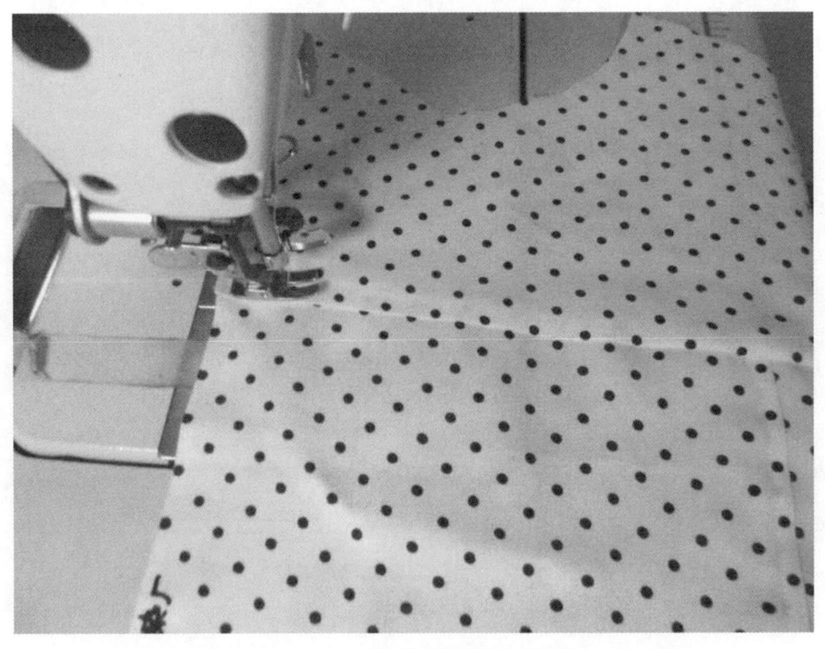

图 3-2-3-7　前后片分割线缉 0.5cm 止口

（2）前后衣片与育克分别缉 0.5cm 止口。

图 3-2-3-8　缉 0.5cm 止口

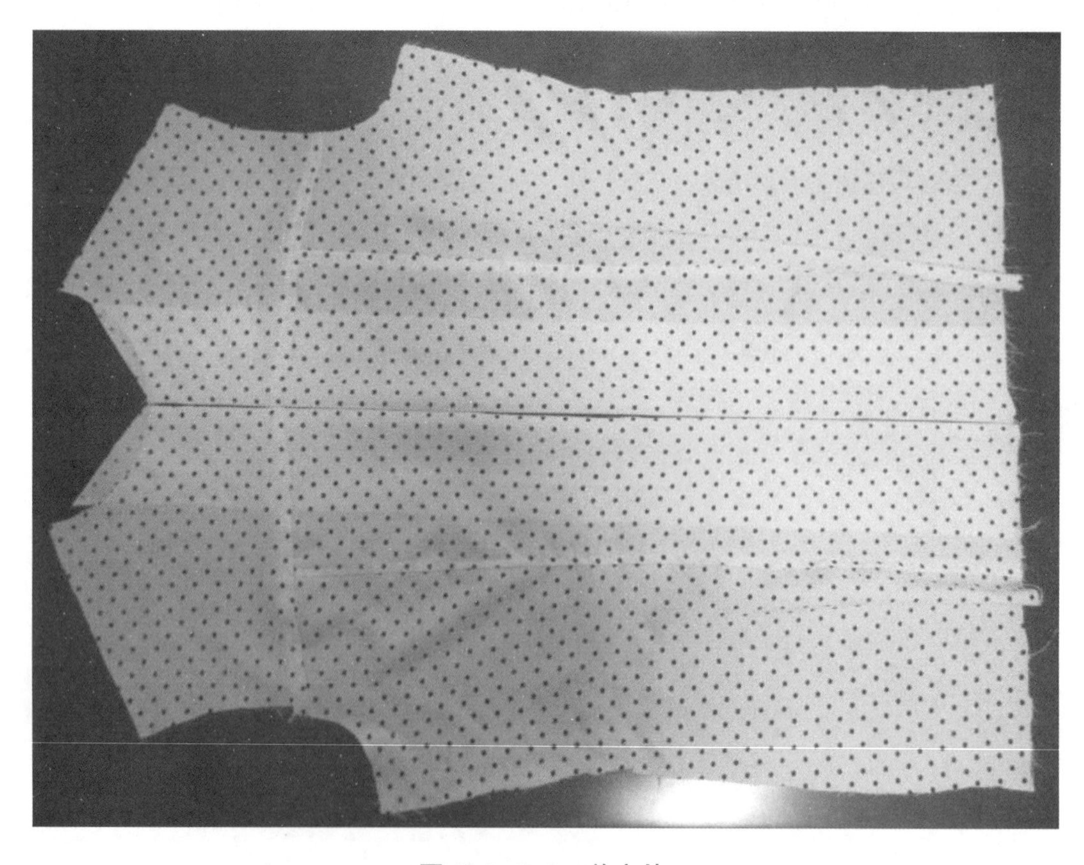

图 3-2-3-9　前衣片

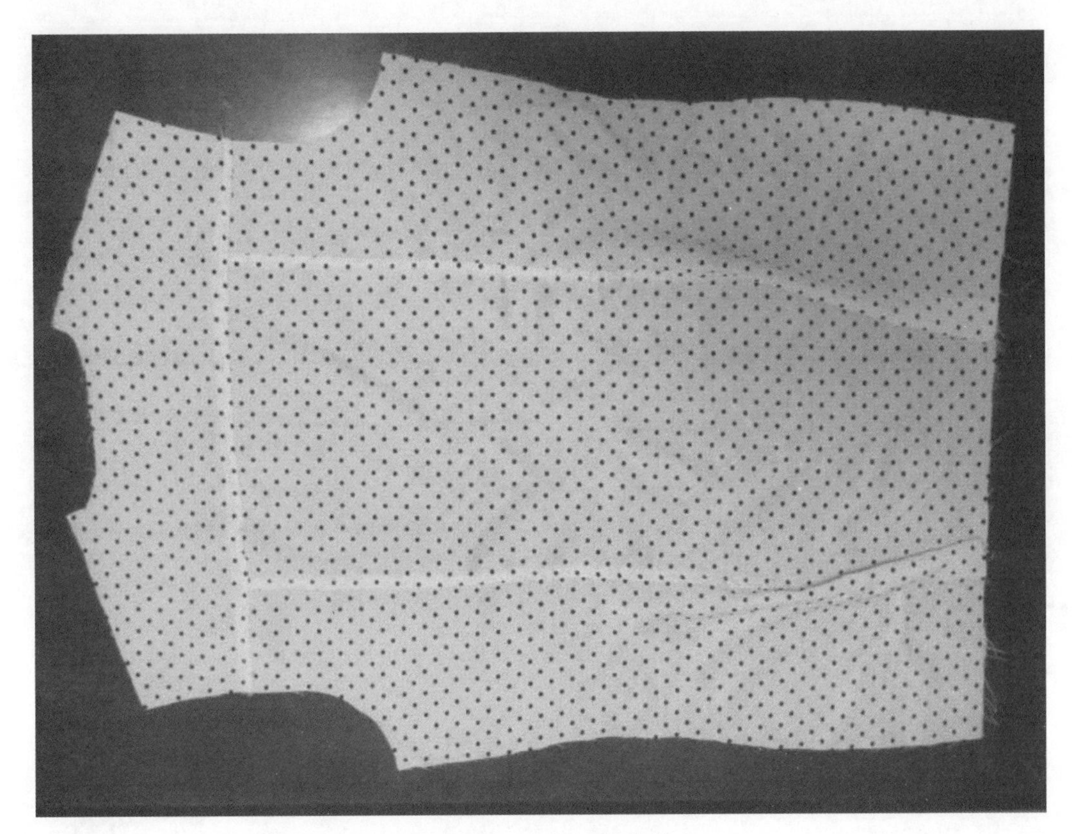

图 3-2-3-10　后衣片

表 3-2-3-1　评价与分析表

<table>
<tr><td>班级</td><td></td><td>姓名</td><td></td><td>学号</td><td></td><td colspan="3">日期</td><td>年　月　日</td></tr>
<tr><td>序号</td><td colspan="4">评价要点</td><td>配分</td><td>自评</td><td>互评</td><td>师评</td><td>总评</td></tr>
<tr><td>1</td><td colspan="4">穿戴整齐，着装符合要求</td><td>10</td><td></td><td></td><td></td><td rowspan="8">A□(86～100)
B□(76～85)
C□(60～75)
D□(60 以下)</td></tr>
<tr><td>2</td><td colspan="4">能做好各裁片组合车缝、分割缝锁边缉止口的准备</td><td>10</td><td></td><td></td><td></td></tr>
<tr><td>3</td><td colspan="4">能正确缝合前后分割缝</td><td>10</td><td></td><td></td><td></td></tr>
<tr><td>4</td><td colspan="4">能正确缝合前后育克</td><td>30</td><td></td><td></td><td></td></tr>
<tr><td>5</td><td colspan="4">能正确锁边</td><td>10</td><td></td><td></td><td></td></tr>
<tr><td>6</td><td colspan="4">能正确缉止口</td><td>10</td><td></td><td></td><td></td></tr>
<tr><td>7</td><td colspan="4">能严格遵守作息时间</td><td>10</td><td></td><td></td><td></td></tr>
<tr><td>8</td><td colspan="4">能及时完成老师布置的任务</td><td>10</td><td></td><td></td><td></td></tr>
<tr><td>小结
建议</td><td colspan="9"></td></tr>
</table>

学习活动4　合肩缝、装领

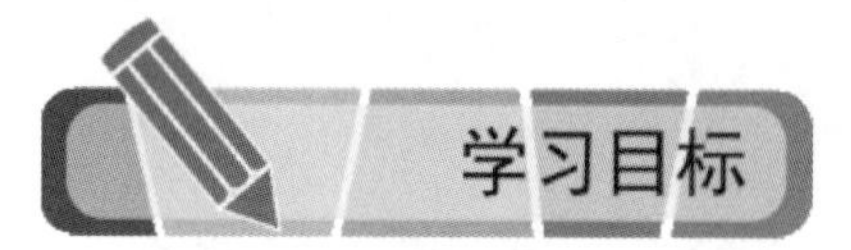

- 能掌握女衬衫合肩缝的工艺操作方法
- 能掌握女衬衫装领工艺步骤和工艺操作要领

建议学时：4 学时

女衬衫实物、教具、学习材料、工艺单、缝制工具、安全操作规程

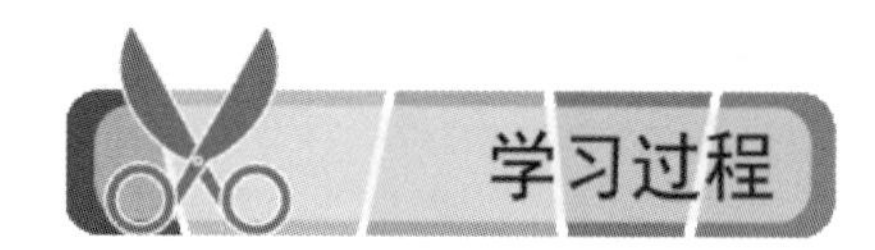

1. 合缉肩缝

前肩缝在后肩缝上面合缉缝份 1cm，注意后肩缝的吃势量，并锁边。

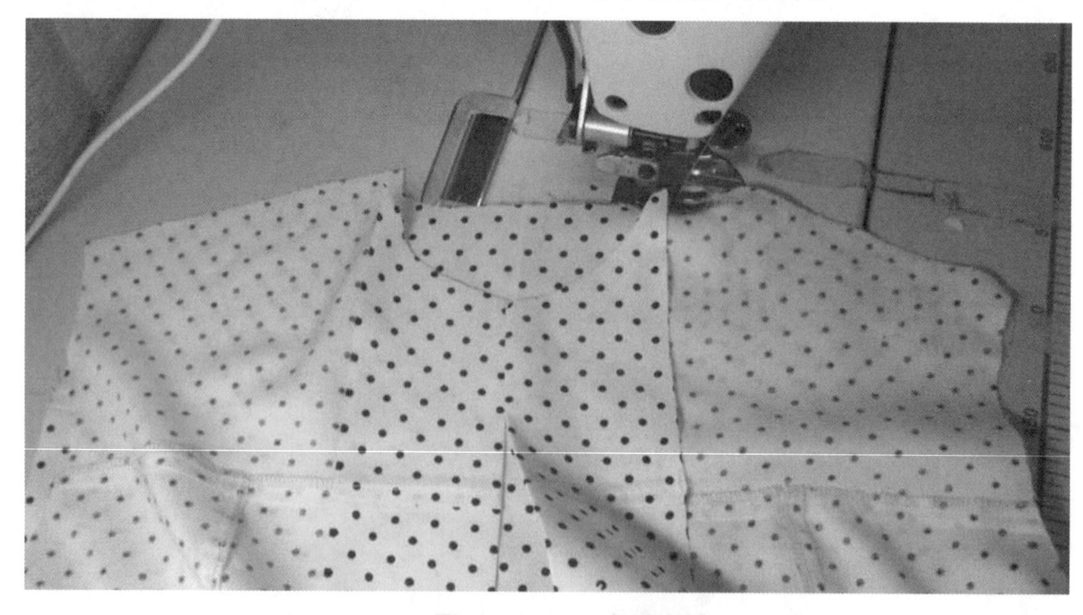

图 3-2-4-1　合缉肩缝

2. 装领

（1）绱领

把挂面按止口折转，领头夹中间；对准叠门刀眼，领角与领圈缝份对齐，从门襟开始合缉缝份 1cm，缉至距离挂面里口 1.5cm 处，上下四层剪刀眼，刀眼深处不能超过 1cm，不要剪断线；然后把挂面和领面翻起，领里和领圈要平齐，继续缉线，后领中缝与后片中心对准，左右肩缝向后身坐倒，左右叠门相距一致；领圈不能豁口或归拢，如领子略大于领圈，只需在领圈直丝处稍稍拉伸，但斜丝处不能拉伸。

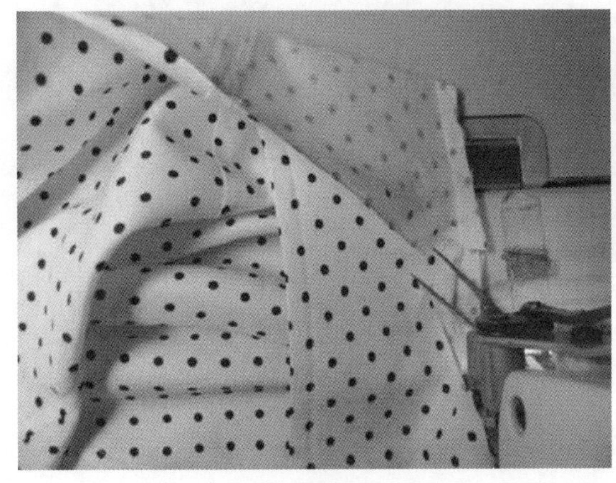

图 3-2-4-2 对准刀眼

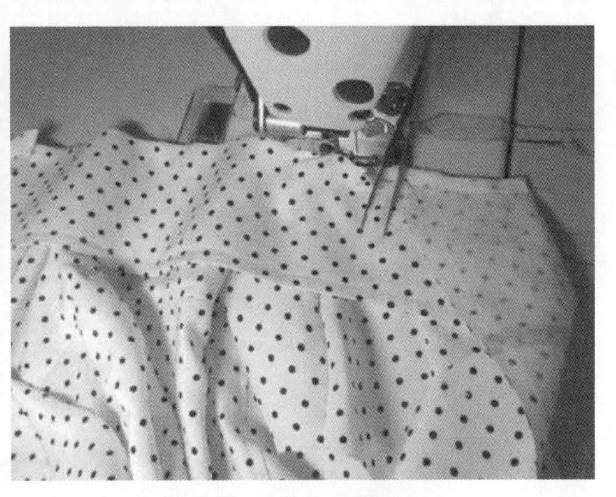

图 3-2-4-3　装领 1

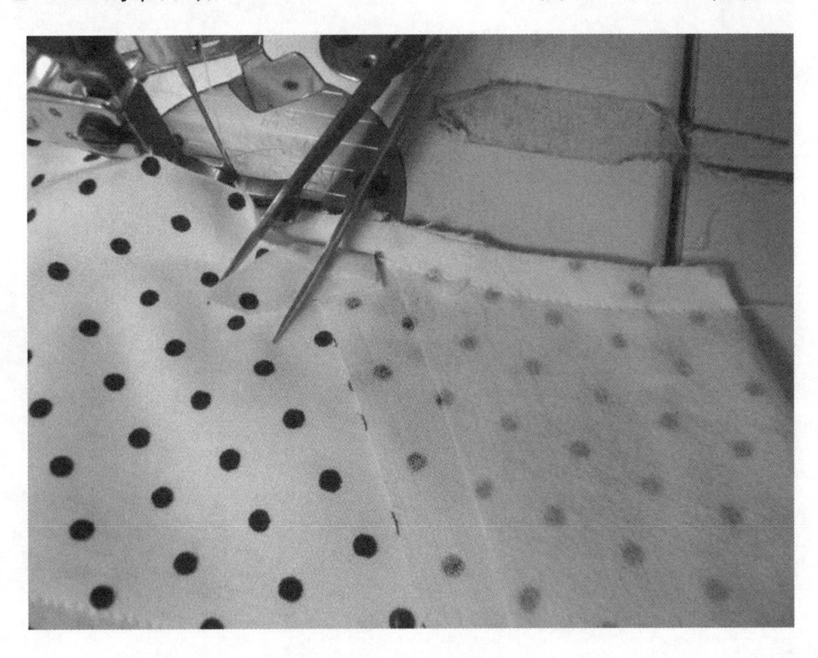

图 3-2-4-4　装领 2

（2）压领

先把挂面翻正，叠门翻出；领面下口扣转 1cm，扣光后的领面盖住第一道上领缉线，注意领面要留有里外匀窝势；从刀眼部位开始缉线，不要缉牢领里，缉线时要拉紧下层，推送上层，使上下保持松紧一致；左右肩缝和领中心不能偏，防止领面不平或起涟。

图 3-2-4-5　挂面塞入领子

图 3-2-4-6　缉压领里 0.1cm 止口

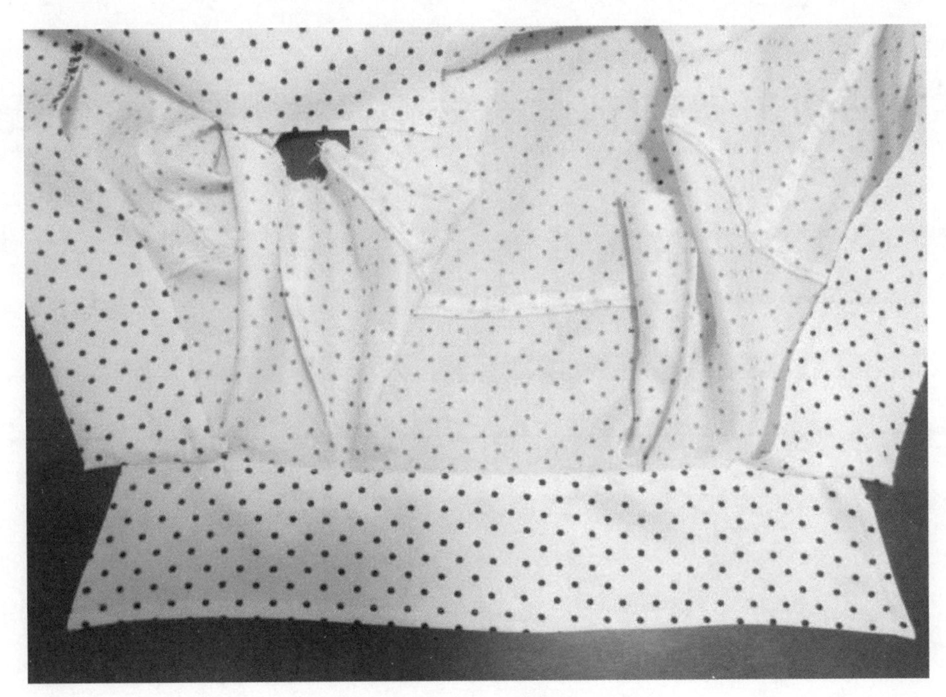

图 3-2-4-7　整烫平服

表 3-2-4-1　评价与分析表

班级		姓名		学号		日期			年　月　日
序号	评价要点				配分	自评	互评	师评	总评
1	穿戴整齐，着装符合要求				10				A□(86～100) B□(76～85) C□(60～75) D□(60 以下)
2	能做好合缉肩缝与做领的准备工作				10				
3	能会正确合缉肩缝				10				
4	能会正确装领				30				
5	能掌握分析压领的工艺要求				10				
6	与同学之间能相互合作				10				
7	能严格遵守作息时间				10				
8	能及时完成老师布置的任务				10				
小结建议									

学习活动5 做袖(袖衩)、装袖、合侧缝、装袖克夫

- 能掌握做袖(袖衩)、装袖的工艺步骤和缝制要领
- 能掌握合侧缝工艺操作方法
- 能掌握装袖克夫的工艺步骤和工艺操作方法

建议学时：7学时

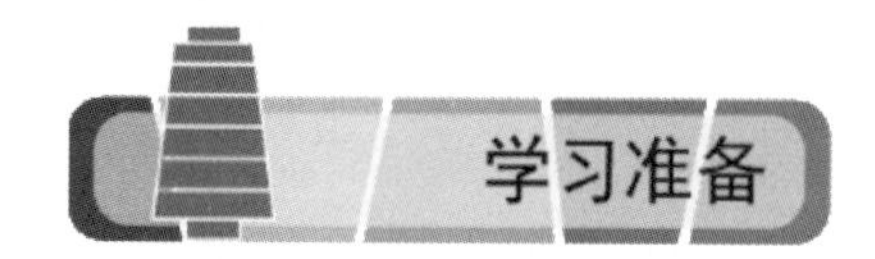

女衬衫实物、教具、学材、工艺单、缝制工具、安全操作规程

1. 做袖(袖衩)

（1）将袖衩两边缝份扣转0.6cm，然后对折，衩里比衩面略放出0.05~0.1cm。

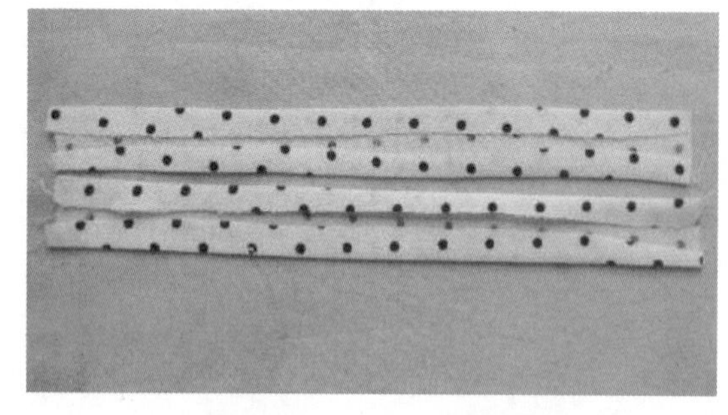
图3-2-5-1 缝份扣转

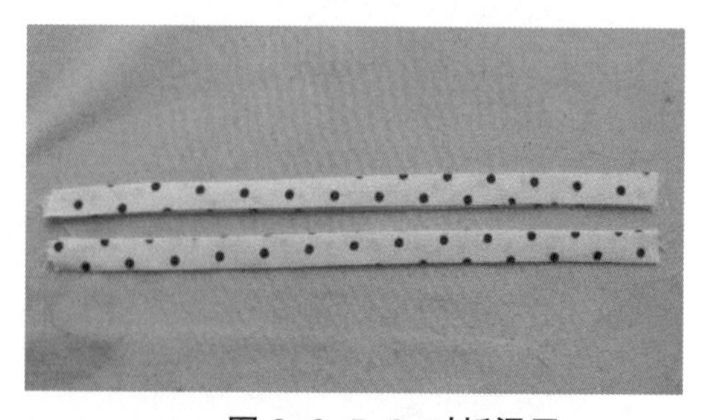
图3-2-5-2 对折烫平

（2）将袖子衩口夹进袖衩，正面压止口 0.1cm。

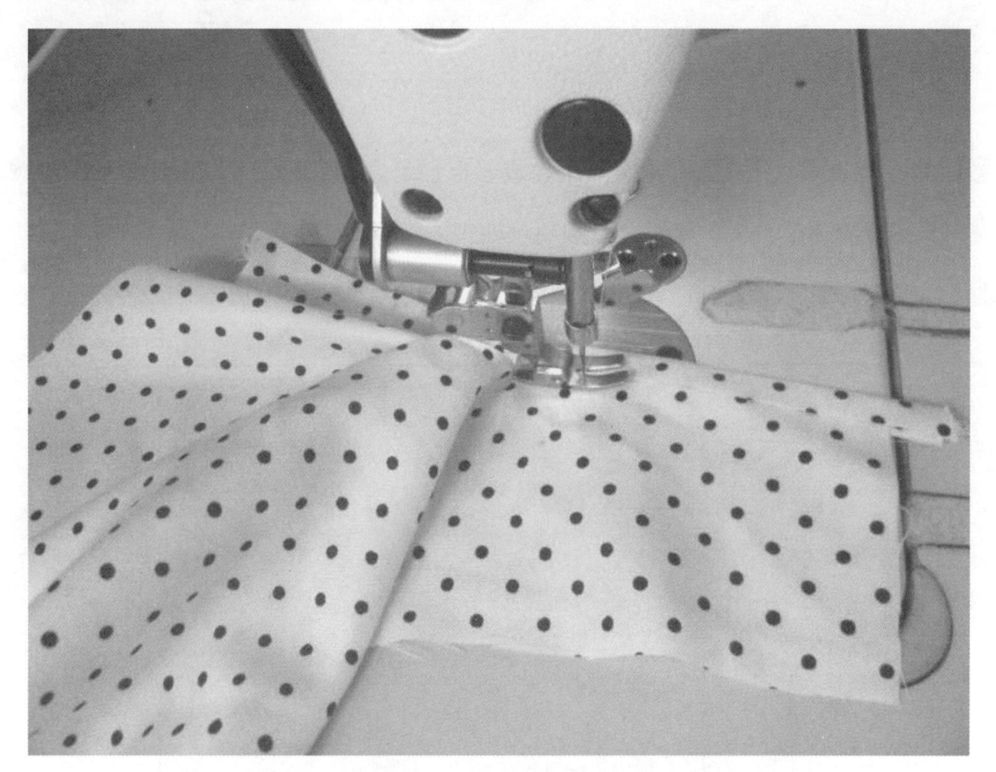

图 3-2-5-3　缉袖衩

（3）封袖衩，袖子沿衩口正面对折，袖口平齐，袖衩转弯处向袖衩外口斜下 1cm 缉来回三道线。

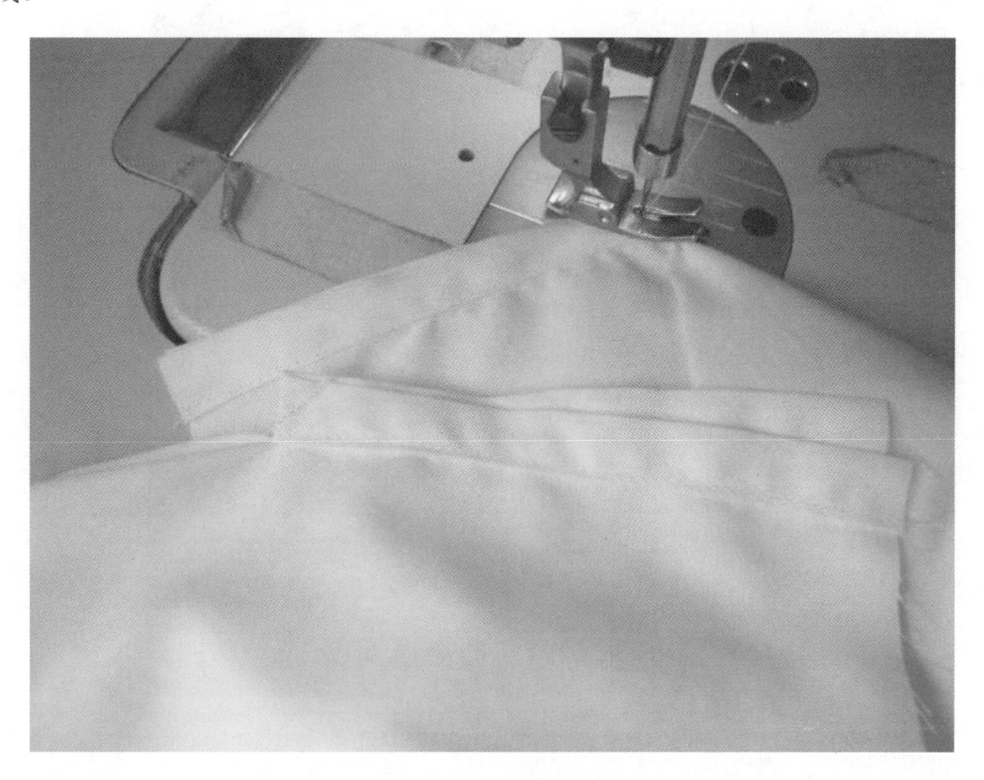

图 3-2-5-4　封袖衩

2. 装袖

（1）抽袖山吃势

用较大针距在需要抽线的部位沿边缉线，缉线不要超过缝份，因缉线一般不拆掉。一般薄料的袖山头不用抽线，厚料的袖山头采用抽线，在袖山头刀眼左右一段横丝绺部位抽拢略少，斜丝绺部位抽拢稍多，袖山头向下一段少抽，袖底部位可不抽线。在缉线的同时，可以用右手食指抵住压脚后端的袖片，使之形成袖山头吃势，再根据需要用手调节一下各部位的吃势量。

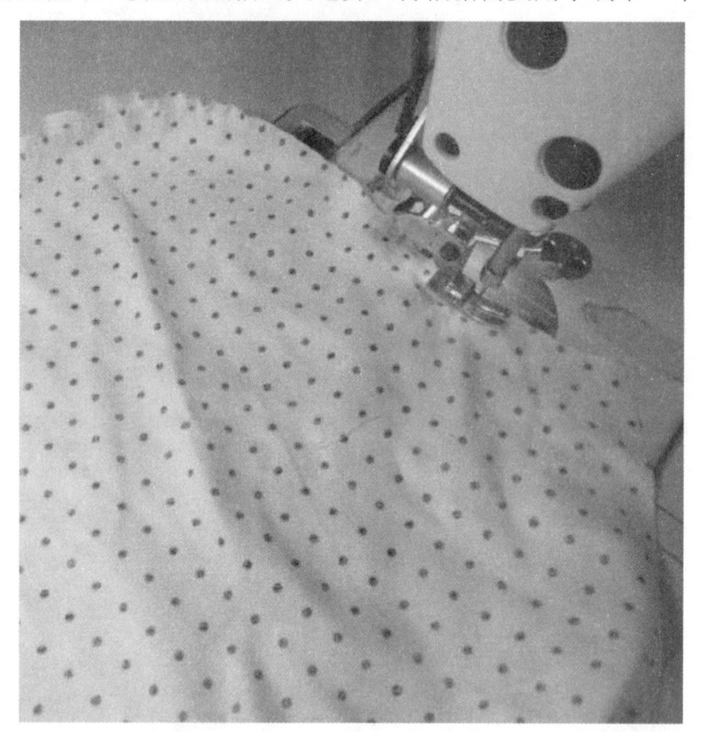

图 3-2-5-5　抽袖山吃势

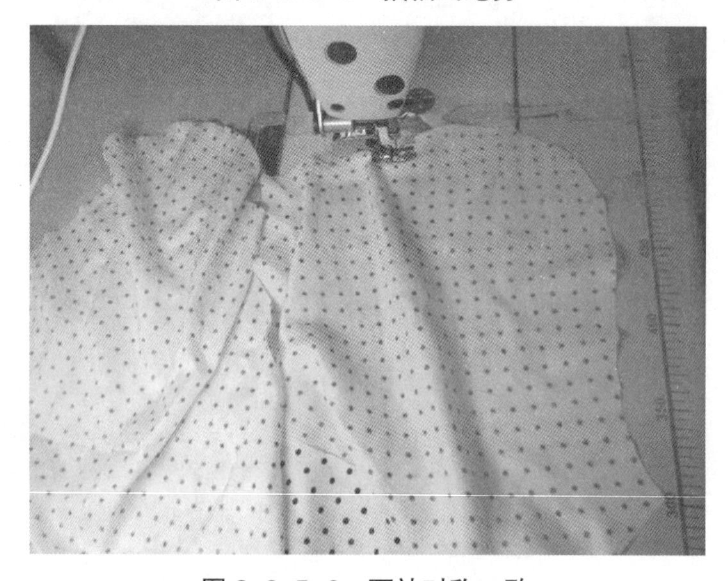

图 3-2-5-6　两袖对称一致

（2）装袖子

装袖子，袖子放下层，大身放上层(也可以袖子放上层，大身放下层，便于掌握袖子吃势)，正面相叠，袖窿与袖子放齐。袖山头刀眼对准肩缝，肩缝朝后身倒，缉线 1cm，然后前后衣片放上锁边。

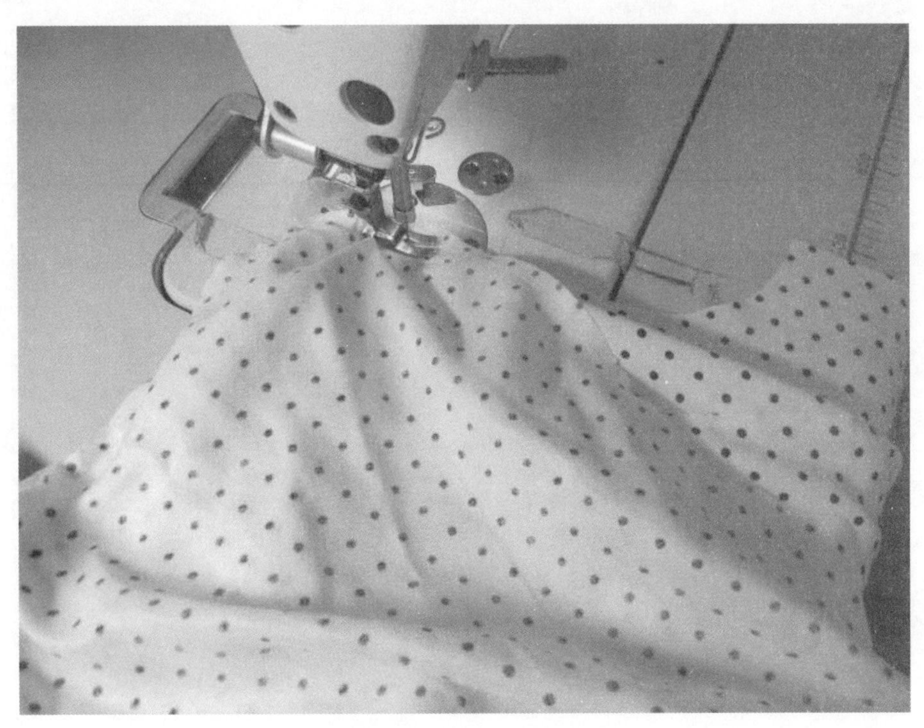

图 3-2-5-7　装袖

（3）缝合侧缝，袖底缝

前衣片放上层，后衣片放下层。右身从袖子口向下摆方向缝合，左身从下摆向袖口方向缝合，袖底十字缝要对齐，上、下层松紧一致，然后前衣片放上锁边。

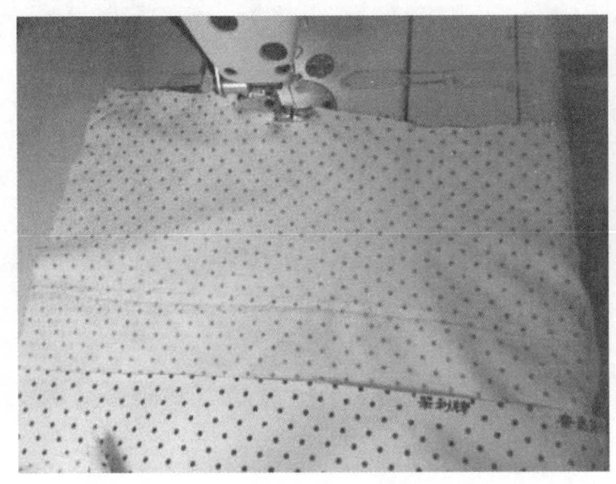

图 3-2-5-8　缝侧缝

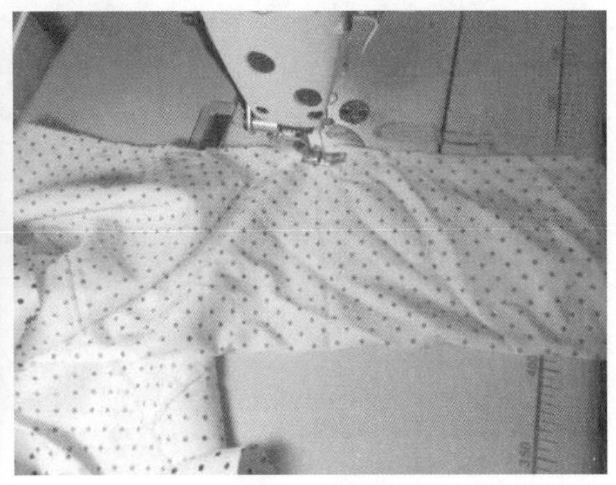

图 3-2-5-9　缝袖底缝

4. 装袖克夫

（1）袖口抽细褶

袖衩门襟要折转，袖口中心打刀眼。为便于细褶的固定，袖口抽褶可用双线抽，细褶分布要均匀。

图 3-2-5-10　抽细褶

（2）袖子翻至反面，正面朝上，袖克夫夹进袖子 1cm，袖衩两头必须与袖克夫两头放齐，正面缉 0.1cm 止口，其余三边缉 0.5cm 止口，袖克夫里止口不能反吐。

图 3-2-5-11 装克夫

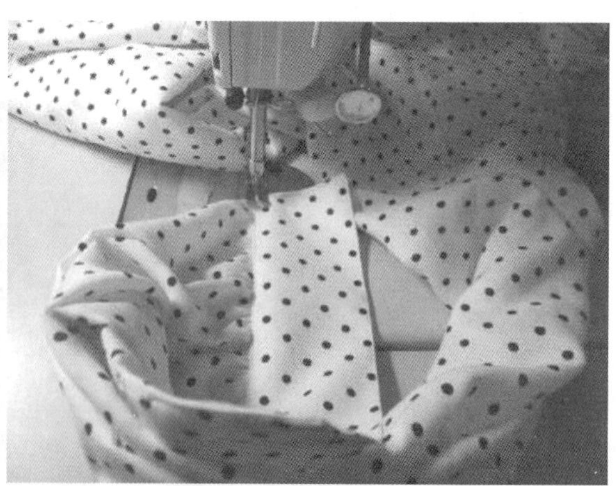

图 3-2-5-12 压止口

表 3-2-5-1　评价与分析表

<table>
<tr><td>班级</td><td></td><td>姓名</td><td></td><td>学号</td><td></td><td colspan="3">日期</td><td>年　月　日</td></tr>
<tr><td>序号</td><td colspan="4">评价要点</td><td>配分</td><td>自评</td><td>互评</td><td>师评</td><td>总评</td></tr>
<tr><td>1</td><td colspan="4">穿戴整齐，着装符合要求</td><td>10</td><td></td><td></td><td></td><td rowspan="8">A□(86～100)
B□(76～85)
C□(60～75)
D□(60 以下)</td></tr>
<tr><td>2</td><td colspan="4">能做好缝制袖(袖衩)、装袖、合侧缝、装袖克夫的准备工作</td><td>10</td><td></td><td></td><td></td></tr>
<tr><td>3</td><td colspan="4">能会正确做袖(袖衩)、装袖</td><td>10</td><td></td><td></td><td></td></tr>
<tr><td>4</td><td colspan="4">能会正确合侧缝</td><td>20</td><td></td><td></td><td></td></tr>
<tr><td>5</td><td colspan="4">能会正确装袖克夫</td><td>20</td><td></td><td></td><td></td></tr>
<tr><td>6</td><td colspan="4">与同学之间能相互合作</td><td>10</td><td></td><td></td><td></td></tr>
<tr><td>7</td><td colspan="4">能严格遵守作息时间</td><td>10</td><td></td><td></td><td></td></tr>
<tr><td>8</td><td colspan="4">能及时完成老师布置的任务</td><td>10</td><td></td><td></td><td></td></tr>
<tr><td>小结
建议</td><td colspan="9"></td></tr>
</table>

学习活动 6　卷边、锁眼、钉扣与整烫

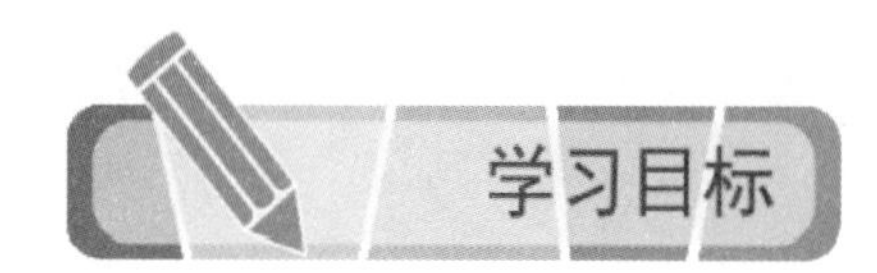

- 能掌握卷边的工艺步骤和缝制要领
- 能掌握锁眼、钉扣的工艺要求和工艺规范
- 能掌握熨烫的工艺操作方法

建议学时：6 学时

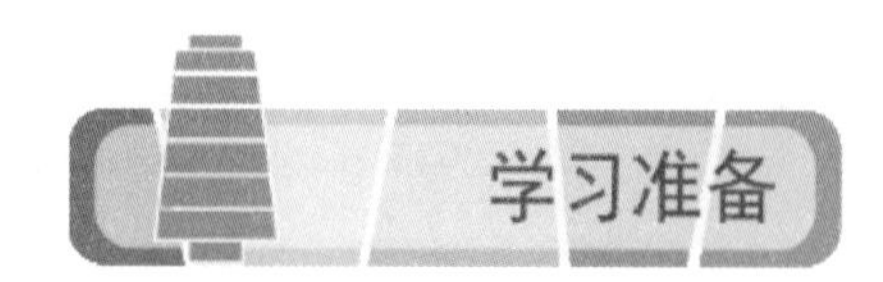

女衬衫实物、教具、学习材料、工艺单、缝制工具、安全操作规程

1. 卷底边

（1）缉底边挂面：挂面向正面折转，沿下摆贴边宽缉一道线。

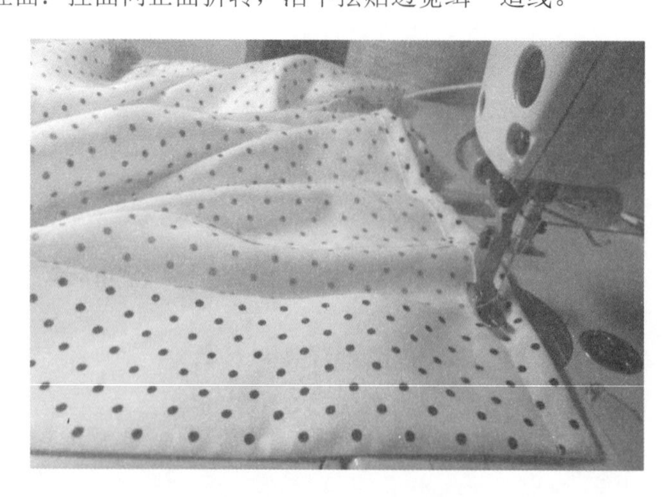

图 3-2-6-1　缉底边

（2）烫底边：挂面翻出，折转底边贴边，贴边扣转毛缝 0.7cm，再折转贴边宽 2.3cm。

（3）从挂面底边处开始缉线 0.1cm 止口，各个缝份对齐，不冒出，不漏针，不起涟。

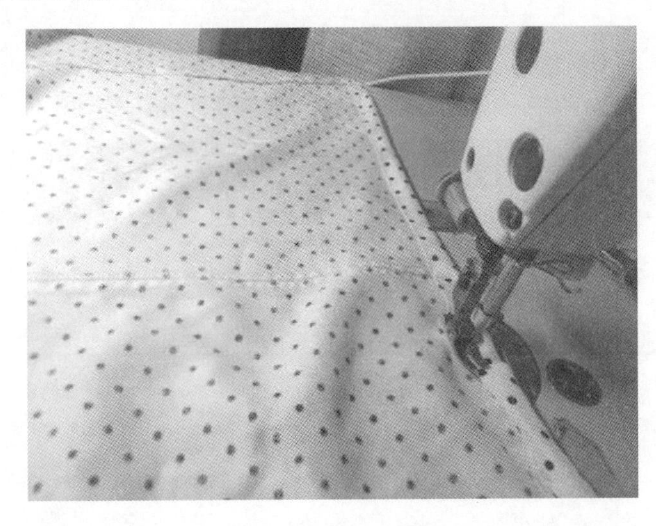

图 3-2-6-2　压线

2. 锁眼钉扣

（1）锁眼

门襟锁横扣眼五个。扣眼进出位置在叠门线向前中心线偏 0.2cm，扣眼的大小根据钮扣直径的大小加 0.2cm。

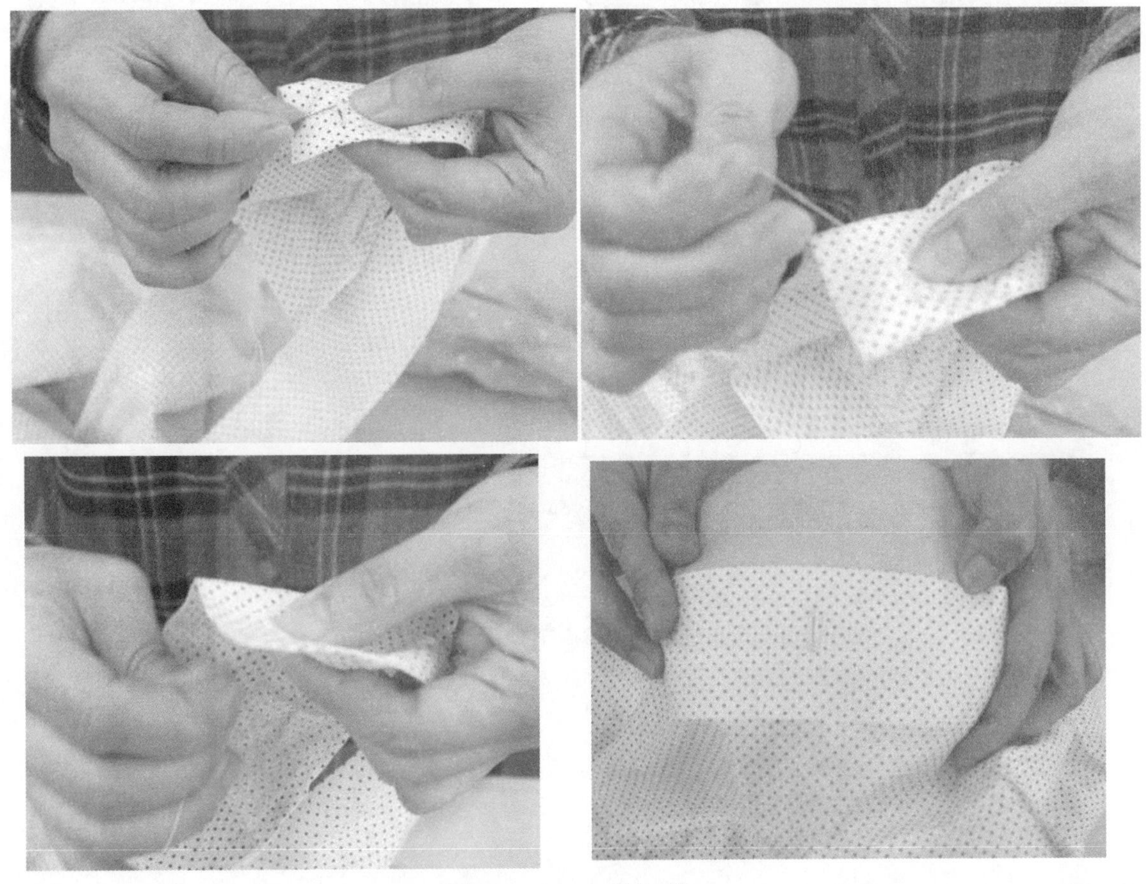

图 3-2-6-3　锁扣眼

（2）钉扣

门里襟平齐，定钮位置与扣眼位置对应，高低一致，进出与叠门线平齐，钉扣五粒。袖头在袖衩放平的一边钉扣一粒，进出离袖头边 1cm，高低位于袖头宽的中间位置。

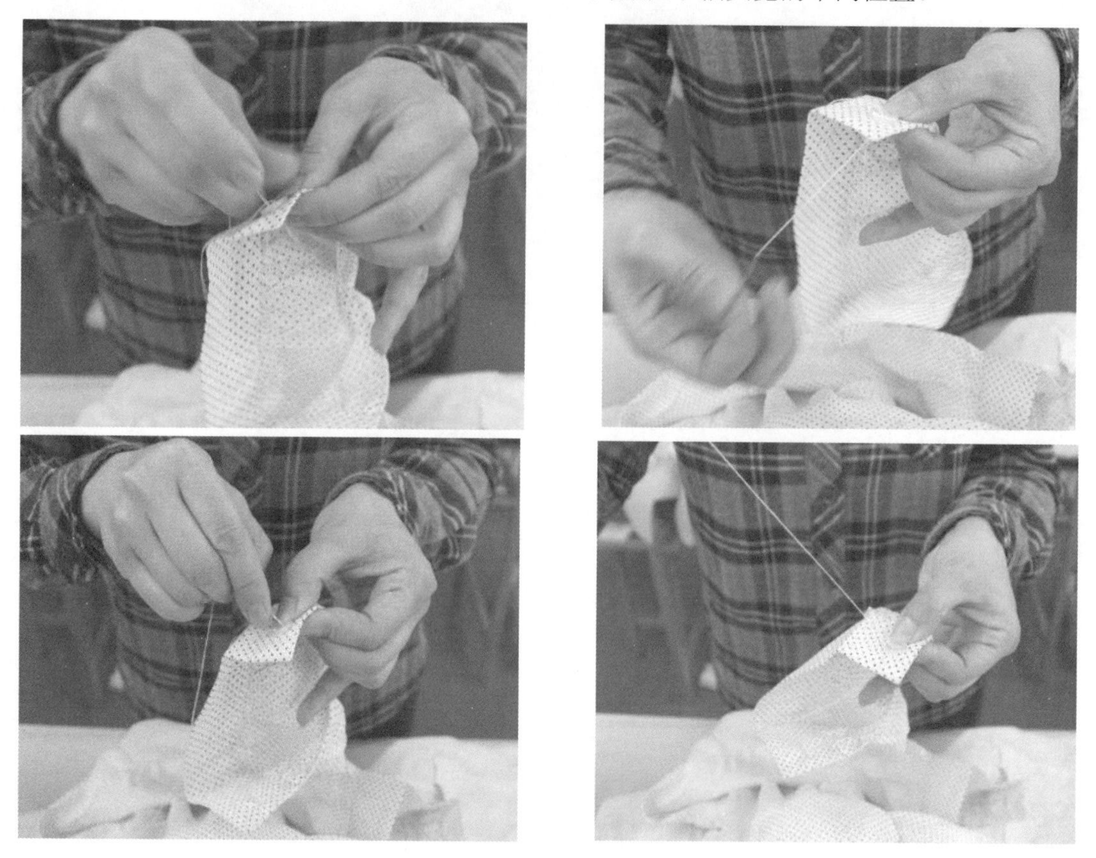

图 3-2-6-4　钉扣

3. 熨烫

（1）修剪线头，并清理干净。

（2）先熨烫门里襟挂面，遇到扣眼只能在扣眼旁熨烫，不宜把熨斗放在扣眼上熨烫，衣服上的扣子，特别是塑料扣，不能与高温熨斗接触，否则会烫坏钮扣。

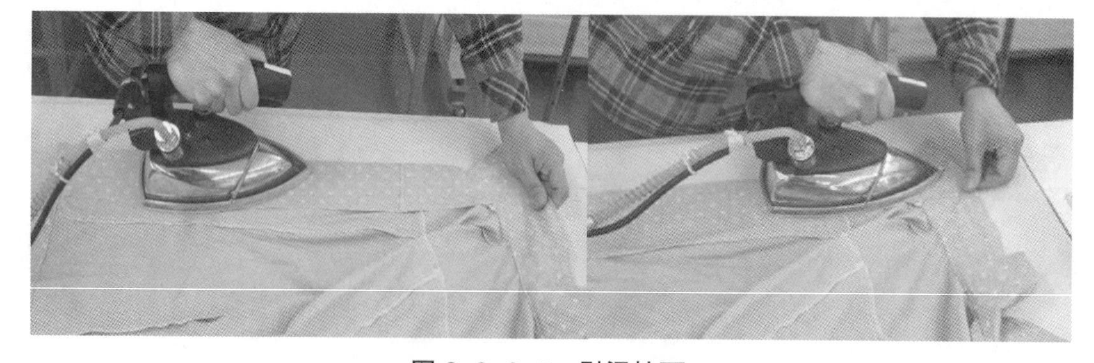

图 3-2-6-5　熨烫挂面

（3）熨烫衣袖，袖克夫，袖口有折裥，要将折裥理齐。压烫有细褶的地方时，要将细褶放均匀并烫平；然后再烫袖底缝与袖克夫，烫袖克夫时用手拉住袖克夫边，并用熨斗横推熨烫。

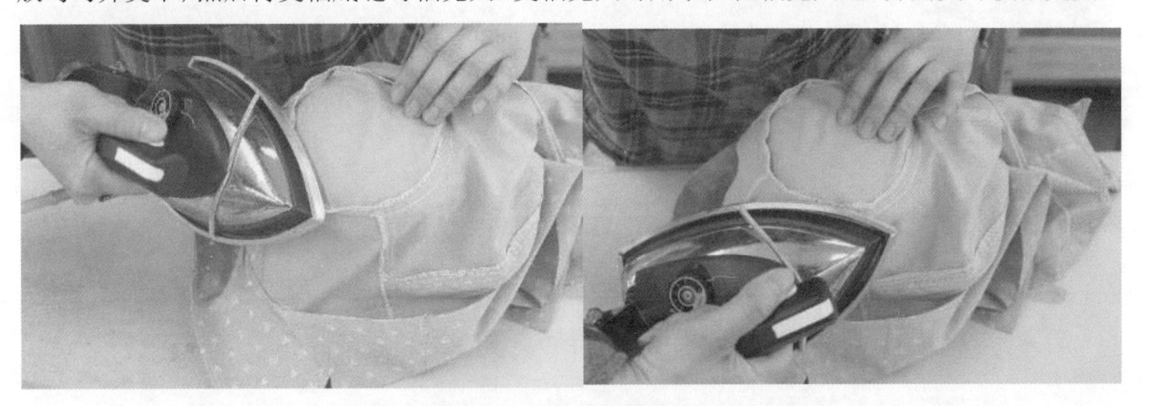

图 3-2-6-6　熨烫衣袖

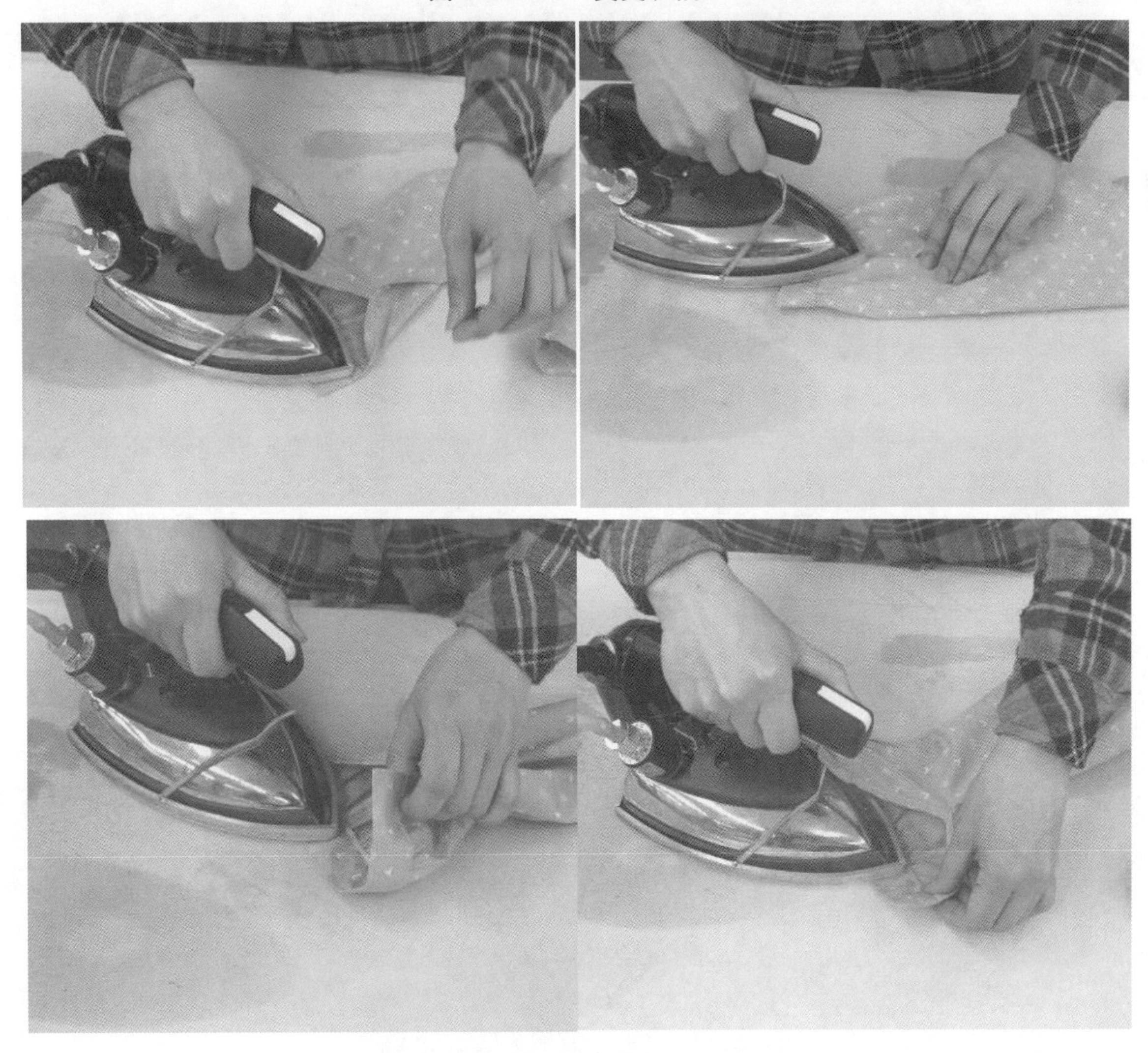

图 3-2-6-7　熨烫袖口

（4）熨烫衣领，先烫领里，再烫领面，然后将衣领翻折好，烫成圆弧状。

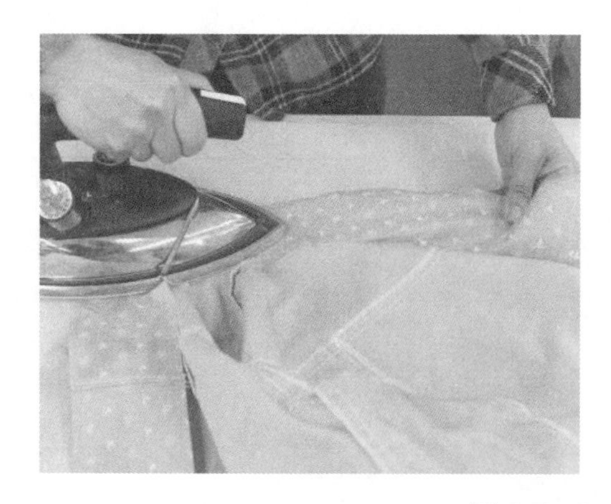
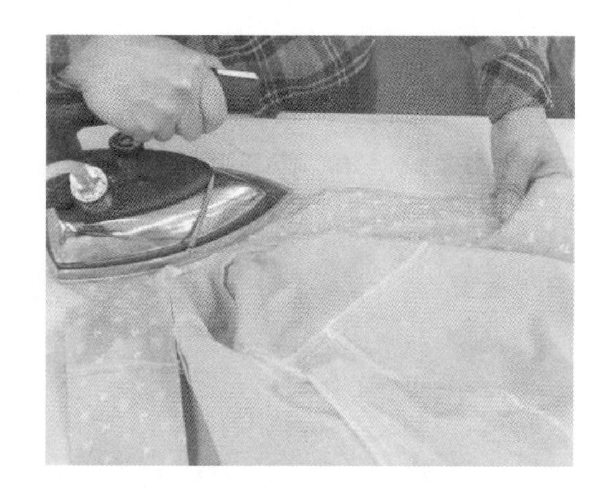

图 3-2-6-8　熨烫衣领

（5）熨烫摆缝，下摆贴边和前后衣片。

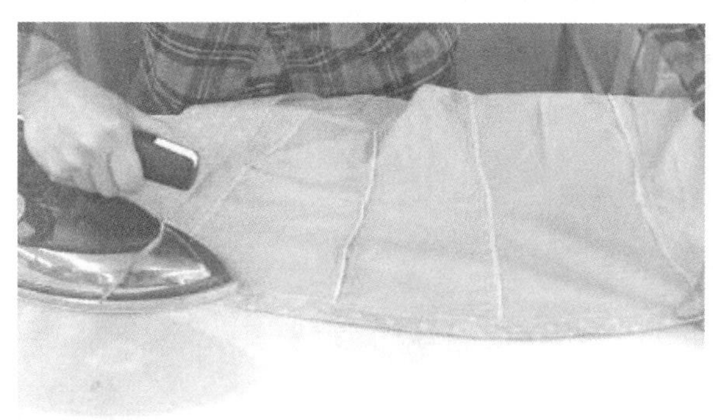
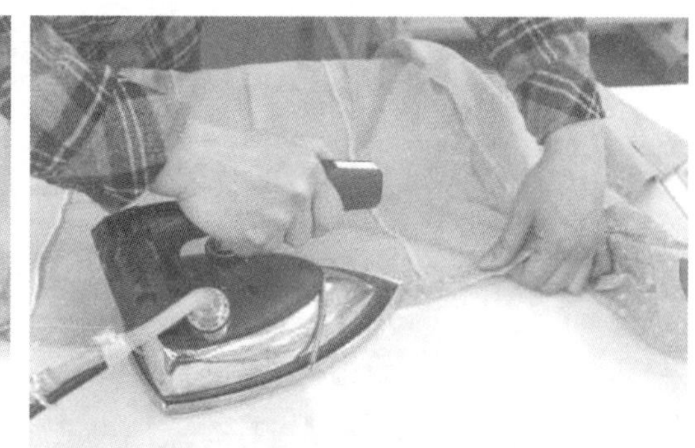

图 3-2-6-9　熨烫下摆

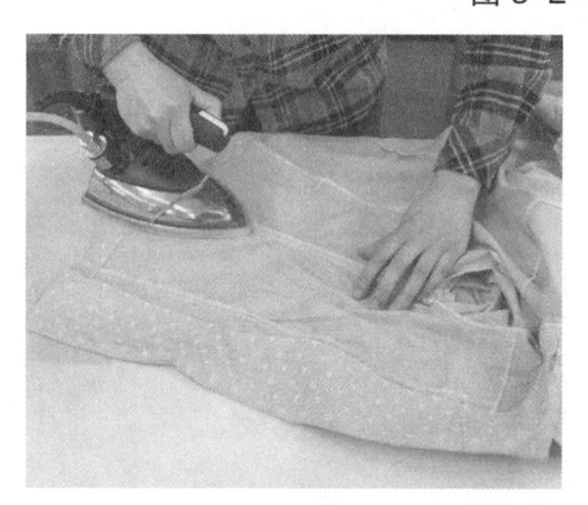
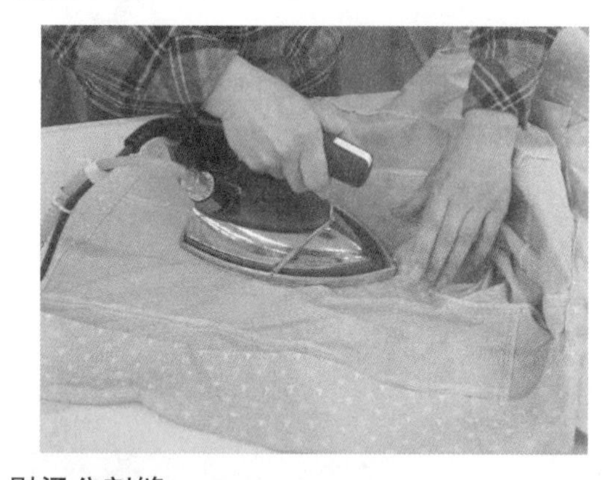

图 3-2-6-10　熨烫分割缝

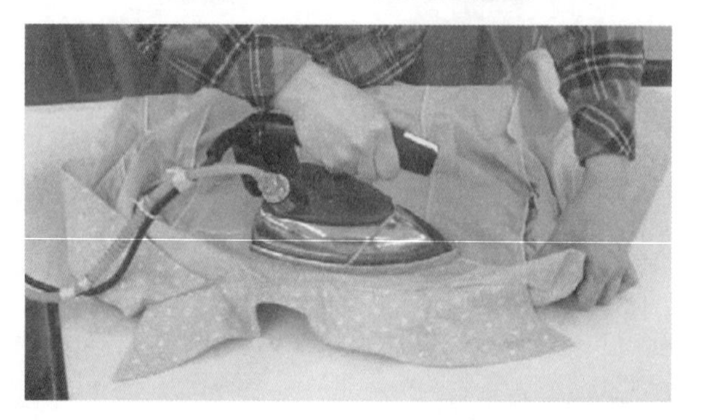

图 3-2-6-11　熨烫育克

（6）衣服扣子扣好，放平，烫平左、右衣片。

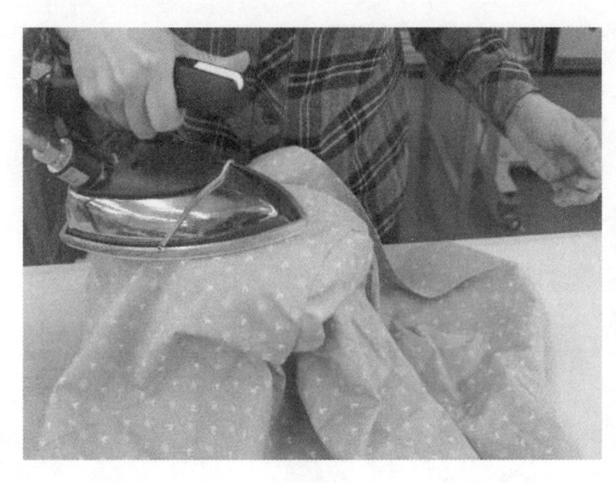
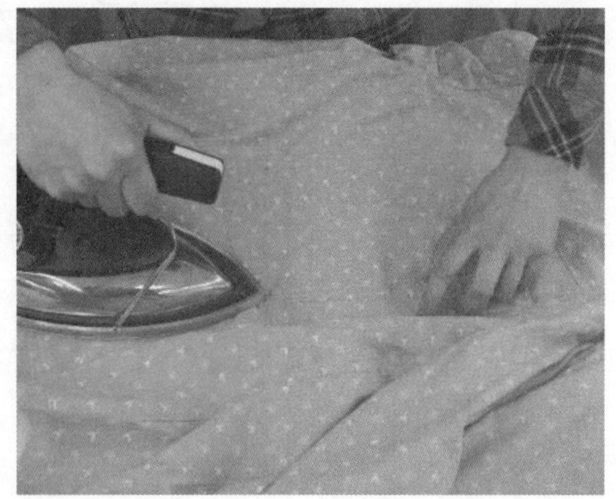

图 3-2-6-12　熨烫左右衣片

（7）按要求折叠衬衫。

表 3-2-6-1　评价与分析表

班级		姓名		学号		日期			年　月　日
序号	评价要点				配分	自评	互评	师评	总评
1	穿戴整齐，着装符合要求				10				A□（86～100） B□（76～85） C□（60～75） D□（60 以下）
2	能做好卷边、锁眼、钉扣、熨烫的准备工作				10				
3	能会正确卷边				10				
4	能会正确锁眼钉扣				30				
5	能掌握整烫的操作方法和工艺规范				10				
6	与同学之间能相互合作				10				
7	能严格遵守作息时间				10				
8	能及时完成老师布置的任务				10				
小结建议									

学习活动 7　检验与包装

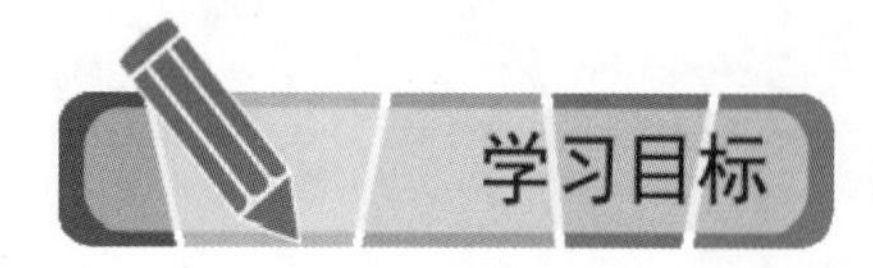

- 能根据质量评分表检查自己制作的女衬衫存在的问题
- 能根据工艺单的要求对女衬衫进行包装

建议学时：2 学时

女衬衫实物、教具、包装材料、安全操作规程

1. 检验

- 参照质量评分表给自己制作的女衬衫进行打分
- 写出女衬衫制作中出现的质量问题并找出解决的办法

表 3-2-7-1　女衬衫质量评分表

评价要素		配分		等级	评分细则	评定等级					得分
						A	B	C	D	E	
1	成衣外观质量	30		A	成衣外表整洁，样衣规格尺寸与样板一致且与款式相符，各部位熨烫平整，缝份顺直，粘衬部位平服，缝制整烫效果好，造型饱满、美观、挺括						
				B	成衣外表较整洁，样衣规格尺寸与样板较一致且与款式较相符，各部位熨烫较平整，缝份较顺直，粘衬部位较平服，缝制整烫效果较好，造型较饱满、较美观						
				C	成衣外表基本整洁，样衣规格尺寸与样板基本一致且与款式基本相符，各部位熨烫基本平整，缝份基本顺直，粘衬部位基本平服，缝制整烫效果一般						
				D	成衣外表邋遢，样衣规格尺寸与样板不一致且与款式不相符，各部位熨烫不平整，有严重烫黄，缝份严重不顺直，粘衬部位不平服，缝制效果差						
				E	完全不会操作，考试不完整或中途退出；未答题，无法给出结果						
2	工艺质量	否决项			残破，或衣领、衣身、衣袖任一缺装，本评价项目（工艺质量）得分为 0						
		70	15	A	领面、里平服，丝绺正确，领止口不外露，绱领平服，左右对称，串口、驳口顺直，左右宽窄一致，止口不外吐，绱领效果好						
				B	领面、里较平服，丝绺较正确，领止口略有外露，绱领较平服，左右较对称，串口、驳口较顺直，左右宽窄较一致，止口略有外吐						
				C	领面、里基本平服，丝绺基本正确，领止口有外露，绱领基本平服，左右基本对称，串口、驳口基本顺直，左右宽窄基本一致，止口有外吐						
				D	领面、里不平服，丝绺不正确，领止口外露严重，绱领不平服，左右不对称，串口、驳口不顺直，左右宽窄不一致，止口外吐严重						
				E	完全不会操作，考试不完整或中途退出；未答题，无法给出结果						
			15	A	门、里襟平服、顺直，不搅不豁不外吐，挂面松紧适宜，左右对称，肩部平服且宽窄一致，摆缝平服、顺直，线迹松紧一致，缝制效果好						
				B	门、里襟较平服、较顺直，略有豁口及外吐，挂面松紧较适宜，左右较对称，肩部较平服且宽窄较一致，摆缝较平服、顺直，线迹松紧较一致						
				C	门、里襟基本平服、基本顺直，有豁口及外吐，挂面松紧基本适宜，左右基本对称，肩部基本平服且宽窄基本一致，摆缝基本平服、顺直，线迹松紧基本一致						
				D	门、里襟不平服、不顺直，豁口及外吐严重，挂面松紧不适宜，左右不对称，肩部不平服且宽窄不一致，摆缝不平服、不顺直，线迹松紧不一致						

配分	等级	评分细则	得分
	E	完全不会操作，考试不完整或中途退出；未答题，无法给出结果	
20	A	省、裥位置正确、对称、大小适宜，袋口平服，左右对称，位置合适，封口整齐牢固，嵌线宽窄一致，缉线顺直，无漏、脱、毛现象	
	B	省、裥位置较正确、较对称、大小较适宜，袋口较平服，左右较对称，位置较合适，封口较整齐牢固，嵌线宽窄较一致，缉线较顺直，略有漏、脱、毛现象	
	C	省、裥位置基本正确、基本对称、大小基本适宜，袋口基本平服，左右基本对称，位置基本合适，封口基本整齐牢固，嵌线宽窄基本一致，缉线基本顺直，有漏、脱、毛现象	
	D	省、裥位置不正确、不对称、大小不适宜，袋口不平服，左右不对称，位置不正确，封口不整齐不牢固，嵌线宽窄不一致，缉线不顺直，有严重漏、脱、毛现象	
	E	完全不会操作，考试不完整或中途退出；未答题，无法给出结果	
10	A	绱袖缝迹线顺直，袖山圆顺，吃势均匀，袖型饱满美观，两袖长短一致，左右对称，袖衩顺直，宽窄长短一致，袖口平服、大小一致，绱袖效果好	
	B	绱袖缝迹线较顺直，袖山较圆顺，吃势较均匀，袖型较饱满美观，两袖长短较一致，左右较对称，袖衩较顺直，宽窄长短较一致，袖口较平服、大小较一致	
	C	绱袖缝迹线基本顺直，袖山基本圆顺，吃势基本均匀，袖型基本饱满美观，两袖长短基本一致，左右基本对称，袖衩基本顺直，宽窄长短基本一致，袖口基本平服、大小基本一致	
	D	绱袖缝迹线不顺直，袖山不圆顺，吃势不均匀，袖型严重偏离，两袖长短不一致，左右不对称，袖衩不顺直，宽窄长短不一致，袖口不平服、大小不一致	
	E	完全不会操作，考试不完整或中途退出；未答题，无法给出结果	
10	A	手工部位平服整齐，锁眼、钉扣位置正确、对应，钉扣牢固	
	B	手工部位较平服整齐，锁眼、钉扣位置较正确、较对应，钉扣较牢固	
	C	手工部位基本平服整齐，锁眼、钉扣位置基本正确、基本对应，钉扣基本牢固。	
	D	手工部位粗制滥造，锁眼、钉扣位置不正确、不对应，钉扣不牢固	
	E	完全不会操作，考试不完整或中途退出；未答题，无法给出结果	
合计配分	100	合计得分	
备注	否决项中“残破”指因操作不当造成残破 0.3cm 以上		

2. 包装

- 沿着肩部折叠一半，大小取决于个人想把衬衫折叠成多大。
- 然后往下折叠袖子。如果是有克夫的袖口，使袖口平坦的折叠在其一边。
- 再折叠另外一半。
- 折叠另外一个袖子。现在衬衫应该是长方形，上下宽度要保持一致。
- 折叠衬衫下半部分覆盖住袖口，再从中间部分将衬衫对折，使得下面边缘对齐腰部。
- 翻过衬衫然后贮存在柜子或者抽屉中。 衬衫的叠法主要是注意到一些衬衫的领子或者身上的装饰，尽量平整就好了。
- 将折叠好的衬衫放入包装袋中并塑封。

表 3-2-7-2 评价与分析表

班级		姓名		学号		日期			年 月 日
序号	评价要点				配分	自评	互评	师评	总评
1	穿戴整齐，着装符合要求				10				A□(86～100) B□(76～85) C□(60～75) D□(60 以下)
2	能正确解读女衬衫质量评分表				10				
3	能发现自己制作的女衬衫存在的问题				10				
4	能找到解决女衬衫存在问题的办法				20				
5	能正确整理包装				20				
6	与同学之间能相互合作				10				
7	能严格遵守作息时间				10				
8	能及时完成老师布置的任务				10				
小结建议									

学习活动 8　成果展示与汇总交流

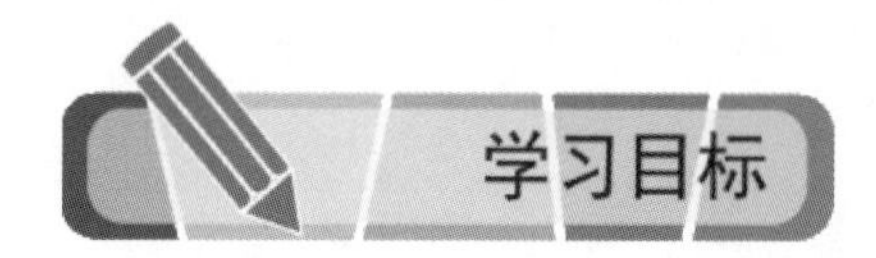

- 能正确规范撰写工作总结
- 能采用多种形式进行成果展示
- 能有效进行工作反馈与经验交流

建议学时：2 学时

课件(PPT)、书面总结

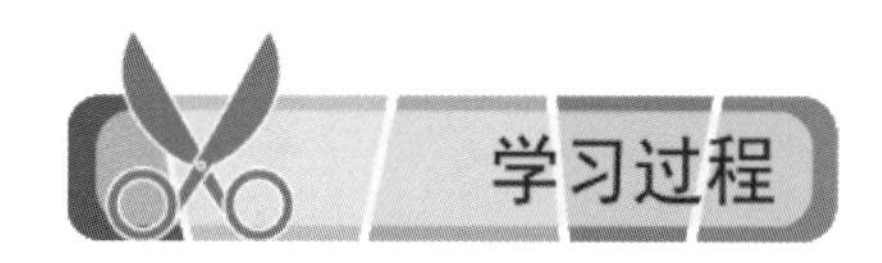

1. 写出成果展示方案

2. 写出完成本任务的工作总结

3. 通过其他同学的展示，你从中得到了什么启发

表 3-2-8-1　活动过程评价表

<table>
<tr><td>班级</td><td></td><td>姓名</td><td></td><td colspan="2">学号</td><td colspan="2"></td><td>日期</td><td>年　月　日</td></tr>
<tr><td>序号</td><td colspan="3">评价要点</td><td>配分</td><td>自评</td><td>互评</td><td>师评</td><td>得分</td><td>总评</td></tr>
<tr><td>1</td><td colspan="3">穿戴整齐，着装符合要求</td><td>5</td><td></td><td></td><td></td><td></td><td rowspan="7">A□(86～100)
B□(76～85)
C□(60～75)
D□(60 以下)</td></tr>
<tr><td>2</td><td colspan="3">能独立完成有效的成果展示方案</td><td>15</td><td></td><td></td><td></td><td></td></tr>
<tr><td>3</td><td colspan="3">能独立完成条理清晰、针对自我的总结</td><td>20</td><td></td><td></td><td></td><td></td></tr>
<tr><td>4</td><td colspan="3">能较好地完成成果展示与交流</td><td>30</td><td></td><td></td><td></td><td></td></tr>
<tr><td>5</td><td colspan="3">能根据其他同学的展示过程发现自己的不足并加以修正</td><td>20</td><td></td><td></td><td></td><td></td></tr>
<tr><td>6</td><td colspan="3">能严格遵守作息时间</td><td>5</td><td></td><td></td><td></td><td></td></tr>
<tr><td>7</td><td colspan="3">能及时完成老师布置的任务</td><td>5</td><td></td><td></td><td></td><td></td></tr>
<tr><td>小结建议</td><td colspan="9"></td></tr>
</table>

表 3-2-8-2　活动过程评价自评表

<table>
<tr><td>班级</td><td></td><td>姓名</td><td></td><td>学号</td><td></td><td>日期</td><td colspan="4">年　月　日</td></tr>
<tr><td rowspan="2">评价指标</td><td colspan="5" rowspan="2">评价要素</td><td rowspan="2">权重</td><td colspan="4">等级评定</td></tr>
<tr><td>A</td><td>B</td><td>C</td><td>D</td></tr>
<tr><td rowspan="3">信息检索</td><td colspan="5">能有效利用网络资源、工作手册查找有效信息</td><td>5%</td><td></td><td></td><td></td><td></td></tr>
<tr><td colspan="5">能用自己的语言有条理地去解释、表述所学知识</td><td>5%</td><td></td><td></td><td></td><td></td></tr>
<tr><td colspan="5">能将查找到的信息有效转换到工作中</td><td>5%</td><td></td><td></td><td></td><td></td></tr>
<tr><td rowspan="2">感知工作</td><td colspan="5">是否熟悉工作岗位，认同工作价值</td><td>5%</td><td></td><td></td><td></td><td></td></tr>
<tr><td colspan="5">在工作中是否获得满足感</td><td>5%</td><td></td><td></td><td></td><td></td></tr>
<tr><td rowspan="5">参与状态</td><td colspan="5">与教师、同学之间是否相互尊重、理解、平等</td><td>5%</td><td></td><td></td><td></td><td></td></tr>
<tr><td colspan="5">与教师、同学之间是否能够保持多向、丰富、适宜的信息交流</td><td>5%</td><td></td><td></td><td></td><td></td></tr>
<tr><td colspan="5">探究学习、自主学习不拘泥于形式，处理好合作学习和独立思考的关系，做到有效学习</td><td>5%</td><td></td><td></td><td></td><td></td></tr>
<tr><td colspan="5">能提出有意义的问题或能发表个人见解；能按照正确的要求操作；能够倾听、协作、分享</td><td>5%</td><td></td><td></td><td></td><td></td></tr>
<tr><td colspan="5">积极参与，在产品加工过程中不断学习，提高综合运用信息技术的能力</td><td>5%</td><td></td><td></td><td></td><td></td></tr>
<tr><td rowspan="2">学习方法</td><td colspan="5">工作计划、操作技能是否符合规范要求</td><td>5%</td><td></td><td></td><td></td><td></td></tr>
<tr><td colspan="5">是否获得了进一步发展的能力</td><td>5%</td><td></td><td></td><td></td><td></td></tr>
<tr><td rowspan="3">工作过程</td><td colspan="5">遵守管理规程，操作过程符合现场管理要求</td><td>5%</td><td></td><td></td><td></td><td></td></tr>
<tr><td colspan="5">平时上课的出勤情况和每天完成工作任务情况</td><td>5%</td><td></td><td></td><td></td><td></td></tr>
<tr><td colspan="5">善于多角度思考问题，能主动发现并提出有价值的问题</td><td>5%</td><td></td><td></td><td></td><td></td></tr>
<tr><td>思维状态</td><td colspan="5">是否能发现问题、提出问题、分析问题、解决问题、创新问题</td><td>5%</td><td></td><td></td><td></td><td></td></tr>
<tr><td rowspan="4">自评反馈</td><td colspan="5">按时按质完成工作任务</td><td>5%</td><td></td><td></td><td></td><td></td></tr>
<tr><td colspan="5">较好地掌握了专业知识点</td><td>5%</td><td></td><td></td><td></td><td></td></tr>
<tr><td colspan="5">具有较强的信息分析能力和理解能力</td><td>5%</td><td></td><td></td><td></td><td></td></tr>
<tr><td colspan="5">具有较为全面严谨的思维能力并能条理明晰地表述成文</td><td>5%</td><td></td><td></td><td></td><td></td></tr>
<tr><td colspan="6">自评等级</td><td colspan="5"></td></tr>
<tr><td>有益的经验和做法</td><td colspan="10"></td></tr>
<tr><td>总结反思建议</td><td colspan="10"></td></tr>
</table>

等级评定：A：好　B：较好　C：一般　D：有待提高

表 3-2-8-3　活动过程评价互评表

班级		姓名		学号		日期	年　月　日			
评价指标	评价要素					权重	等级评定			
							A	B	C	D
信息检索	能有效利用网络资源、工作手册查找有效信息					5%				
	能用自己的语言有条理地去解释、表述所学知识					5%				
	能将查找到的信息有效转换到工作中					5%				
感知工作	是否熟悉工作岗位，认同工作价值					5%				
	在工作中是否获得满足感					5%				
参与状态	与教师、同学之间是否相互尊重、理解、平等					5%				
	与教师、同学之间是否能够保持多向、丰富、适宜的信息交流					5%				
	能处理好合作学习和独立思考的关系，做到有效学习					5%				
	能提出有意义的问题或能发表个人见解；能按要求正确操作；能够倾听、协作、分享					5%				
	积极参与，在产品加工过程中不断学习，提高综合运用信息技术的能力提高很大					5%				
学习方法	工作计划、操作技能是否符合规范要求					5%				
	是否获得了进一步发展的能力					5%				
工作过程	是否遵守管理规程，操作过程符合现场管理要求					5%				
	平时上课的出勤情况和每天完成工作任务情况					5%				
	是否善于多角度思考问题，能主动发现并提出有价值的问题					5%				
思维状态	是否能发现问题、提出问题、分析问题、解决问题、创新问题					5%				
自评反馈	能严肃认真地对待自评					10%				
互评等级										
简要评述										

等级评定：A：好　B：较好　C：一般　D：有待提高

表 3-2-8-4　任务总评表

<table>
<tr><th rowspan="3">序号</th><th rowspan="3">学习活动</th><th colspan="10">评价内容及方法</th></tr>
<tr><th colspan="4">活动过程（70%）</th><th colspan="2">学生互评（10%）</th><th colspan="2">劳动纪律（10%）</th><th colspan="2">安全文明生产（10%）</th></tr>
<tr><th>评价依据</th><th>得分</th><th>权重</th><th>得分</th><th>评价方法</th><th>得分</th><th>评价方法</th><th>得分</th><th>评价标准</th><th>得分</th></tr>
<tr><td rowspan="6">结构制图</td><td>学习活动 1</td><td>工作页</td><td></td><td></td><td></td><td rowspan="21">以小组互评及学生互评为主</td><td></td><td rowspan="21">以出勤及工作中实际表现为主</td><td></td><td rowspan="21">违反操作规程每次扣 1～2 分，严重违反并造成人身及设备安全损失的可认定本任务不合格</td><td></td></tr>
<tr><td>学习活动 2</td><td>工作页</td><td></td><td></td><td></td><td></td><td></td><td></td></tr>
<tr><td>学习活动 3</td><td>工作页</td><td></td><td></td><td></td><td></td><td></td><td></td></tr>
<tr><td>学习活动 4</td><td>工作页</td><td></td><td></td><td></td><td></td><td></td><td></td></tr>
<tr><td>学习活动 5</td><td>工作页</td><td></td><td></td><td></td><td></td><td></td><td></td></tr>
<tr><td>学习活动 6</td><td>工作页</td><td></td><td></td><td></td><td></td><td></td><td></td></tr>
<tr><td rowspan="5">样板与裁剪</td><td>学习活动 1</td><td>工作页</td><td></td><td></td><td></td><td></td><td></td><td></td></tr>
<tr><td>学习活动 2</td><td>工作页</td><td></td><td></td><td></td><td></td><td></td><td></td></tr>
<tr><td>学习活动 3</td><td>工作页</td><td></td><td></td><td></td><td></td><td></td><td></td></tr>
<tr><td>学习活动 4</td><td>工作页</td><td></td><td></td><td></td><td></td><td></td><td></td></tr>
<tr><td>学习活动 5</td><td>工作页</td><td></td><td></td><td></td><td></td><td></td><td></td></tr>
<tr><td rowspan="10">男西裤的工艺制作</td><td>学习活动 1</td><td>工作页</td><td></td><td></td><td></td><td></td><td></td><td></td></tr>
<tr><td>学习活动 2</td><td>工作页</td><td></td><td></td><td></td><td></td><td></td><td></td></tr>
<tr><td>学习活动 3</td><td>工作页</td><td></td><td></td><td></td><td></td><td></td><td></td></tr>
<tr><td>学习活动 4</td><td>工作页</td><td></td><td></td><td></td><td></td><td></td><td></td></tr>
<tr><td>学习活动 5</td><td>工作页</td><td></td><td></td><td></td><td></td><td></td><td></td></tr>
<tr><td>学习活动 6</td><td>工作页</td><td></td><td></td><td></td><td></td><td></td><td></td></tr>
<tr><td>学习活动 7</td><td>工作页</td><td></td><td></td><td></td><td></td><td></td><td></td></tr>
<tr><td>学习活动 8</td><td>工作页</td><td></td><td></td><td></td><td></td><td></td><td></td></tr>
<tr><td>学习活动 9</td><td>工作页</td><td></td><td></td><td></td><td></td><td></td><td></td></tr>
<tr><td>学习活动 10</td><td>工作页</td><td></td><td></td><td></td><td></td><td></td><td></td></tr>
<tr><td colspan="2">得分</td><td colspan="4"></td><td colspan="2"></td><td colspan="2"></td><td colspan="2"></td></tr>
<tr><td colspan="2">合计</td><td colspan="4"></td><td colspan="2"></td><td colspan="2"></td><td colspan="2"></td></tr>
</table>

任务三　女衬衫工艺制作拓展

学习活动 1　接受任务、制定计划

- 能独立查阅相关资料，了解时尚女衬衫的工艺制作流程
- 能独立完成时尚女衬衫的工艺制作
- 能根据加工工序确定工时，并制定出合理的工作计划进度表

建议学时：2 学时

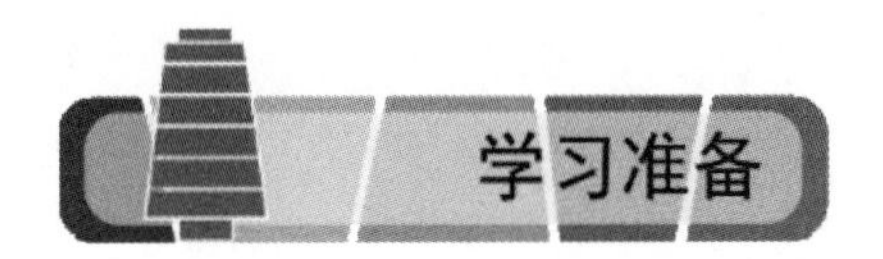

女衬衫相关参考资料、实物、工艺单、计划表、多媒体素材

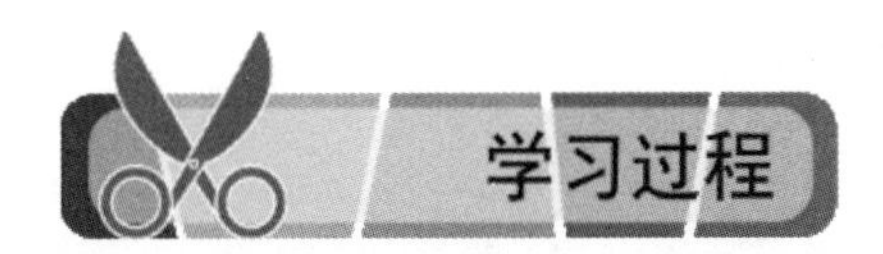

1. 分析解读工艺单，小组讨论完成女衬衫制作工作安排

表 3-3-1-1　制作安排表

时间		主题	时尚女衬衫 工艺制作工作安排
主持人		成员	
讨论过程			
结论			

2. 根据小组讨论结果，制定出最适合自己的工作计划

表 3-3-1-2　工作计划表

序号	开始时间	结束时间	工作内容	工作要求	备注

3. 完成时尚款女衬衫一的工艺制作

4. 完成时尚款女衬衫二的工艺制作

表 3-3-1-3　评价与分析表

<table>
<tr><td>班级</td><td colspan="2">　　姓名　　　学号　　</td><td colspan="3">日期</td><td>年　月　日</td></tr>
<tr><td>序号</td><td>评价要点</td><td>配分</td><td>自评</td><td>互评</td><td>师评</td><td>总评</td></tr>
<tr><td>1</td><td>穿戴整齐，着装符合要求</td><td>10</td><td></td><td></td><td></td><td rowspan="8">A□(86～100)
B□(76～85)
C□(60～75)
D□(60 以下)</td></tr>
<tr><td>2</td><td>能根据实物与工艺单的要求分配制作女衬衫部件的工序</td><td>20</td><td></td><td></td><td></td></tr>
<tr><td>3</td><td>能熟悉女衬衫的工艺制作流程</td><td>10</td><td></td><td></td><td></td></tr>
<tr><td>4</td><td>能独立进行时尚女衬衫的制作</td><td>20</td><td></td><td></td><td></td></tr>
<tr><td>5</td><td>能制定出合理的工作计划</td><td>10</td><td></td><td></td><td></td></tr>
<tr><td>6</td><td>与同学之间能相互合作</td><td>10</td><td></td><td></td><td></td></tr>
<tr><td>7</td><td>能严格遵守作息时间</td><td>10</td><td></td><td></td><td></td></tr>
<tr><td>8</td><td>能及时完成老师布置的任务</td><td>10</td><td></td><td></td><td></td></tr>
<tr><td>小结
建议</td><td colspan="6"></td></tr>
</table>

学习活动 2　时尚款女衬衫工艺制作拓展一

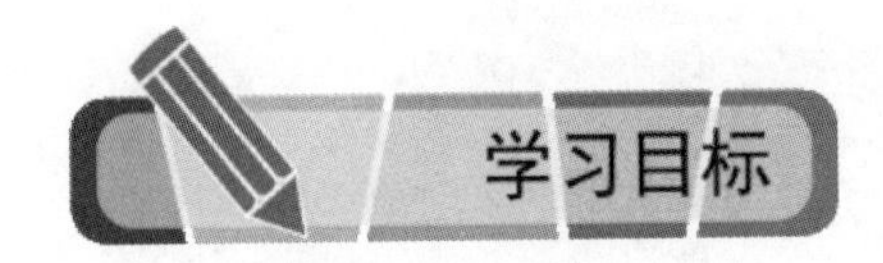

- 能描述女衬衫的工艺要求及工艺流程
- 能利用服装缝制工具完成女衬衫的加工
- 能根据女衬衫的质量标准进行对成品进行质量检查与评析

建议学时： 8 学时

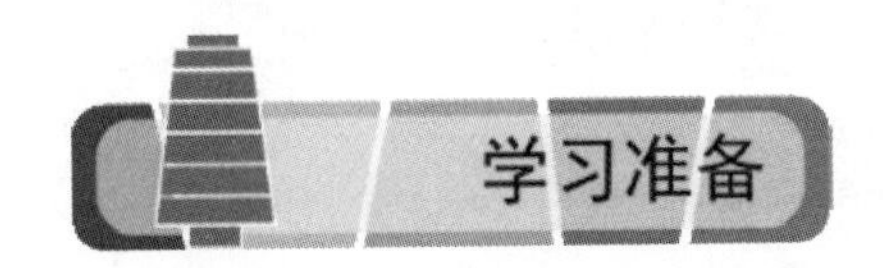

女衬衫实物、教具、学习材料、工艺单、缝制工具、安全操作规程

1. 根据项目二任务四学习活动八的结构图，计算所需样板的衣片数量并进行裁剪

本款女衬衫的前后片、育克、袖子、领子、口袋、袖克夫等裁片的数量如图 3-3-2-1 所示，在裁剪时要注意刀眼的位置进行对位标记，且各衣片的丝绺方向要正确。

- 后片一片，左右对称，需连裁
- 育克两片，上下两层，左右对称，需连裁
- 前片两片；挂面两片
- 口袋两片
- 袖子两片
- 领面一片，需连裁

- 领里一片，需斜裁
- 袖克夫两片，袖衩条、宝剑头各两个

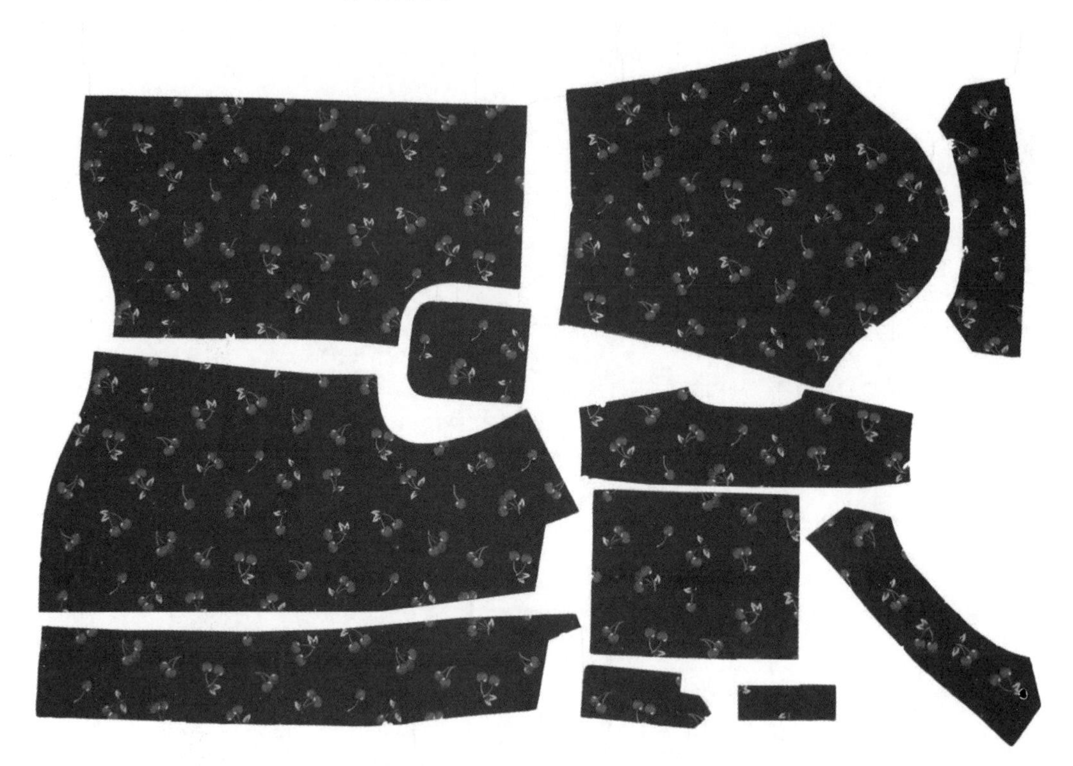

图 3-3-2-1　女衬衫面料裁片

2. 质量检查

（1）认真检查每个裁片的用料方向、正反、形状是否正确。

（2）核对裁件：复核定位、对位标记；检查对应部位是否符合要求。

（3）划线：在领片上画出领净线、在袖克夫上画出净线。

3. 烫粘衬部位

用熨斗在领面、领里、挂面、袖克夫、大袖衩和小袖衩上烫黏合衬。黏合衬的纱向要与面料的纱向相同，注意调到适当的温度、时间、压力，以保证粘合均匀、平服、牢固，无起翘现象。

（1）袖衩的粘衬与扣烫

准备好袖衩部件的面布、衬、净样板，将大、小袖衩反面朝上放置在烫台中间，与裁剪好的黏合衬反面相对，衬的大小比面料小 0.1cm，用熨斗进行粘合。然后用大袖衩与小袖衩的净样板，分别扣烫缝份。

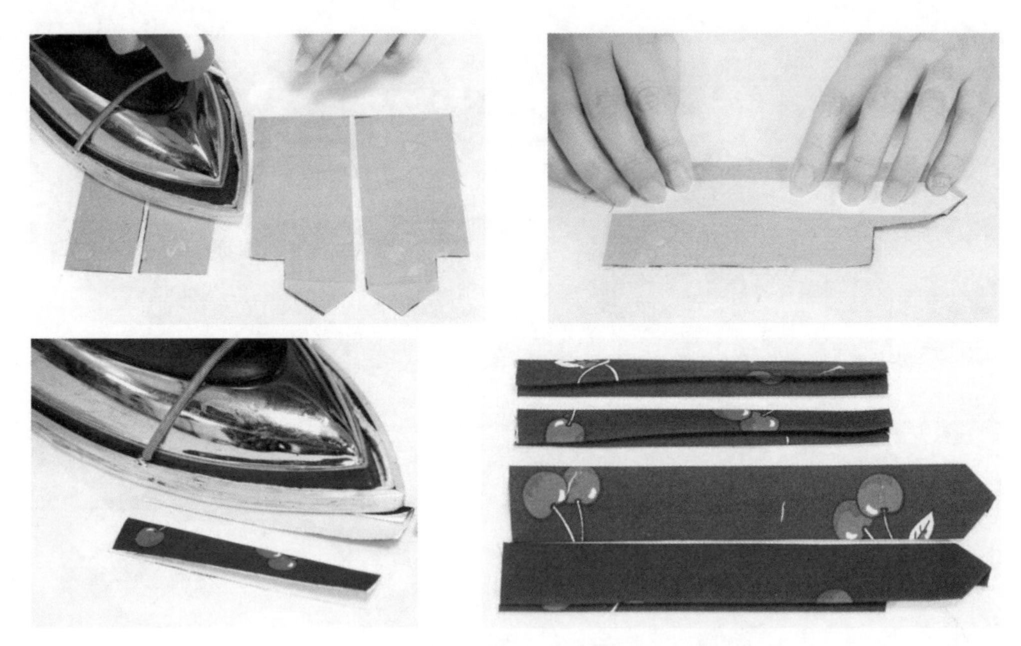

图 3-3-2-2　袖衩的粘衬与扣烫

（2）袖克夫的粘衬与扣烫

准备好袖克夫部件的面布、衬与净样板，将袖克夫反面朝上放置在烫台中间，与裁剪好的黏合衬反面相对，衬的大小比面料小 0.1cm，用熨斗进行粘合。熨烫过程要垂直施力，不可来回摩挲，熨烫之后用压铁进行冷却。然后将袖克夫对折扣烫，并用净样板扣烫缝份，袖克夫的里侧应比面侧多出 0.1cm。

图 3-3-2-3　袖克夫对折扣烫

图 3-3-2-4　袖克夫里侧比面侧多 0.1cm

（3）领面与领底的粘衬

将领底与领面反面朝上，放置在烫台中间，与裁剪好的黏合衬反面相对，注意领底与其对应的衬布均为斜丝，领面与其对应的衬布丝绺方向要一致，衬的大小比面料小 0.1cm，用熨斗将领底、领面与衬布粘合，由于领底是斜丝，因此粘合时要小心，切忌拉伸。

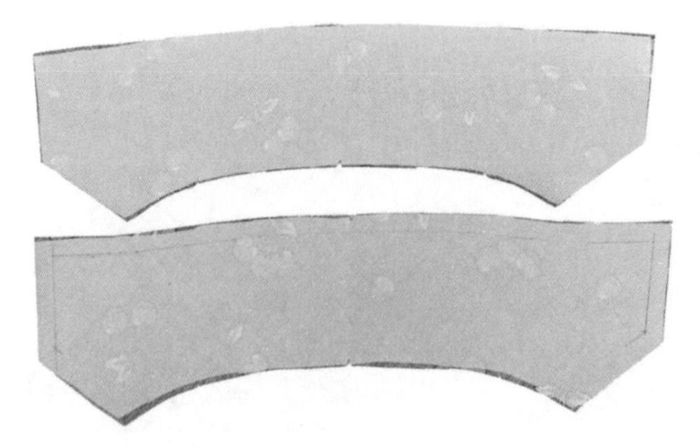

图 3-3-2-5　袖克夫里侧比面侧多 0.1cm

（4）挂面粘衬

将挂面反面朝上，放置在烫台中间，与裁剪好的黏合衬反面相对，修剪多余衬布，使得衬的大小比面料小 0.1cm，用熨斗进行粘合。熨烫过程要垂直施力，不可来回摩挲；然后将两挂面反面相对，修剪溢出的衬布，并在装领止口处打刀眼。

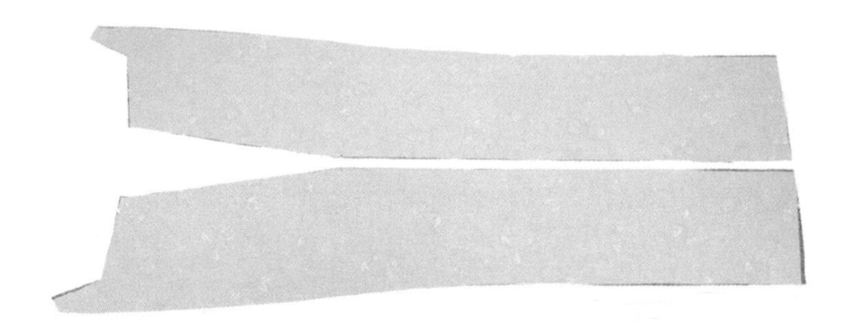

图 3-3-2-6　袖克夫里侧比面侧多 0.1cm

4. 制作宝剑头袖衩

（1）画袖衩位置与高度

在袖片反面，用隐形划粉按样板确定袖衩位置与高度。

图 3-3-2-7　画袖衩位置与高度

（2）做里襟袖衩

在袖片反面，将里襟袖衩里层对齐袖衩位置，标好起点位置，沿扣烫线车缝，起止点需要倒回针。

图 3-3-2-8　做里襟袖衩

（3）做门襟袖衩

将门襟袖衩里层对齐袖衩位置，注意门襟与里襟的起始点高度保持一致，沿扣烫线车缝。

图 3-3-2-9　做门襟袖衩

（4）剪袖衩

沿袖衩的划粉线剪开，剪至袖衩端口 1cm 处，向两端按 Y 型剪开，剪口必须短于缉线 0.05cm。

图 3-3-2-10 剪袖衩

（5）固定袖衩三角

将袖片翻至正面，里襟袖衩翻转至正面，夹包缝份，正面缉压 0.1cm 明线，并将线头修剪干净；然后里襟袖衩与剪开的三角反面相对，车缝固定。

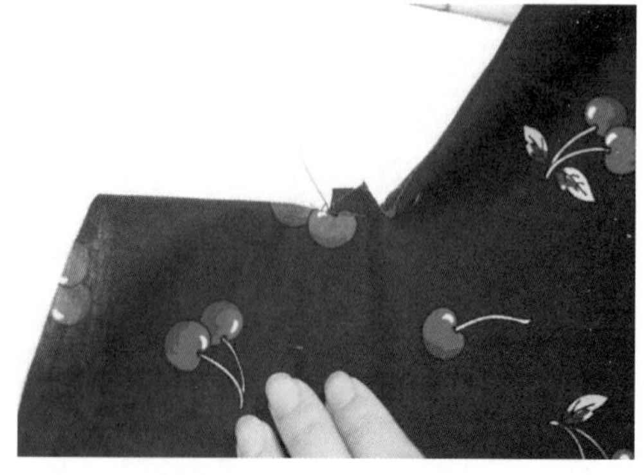

图 3-3-2-11 固定袖衩三角

（6）袖衩缉压明线

将门襟袖衩翻转至正面，按样板位置划好宝剑头位置，平行线间距 0.8cm。然后夹包缝份，正面缉压 0.1cm 明线，从下到上缉线，顺势兜缉宝剑头，缉至门里襟上口位置，并修剪线头，烫平袖衩里襟、门襟。

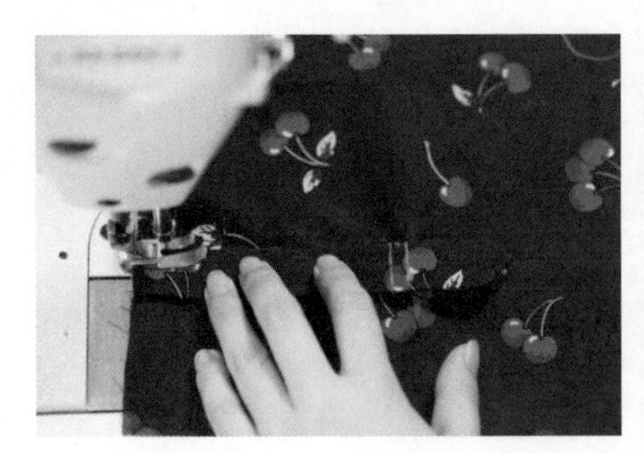
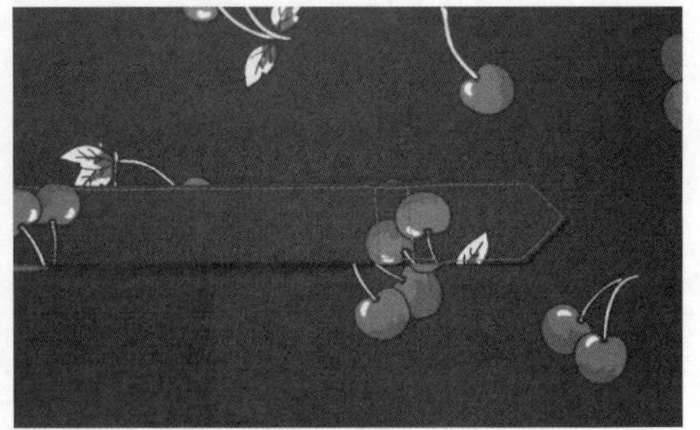

图 3-3-2-12　袖衩缉压明线

5. 制作袖克夫

里布一边包转面布一边，沿袖克夫净线兜缉，缝份为 1cm，修剪缝份，并将袖克夫翻至正面；最后熨烫袖克夫，注意里布做出面布 0.1cm，烫平且袖克夫四角要方正。

图 3-3-2-13　沿袖克夫净线兜缉

6. 做衣袖

（1）折裥定位与缝合

按照样板划好袖口折裥位置，缝合袖口的两个折裥，并将折裥倒向前袖片。

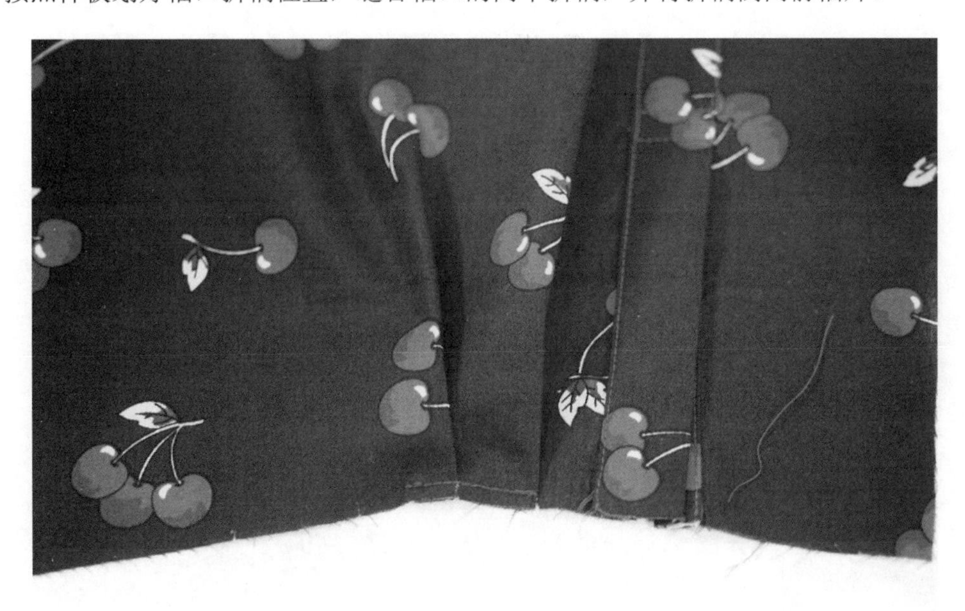

图 3-3-2-14　折裥定位与缝合

（2）缝合袖底缝

对齐袖底缝，从袖山底点向袖口方向缝合，起止点需倒回针，缝合时注意上、下层松紧一致。

图 3-3-2-15 缝合袖底缝

（3）袖底缝锁边与整烫

将前袖片朝上，锁边，并将袖底缝沿缝线折烫，烫平袖底缝、宝剑头袖衩、袖口折裥。

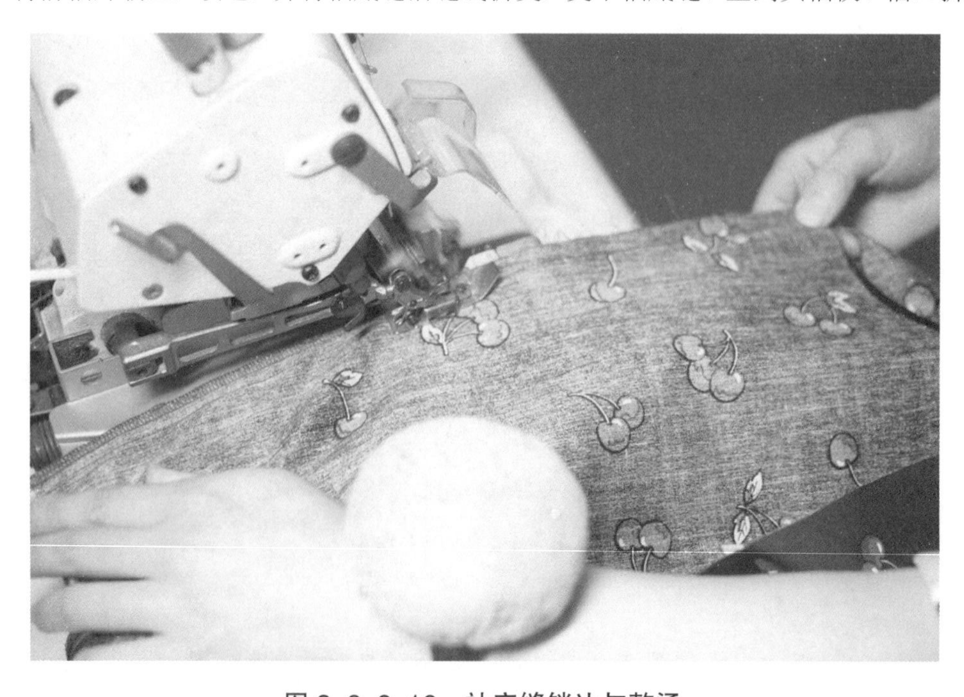

图 3-3-2-16 袖底缝锁边与整烫

7. 装袖克夫

对齐宝剑头袖衩，确定袖口处缝止点，袖子正面朝上，从袖克夫开始，袖克夫夹进袖子1cm，正面缉 0.1cm 止口，注意压缉的时候也要保证反面同时被压住 0.1cm 的止口，袖克夫里止口不能反吐，最后修剪线头。

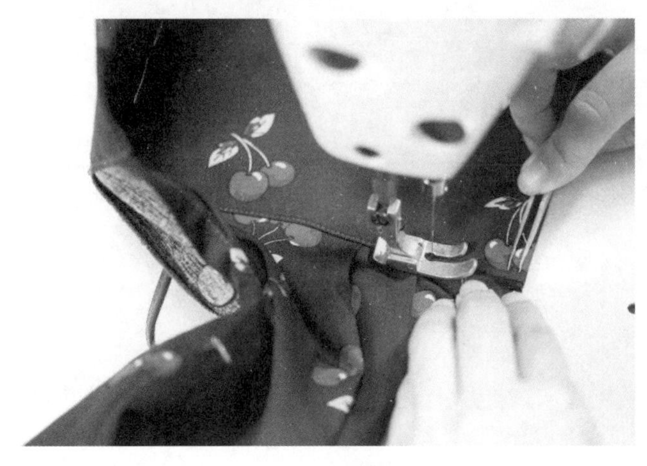

图 3-3-2-17　装袖克夫

8. 做前片贴袋

（1）袋口卷边

将袋口进行二折卷边，缉线距离折边 0.1cm，并与口袋上口保持平行，起落针打倒回针。

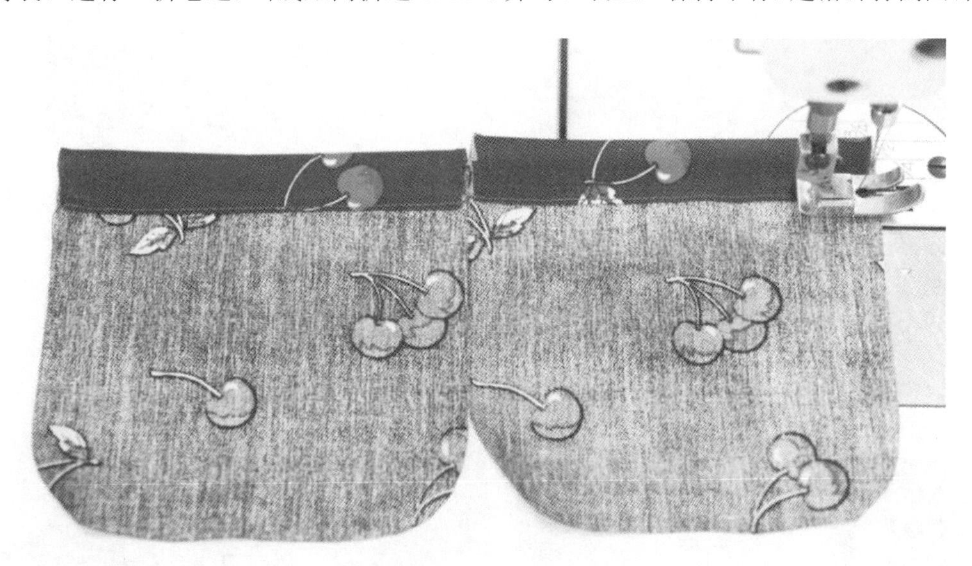

图 3-3-2-18　袋口卷边

（2）将针距调至 5 号，在口袋圆角处缉线，缉线距离毛边 0.3cm。

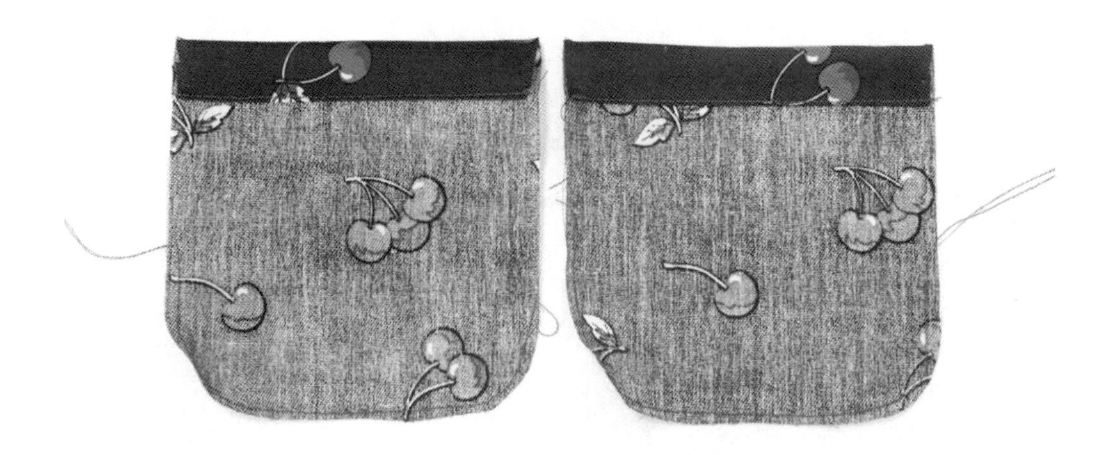

图 3-3-2-19　缉口袋圆角边

（3）扣烫

首先烫平口袋布，然后将贴袋净样板放在样片上，扣烫贴袋的两边，抽紧圆角处的缉线，利用净样板将口袋熨烫成型，注意扣烫边的顺直、平服。

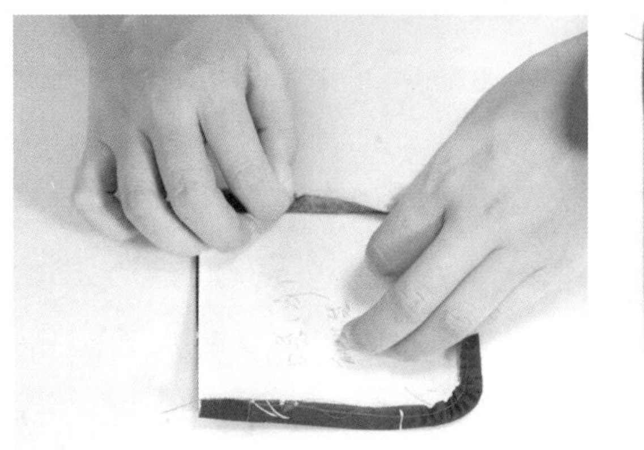
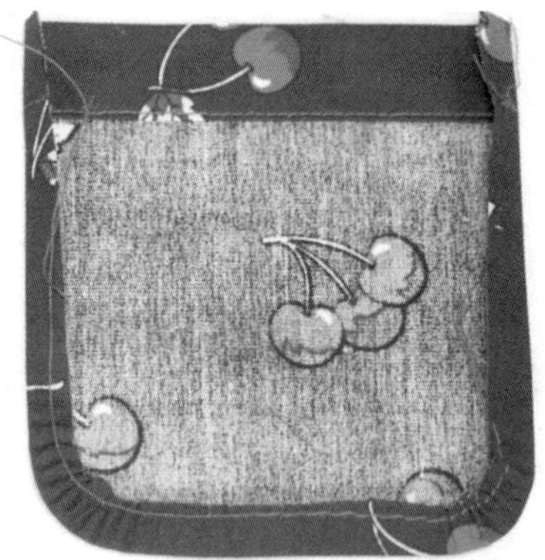

图 3-3-2-20　口袋定型与整烫

（4）确定口袋位置

将口袋放在前衣片，用隐形划粉在前片衣身上画出袋布位置。

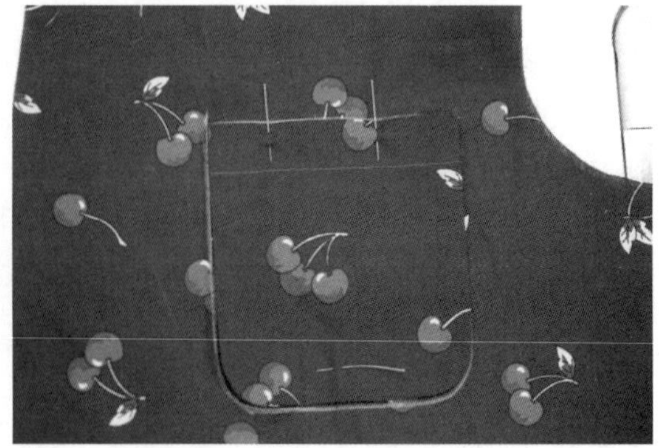

图 3-3-2-21　口袋衣身定位

（5）缝制贴袋

将扣烫好的贴袋，放置前片贴袋位置处，并核对好大小，按照缉线方向及要求将口袋与衣片进行缝合，正面缉 0.1cm 止口，最后将线头修剪干净。

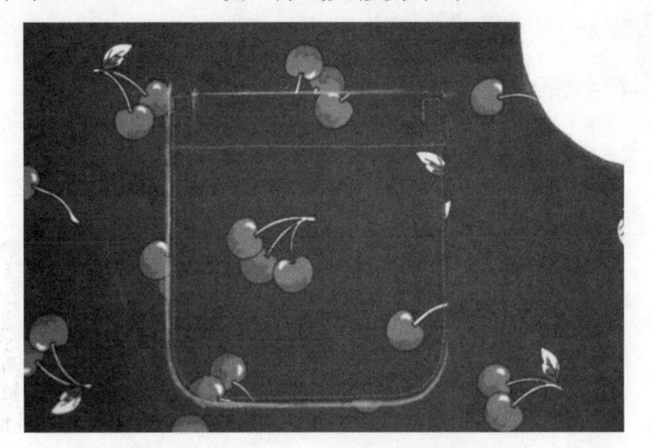

图 3-3-2-22　口袋与衣身缝合

9. 做衣领

（1）拼合领里与领面：将已经粘好衬的领里、领面准备好，在领里上划净样线，并确定领片上的刀眼无误；然后将领里与领面正面相对，领里放上层，领面放下层，对好刀眼，按净样线车缝领外口，在领角处放里外匀吃势，起落针打倒回针。

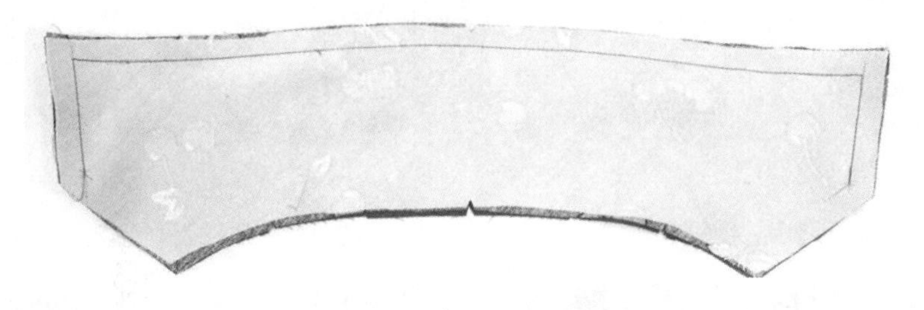

图 3-3-2-23　画净样线

（2）修剪与扣烫缝份：修剪领外口缝份至 0.5cm，扣烫领外口缝份，倒向领面，缉线上露 0.1cm，并修剪领角处重叠缝份。

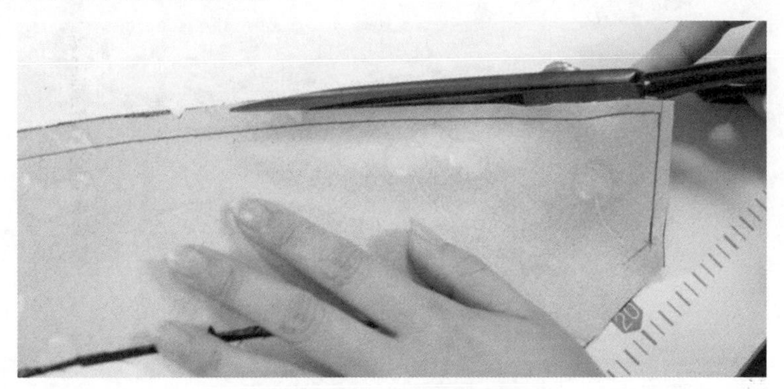

图 3-3-2-24　修剪缝份

图 3-3-2-25　扣烫缝份

（3）翻烫衣领：捏住领角处的缝份，将衣领翻至正面，整理做出翻折余量并烫平，注意衣领左右要保证大小一致、左右对称，并用熨烫工艺将领外口和领下口拔开，形成衣领造型。

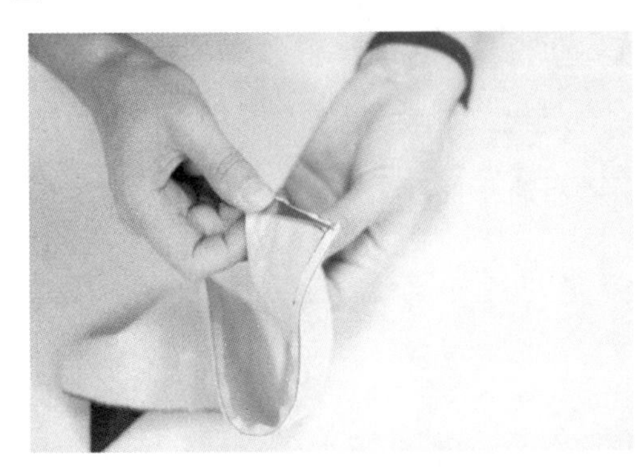

图 3-3-2-26　翻领角

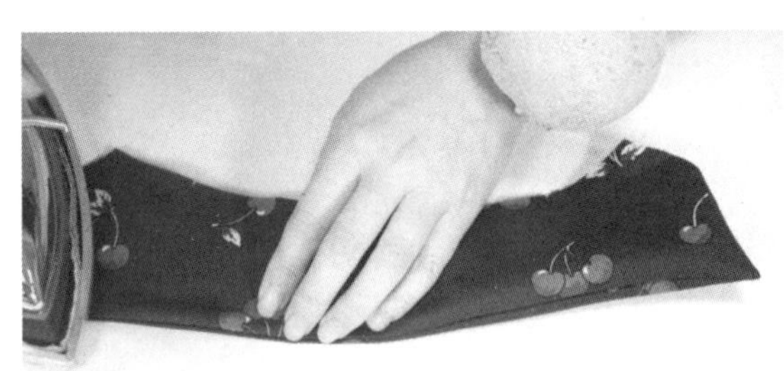

图 3-3-2-27　整烫领外口

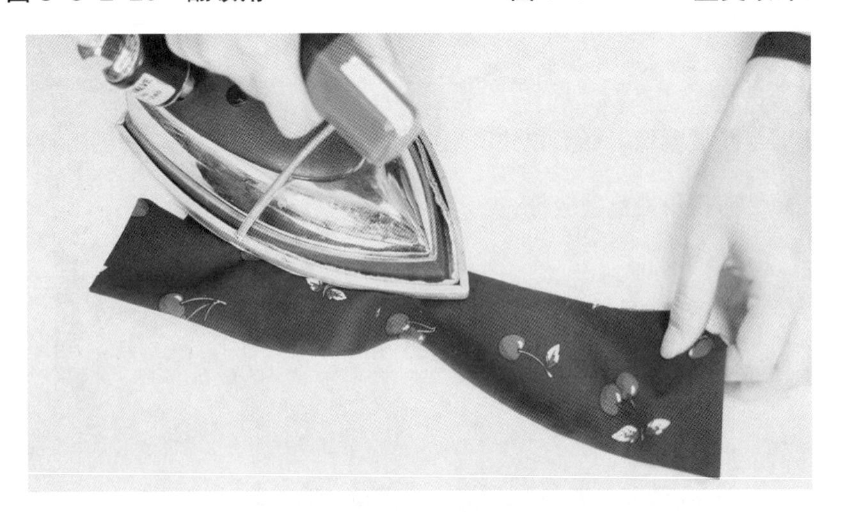

图 3-3-2-28　整烫领下口

10. 加挂面

（1）锁边：将挂面正面朝上，抬起压脚，将挂面外侧边放置在锁边机上，放下压脚，左脚踩下，开始锁边，锁好后，剪掉线头，锁边完成。

图 3-3-2-29　挂面锁边

（2）挂面扣烫与缉线：两片挂面反面相对，烫平挂面，放置一旁冷却。取出其中一片，挂面反面朝上，扣烫外侧缝，折边为 1cm；扣烫完毕后，缉缝挂面外侧缝线，缉线距离折边 0.1cm。

图 3-3-2-30　挂面扣烫与缉线

（3）装挂面：前片正面与挂面正面相叠，各处刀眼对齐，前片在上层，挂面在下层，从装领止点开始缉缝 1cm，起止点要打倒回针，驳头处、驳止点以上处挂面加一定窝势量（前片带紧，挂面稍送），驳止点处注意转折点的交换，驳止点以下挂面稍带紧，下摆挂面带紧、前片稍送，注意里外匀关系。

（4）打刀眼：分别在装领止点、驳头止点处打刀眼，刀眼距离缝线 0.1cm。

（5）烫缝：驳折止点以上的缝份朝大身方向烫倒，驳折止点以下的朝挂面方向烫倒；修剪驳头处缝份后，将挂面翻出，并整理止口烫缝，驳折止点以上部分挂面做出前片 0.1cm，驳折止点以下部分前片做出挂面 0.1cm，注意驳头、门襟处线条顺畅。

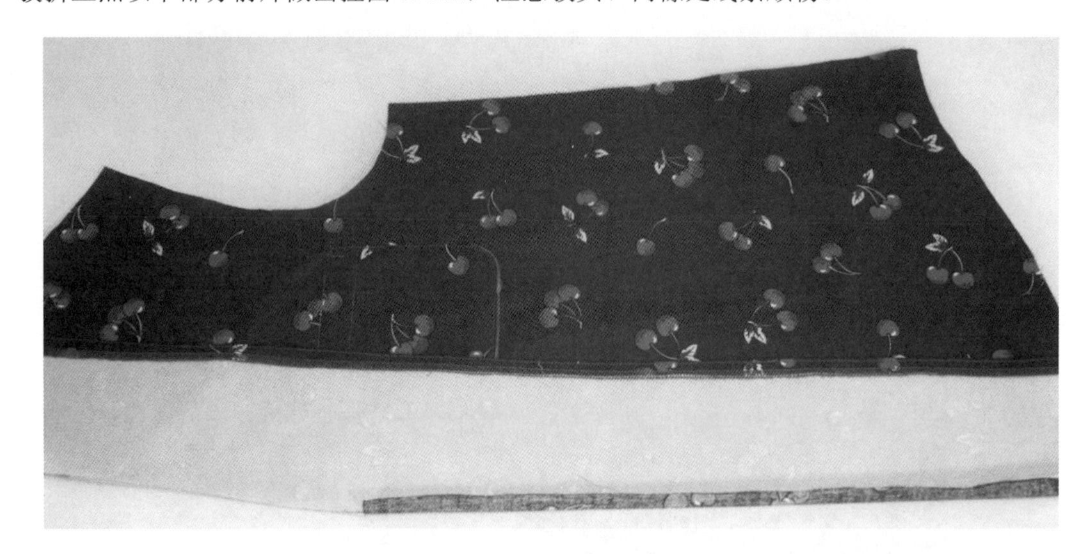

图 3-3-2-31　挂面与前衣片缝合

（6）挂面的整烫

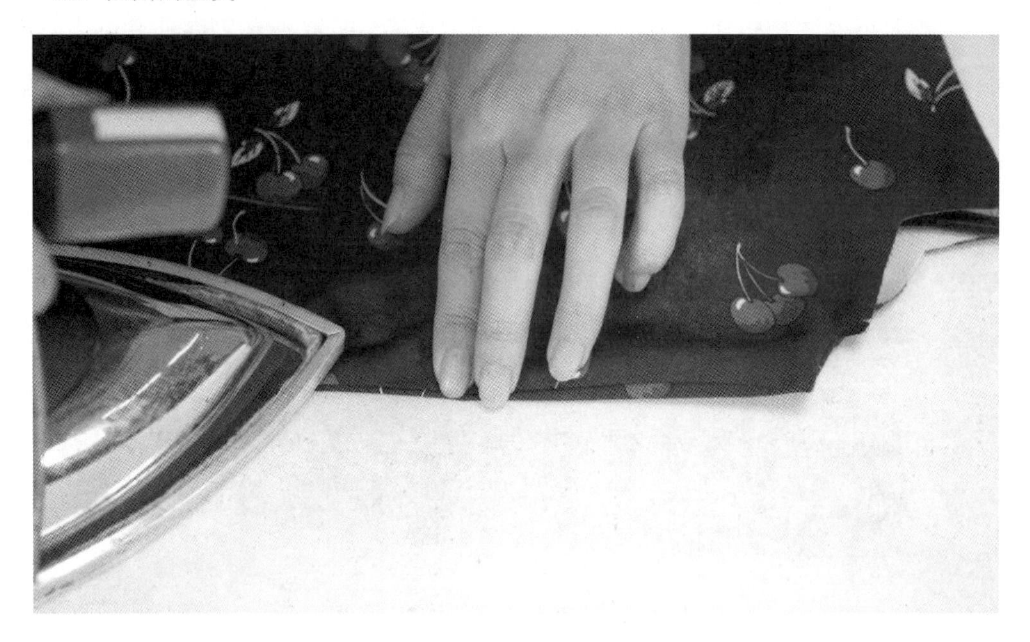

图 3-3-2-32　挂面的整烫

11. 衣身拼合

（1）后片折裥量的固定与对位：按照样板打好后片两个折裥的刀眼，对好刀眼位置车缝固定后片折裥，折裥均倒向后中。

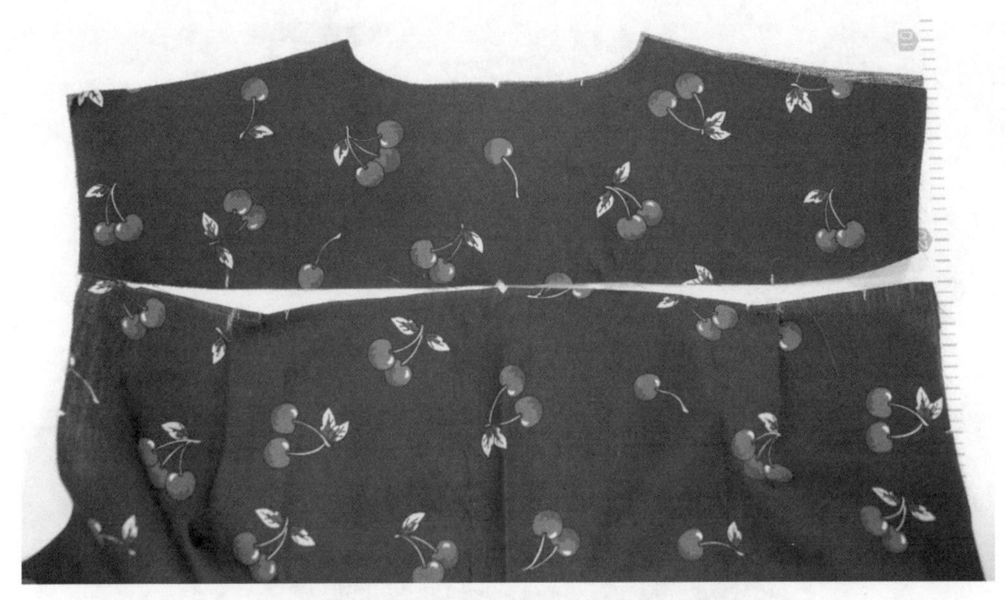

图 3-3-2-33　后片与育克进行刀眼对位

（2）后片与育克缝合：取出一片后育克，将其正面与后衣身正面相叠，车缝 1cm，再将另一片后育克正面与后衣身反面相叠，车缝 1cm；注意对位刀眼对齐。

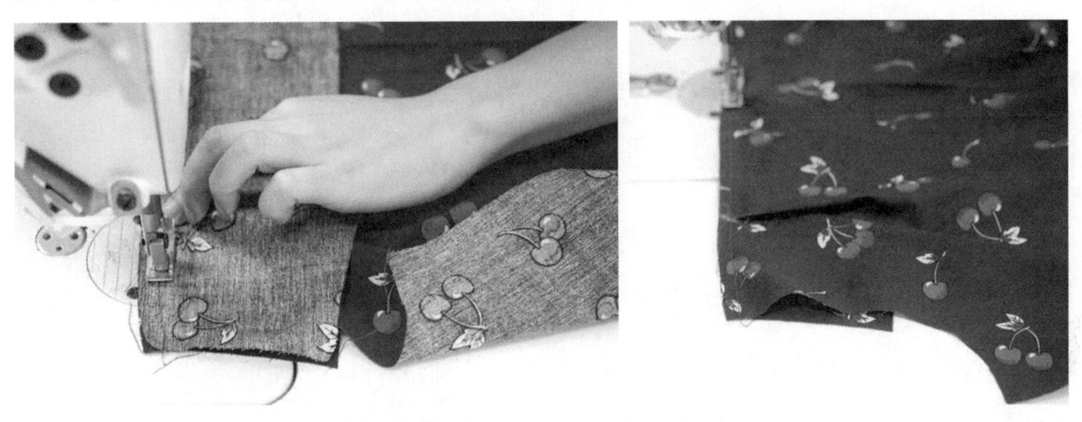

图 3-3-2-34　后片与育克进行缝合

（3）将两片后育克朝上翻正，压缉 0.1cm 明线，然后熨烫平整。

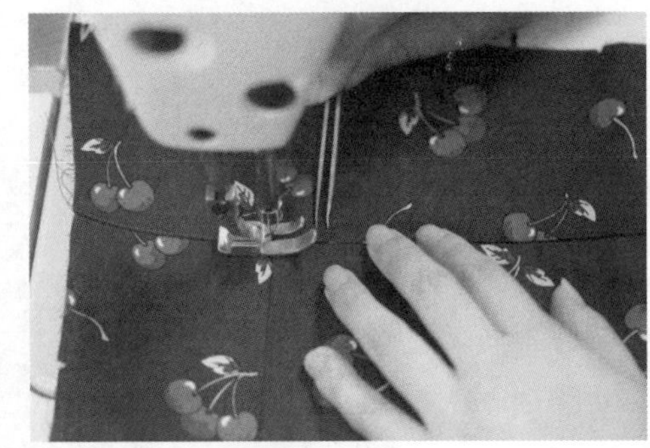

图 3-3-2-35　后片与育克压缉 0.1cm 明线

（4）拼合肩缝：将面布育克正面与前衣片正面相叠，车缝 1cm，起落针倒回针；再将里布育克正面与前衣片反面相叠，注意对齐方向，车缝 1cm，将衣片翻正，压缉 0.1cm 明线。

图 3-3-2-36　前后片拼肩缝

12. 绱领

（1）检查对位刀眼：左右对称，打后中刀眼，修齐领片。

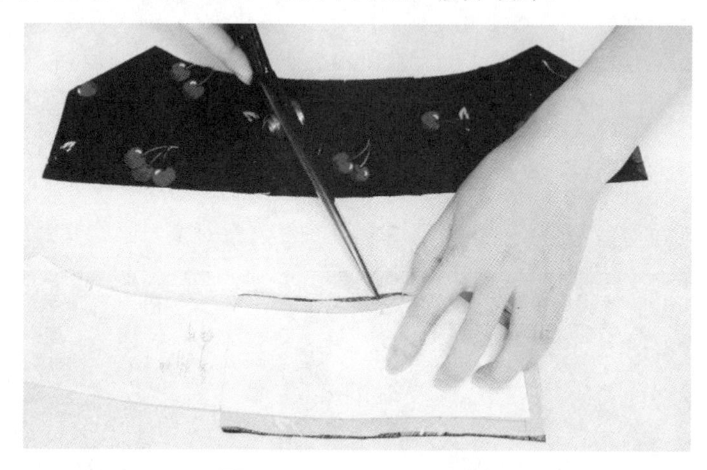

图 3-3-2-37　打刀眼

（2）将领底片正面与衣身正面相对、领面正面与挂面正面相对，从领面串口线与领口线交点开始缝合，缝份为 1cm，起落针需倒回针。缝合时，转折点处、肩缝处、后中处的刀眼要注意对位，缝合至领底串口线与领口线交点处，要抬起压脚打剪口，以便完成领底与衣身的拼合。

图 3-3-2-38　绱领

（3）熨烫：挂面串口线处打剪口，距离缝止点 0.1cm，串口线处的缝份分开烫，领里与领面反面相对、压烫，领窝弧线处的缝份倒向衣领烫平服，修剪重叠缝份，然后将领面缝份扣烫 1cm，修剪重叠处多余缝份，对齐领面下领口弧线与衣身领窝弧线。

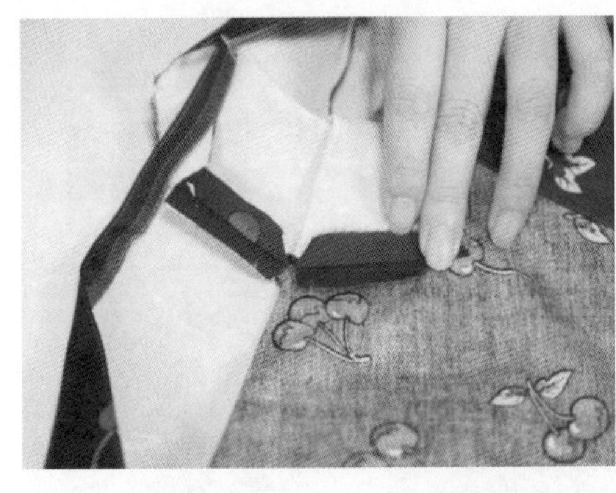

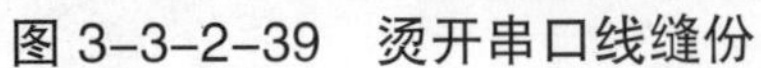

图 3-3-2-39　烫开串口线缝份

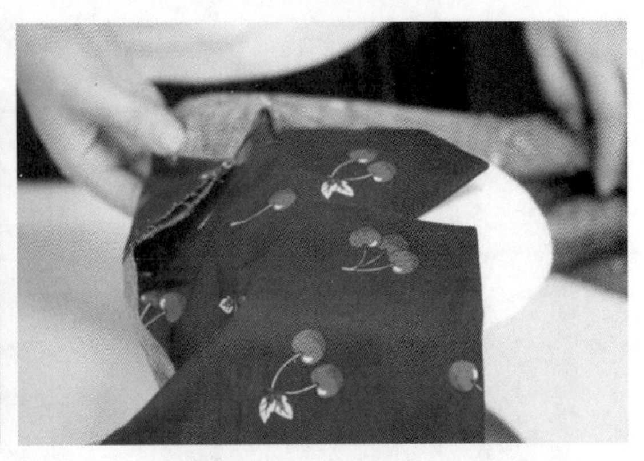

图 3-3-2-40　领子与挂面整烫

（4）将领面与衣身用大头针固定对齐，将挂面斜角放平夹入领底与领面之间，压缉 0.1cm 止口，起落针需倒回针。注意压缉的时候也要保证反面同时被压住 0.1cm 的止口，取下大头针，修剪线头，完成绱领工序。

图 3-3-2-41　缉 0.1cm 明线

13. 拼合侧缝与锁边

图 3-3-2-42　拼合侧缝与锁边

14. 装衣袖

（1）将衣袖放上层，衣身放下层，便于掌握袖山吃势，正面相叠，衣身袖窿刀眼与袖山刀眼对齐，衣袖袖底缝与衣身侧缝朝后身倒，缉线 1cm。注意袖底缝十字对齐，装袖圆顺、吃势匀称，起落针需倒回针。

 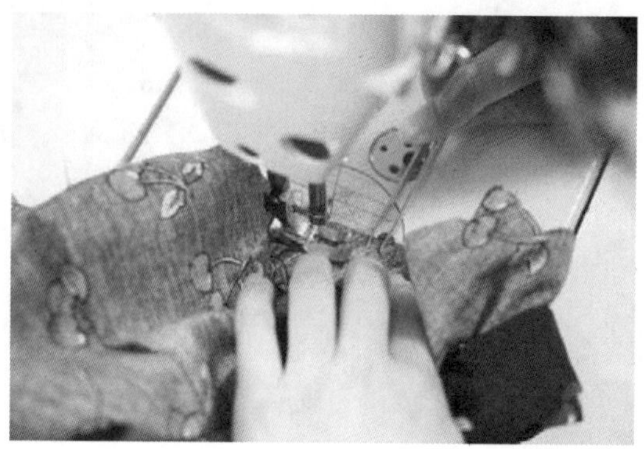

图 3-3-2-43　衣袖与衣身缝合

（2）袖窿弧线锁边：将衣身片朝上放置，锁边。

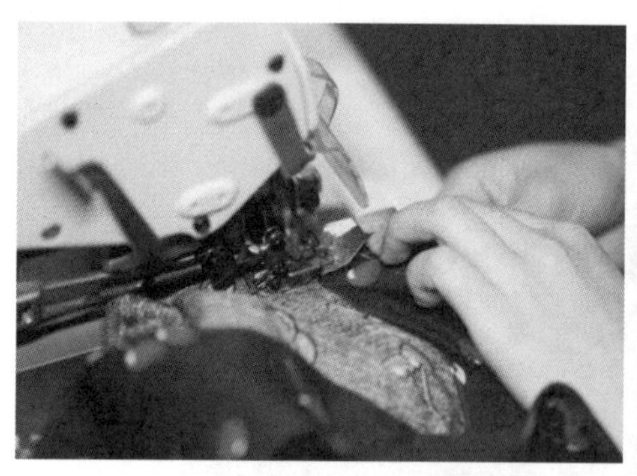 

图 3-3-2-44　袖窿锁边

15. 下摆卷边

（1）修剪挂面，用划粉标记修剪线，距离下摆底边 1cm，门襟止口留 0.3cm 用缝，沿划线修剪挂面。

 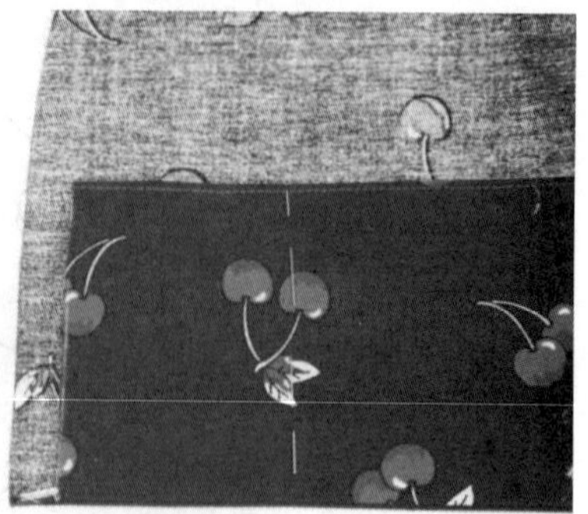

图 3-3-2-45　修剪挂面

（2）将针距调节至 5 号，在下摆“凸”弧线和直线段处沿边 0.3cm 缉线。在缉线的同时，可用右手食指抵住压脚后端的袖片，使之形成细小均匀的抽褶量。

图 3-3-2-46　下摆缉线 0.3cm

（3）衣片反面朝上，将下摆二折边，折边宽度为 0.4cm，压缉 0.1cm 止口线，从距离门襟止口约 2～3cm 处向前中缉线，一来一回，抬起压脚，转换方向，继续缉 0.1cm 止口线，在下摆“凸”弧线处，需将折边上层稍松、下层带紧；在下摆“凹”弧线处，需将上层带紧、下层稍松，注意下摆卷边要平服、无起涟，宽度均匀、缝线顺畅。

图 3-3-2-47　下摆卷边

16. 整烫

（1）下摆：熨烫平整服帖。

（2）衣袖：两肩要平服，袖窿缝份倒向衣袖，袖山要熨烫圆顺，无极光；袖口要烫平整、方正，不起折皱。

（3）衣领：确定驳折线，烫平驳折线。衣领领围要烫成圆形，后领要烫死，整体平整、挺括。

（4）前襟、挂面整齐挺直，钮扣部位不留痕迹。

（5）前后衣身挺括、平整无死褶。

（6）领型、门襟、衣袖左右对称基本一致，折叠端正。

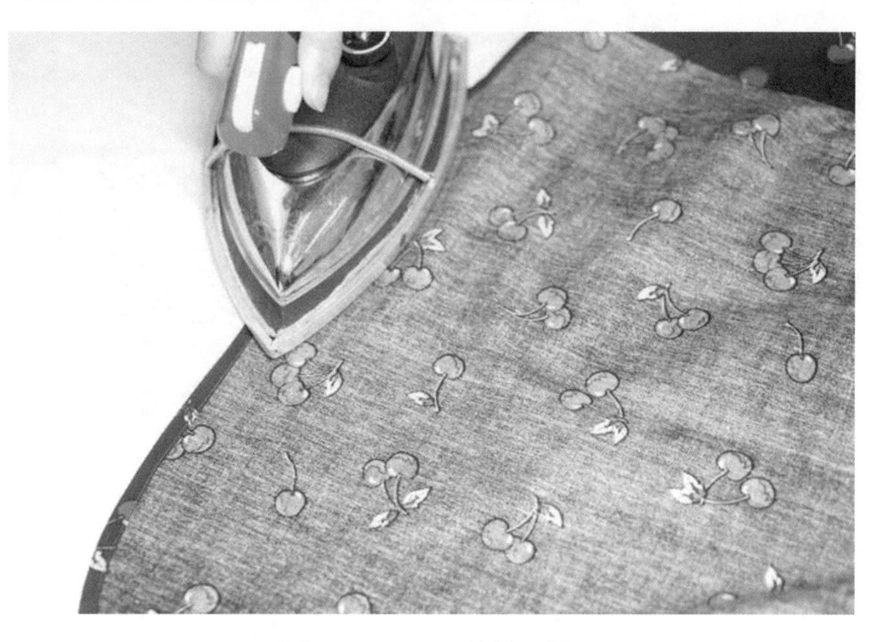

图 3-3-2-48　整烫下摆

17. 锁扣眼与钉钮扣

（1）门襟钮扣与扣眼定位：左右门襟对齐，按照样板确定门襟处的钮眼、钮扣位置，注意右前片是钮眼，左前片是钮扣。

图 3-3-2-49　门襟钮扣与扣眼定位

（2）袖衩钮扣与扣眼定位

图 3-3-2-50 袖衩钮扣与扣眼定位

（3）锁扣眼：核对钮扣大小，剪开钮眼，在钮眼周围缝上衬线；从钮眼开口处进针，衬线外边沿处出针，以单结或双结的线环套住手缝针并抽出针，以 60° 夹角抽动缝线，当缝线快抽紧时，将缝线沿水平方向带紧，让线结倒向钮眼开口的槽中，注意保持线迹外端平齐，线迹之间的距离为 0.1cm，在钮眼的端口以 0.3cm 的针迹连续缝两针，将钮眼的端口进行封闭，并从钮洞中用手针把两根缝口线缝合固定；然后将手针穿过横向两根线环，将缝线引向钮眼另一侧，完成扣眼。

（4）钉钮扣：将缝线打结后，从前片反面引入缝线，将线头藏在挂面与前衣片之间，然后抽出手针，拉紧缝线；从钮孔的对角引出缝线后，在钮位往下穿过面料，在拉缝线时线要放松，注意预留门襟厚度，以便缝线绕钮脚，使钮扣扣入钮眼中平整服帖；将缝线自上而下排列整齐，绕钮脚数圈，绕满钮脚线，在钮脚下端绕一个结；将手针引入反面，并在出针位置挑起 2～3 根纱线，再将缝线在针尖上环绕 2～3 圈，抽出针带紧线，将线结抽入缝料的夹层内，再将缝线从钮脚旁引出面料，带紧线并剪断缝线。

（5）女衬衫成品图

图 3-3-2-51　女衬衫拓展一正背面成品图

表 3-3-2-1　评价与分析表

<table>
<tr><td>班级</td><td></td><td>姓名</td><td></td><td>学号</td><td></td><td colspan="3">日期</td><td>年　月　日</td></tr>
<tr><td>序号</td><td colspan="4">评价要点</td><td>配分</td><td>自评</td><td>互评</td><td>师评</td><td>总评</td></tr>
<tr><td>1</td><td colspan="4">穿戴整齐，着装符合要求</td><td>10</td><td></td><td></td><td></td><td rowspan="8">A□（86～100）
B□（76～85）
C□（60～75）
D□（60 以下）</td></tr>
<tr><td>2</td><td colspan="4">能熟悉女衬衫制作的工序</td><td>20</td><td></td><td></td><td></td></tr>
<tr><td>3</td><td colspan="4">能写出影响工序的主要因素</td><td>10</td><td></td><td></td><td></td></tr>
<tr><td>4</td><td colspan="4">能独立制作出时尚女衬衫</td><td>20</td><td></td><td></td><td></td></tr>
<tr><td>5</td><td colspan="4">能制定出合理的工作计划</td><td>10</td><td></td><td></td><td></td></tr>
<tr><td>6</td><td colspan="4">与同学之间能相互合作</td><td>10</td><td></td><td></td><td></td></tr>
<tr><td>7</td><td colspan="4">能严格遵守作息时间</td><td>10</td><td></td><td></td><td></td></tr>
<tr><td>8</td><td colspan="4">能及时完成老师布置的任务</td><td>10</td><td></td><td></td><td></td></tr>
<tr><td>小结
建议</td><td colspan="9"></td></tr>
</table>

学习活动 3　时尚款女衬衫工艺制作拓展二

- 能描述女衬衫的工艺要求及工艺流程
- 能利用服装缝制工具完成女衬衫的加工
- 能根据女衬衫的质量标准对成品进行质量检查与评析

建议学时： 8 学时

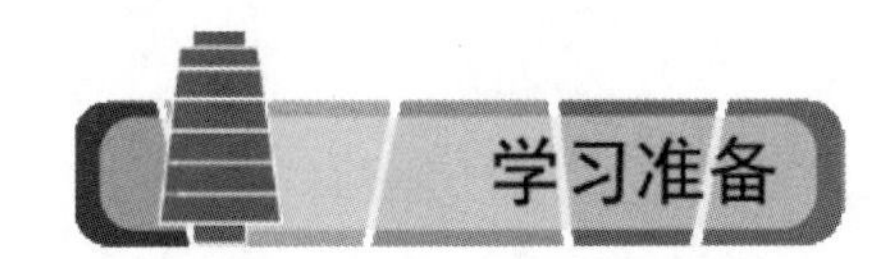

女衬衫实物、教具、学习材料、工艺单、缝制工具、安全操作规程

1. 根据项目二任务四学习活动九的结构图，计算所需样板的衣片数量并进行裁剪

本款女衬衫的前后片、育克、袖子、领子、口袋、袖克夫等裁片的数量如图 3-3-3-1 所示，在裁剪时要留意刀眼的位置进行对位标记，且各衣片的丝绺方向要正确。

- 后片一片，左右对称，需连裁
- 育克两片，上下两层，左右对称，需连裁
- 前片两片
- 翻领与领座各两片
- 袖子两片
- 袖衩条两片
- 袖克夫两片

图 3-3-3-1　女衬衫面料裁片

2. 衣领的粘衬与扣烫

（1）粘衬：将领座与翻领反面朝上，放置在烫台中间，与裁剪好的黏合衬反面相对，注意面料与衬布的丝绺方向保持一致，衬的大小比面料小 0.1cm，用熨斗进行粘合，衬要粘牢。

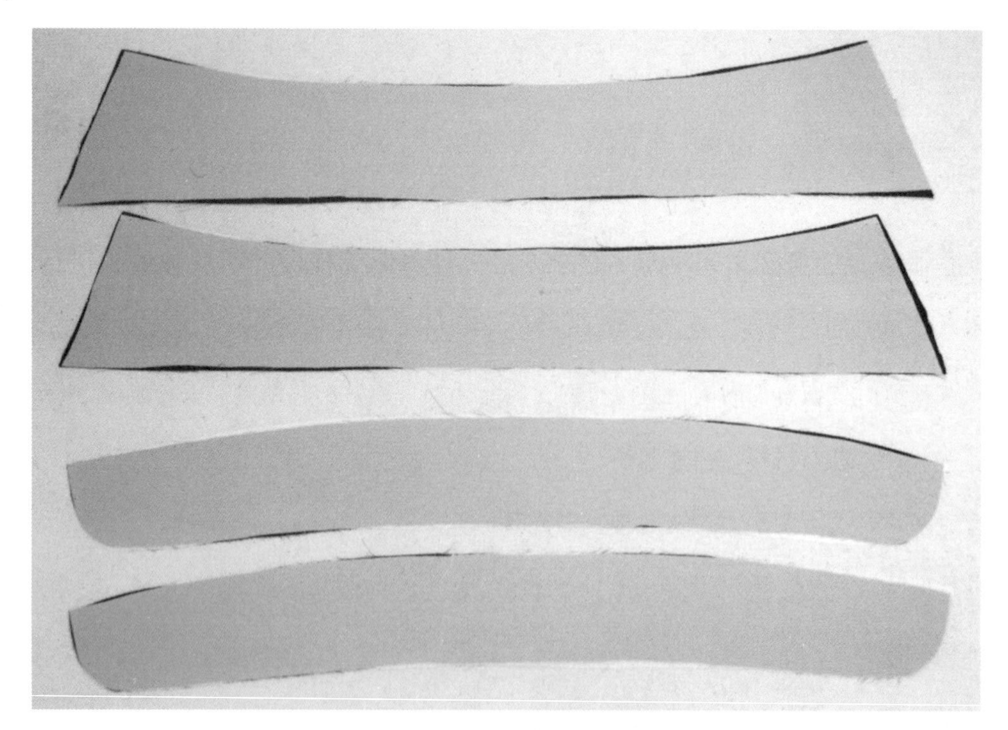

图 3-3-3-2　翻领与领座粘衬

（2）扣烫：取出领座与翻领的净样板，放置在对应裁片上，按净样板扣烫。冷却后，在裁片上用消色笔画出领座上领口弧线与翻领外领口线。

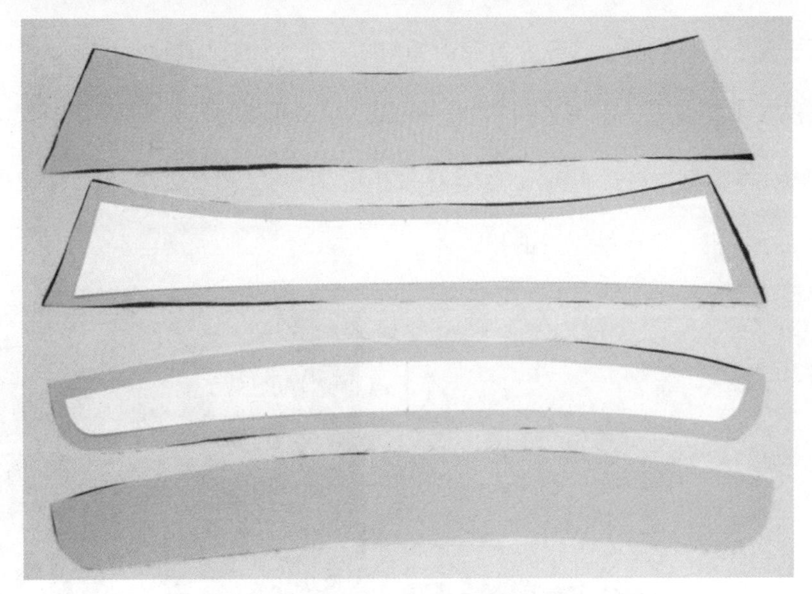

图 3–3–3–3　扣烫翻领与领座

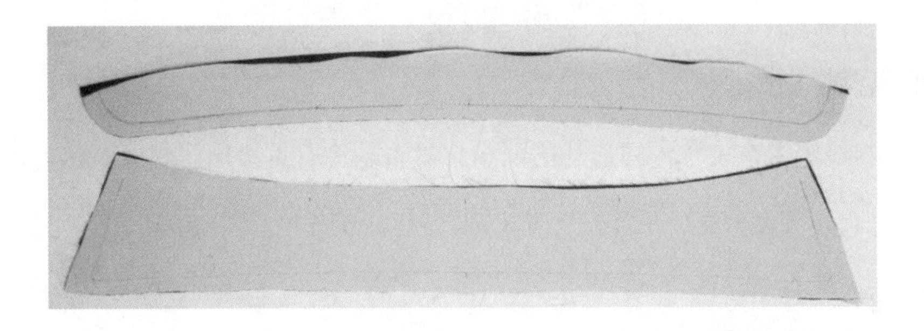

图 3–3–3–4　画出领座上领口弧线与翻领外领口线

3. 衩条的扣烫

准备好面料、净样板后，将衩条反面朝上，放置在烫台中间，下面垫一层薄纸，按净样板扣烫，宽度为 1cm，下层包转上层，按净样板扣烫衩条。扣烫时将面料与薄纸一起扣烫。冷却后，取出白纸和净样板，完成袖衩的扣烫。

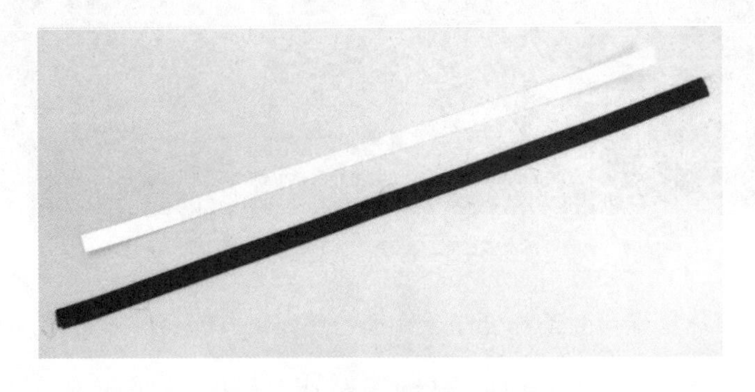

图 3–3–3–5　衩条的扣烫

4. 袖克夫的粘衬与扣烫

（1）粘衬：准备好袖克夫部件的面布、衬与净样板，将袖克夫反面朝上放置在烫台中间，核对裁片大小，与裁剪好的黏合衬反面相对，衬的大小比面料小 0.1cm，用熨斗进行粘合。熨烫过程要垂直施力，不可来回摩挲。熨烫之后用压铁进行冷却。

（2）扣烫：将袖克夫对折压烫后，按净样板扣烫，下层包转上层，将里布做出面布 0.1cm。冷却后，取出净样板，完成袖克夫的扣烫。

图 3-3-3-6　袖克夫的粘衬与扣烫

5. 门襟的粘衬与扣烫

（1）粘衬：准备左前片、右前片的面布、衬布，将右前片反面朝上放在烫台中间，与裁剪好的黏合衬反面相对、放平整，用熨斗进行粘合。面料与黏合衬黏牢后，修剪溢出的衬布，冷却定型。

图 3-3-3-7　门襟粘衬

（2）扣烫左前片里襟，准备好里襟净样板，将左前片按净样板扣烫 1cm 后，下层包转上层，宽度为 3cm，压烫，冷却后取出净样板，完成左前片里襟的扣烫。

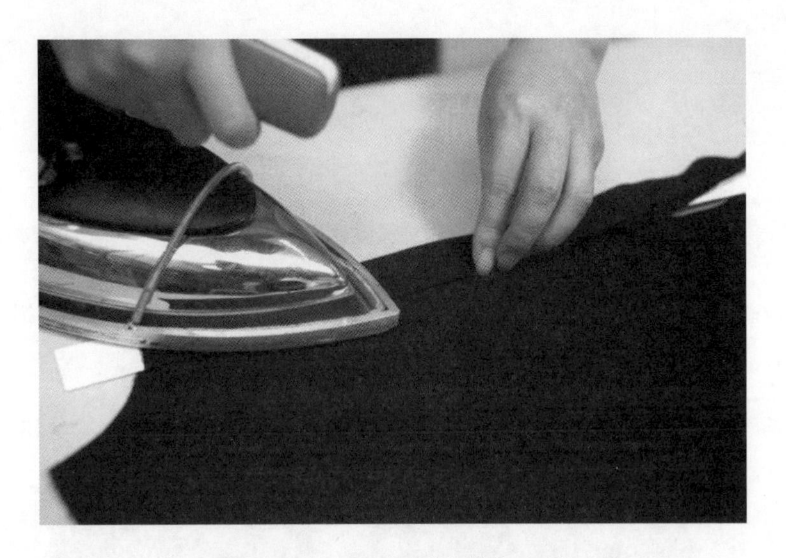

图 3-3-3-8　扣烫左前片里襟

（3）扣烫右前片暗门襟：准备好净样板，按净样板扣烫 4cm 折边，冷却后，取出净样板，完成右前片暗门襟的扣烫。

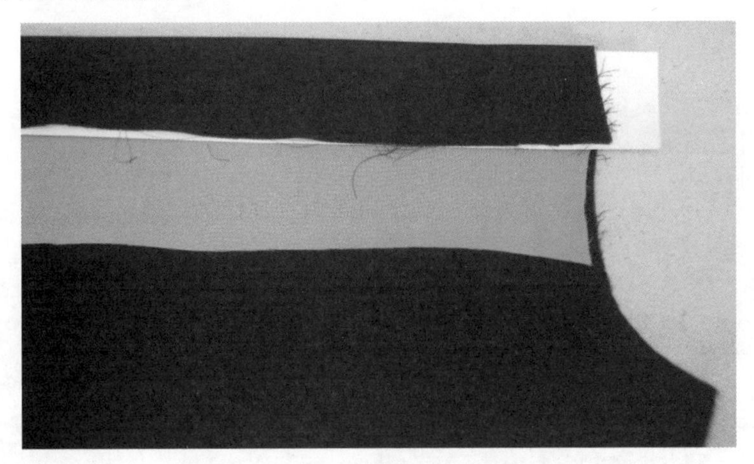

图 3-3-3-9　扣烫右前片暗门襟

6. 一字袖衩的制作

（1）在袖片开衩处按 Y 型剪开，剪口为 0.3cm，然后核对袖衩长度与衩条长度是否一致。

图 3-3-3-10　剪袖衩图

3-3-3-11　核对袖衩长度与衩条长度

（2）在袖片正面，用衩条夹包袖衩开衩处缝份，正面缉压 0.1cm 明线，并将线头修剪干净。

图 3-3-3-12　袖衩缉压 0.1cm 明线

（3）固定袖衩：将一字袖衩正面相对，在袖片反面以衩条中点为起点，45° 车缝固定，然后在袖口处车缝固定袖衩门襟，注意区分门里襟，要求开衩位置正确，两袖衩长度一致、对称，熨烫平服。

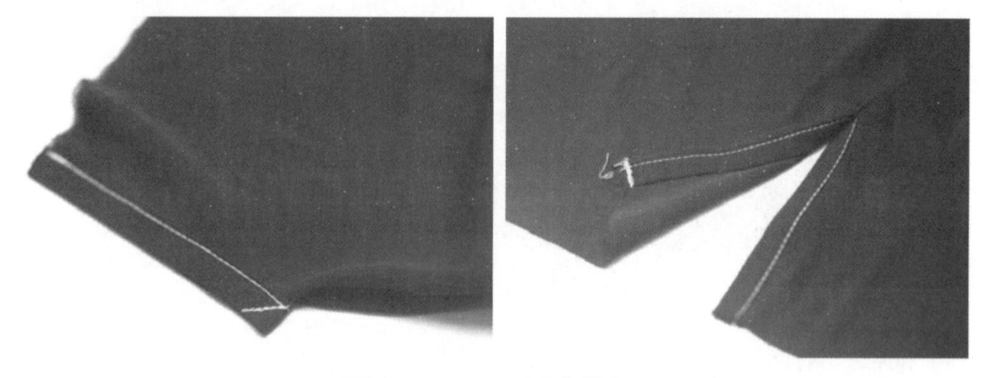

图 3-3-3-13　固定袖衩

7. 做袖克夫

（1）兜缉袖克夫：袖克夫里布一边包转面布一边，沿袖克夫净线兜缉，缝份为 1cm，修剪线头。

（2）烫袖克夫：将袖克夫翻至正面，放置烫台中间，里布做出面布 0.1cm，烫平，注意袖克夫四角要方正。

图 3-3-3-14　兜缉袖克夫

8. 做门襟

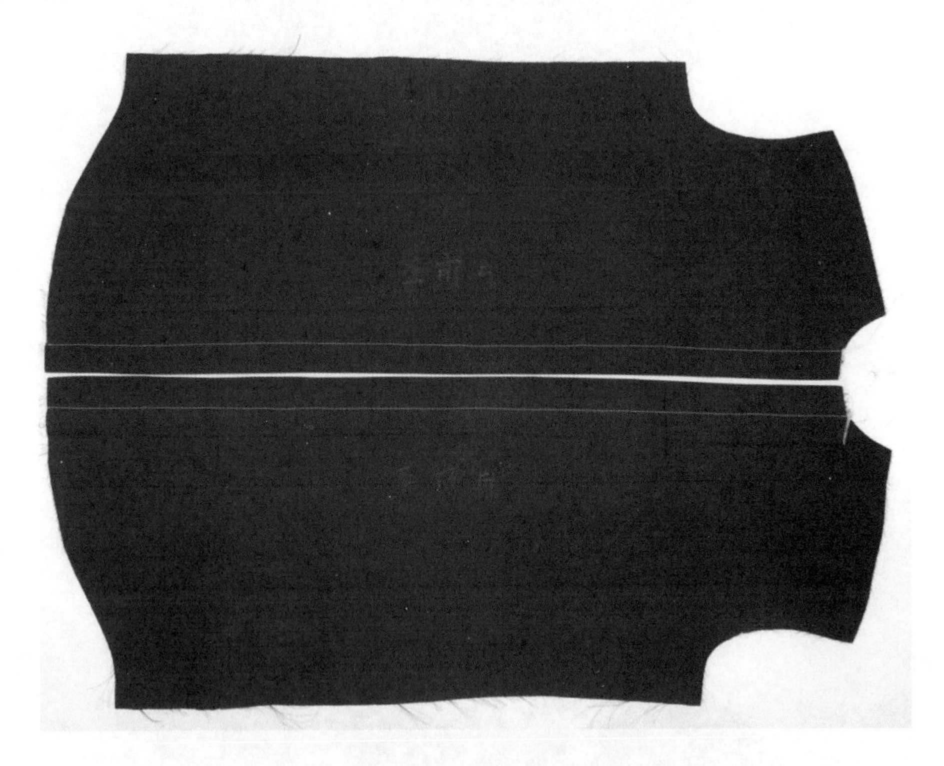

图 3-3-3-15　做门襟

9. 衣身拼合

（1）抽褶：将针距调至 5 号，依次在前肩线、后片横向分割线处，沿边 0.5cm 缉线，然后依次抽碎褶，抽褶时需注意褶量要均匀，并检查与核对前肩线与后肩线、后片横向分割线与后育克底线的大小是否一致。

图 3-3-3-16 抽碎褶

图 3-3-3-17 复核尺寸

（2）拼合后片与后育克：将针距调回至 2.5 号，将一片后育克裁片的正面与后片反面相叠，车缝 0.5cm，再将另一片后育克正面与后衣身正面相叠，车缝 1cm；将下层后育克倒向后片，缝份往上倒，在上层后育克正面沿缝线压缉 0.1cm 明线。

图 3-3-3-18 后育克压缉 0.1cm 明线

（3）拼合肩缝：将里布育克正面与前衣片反面相叠，车缝 0.5cm，起落针倒回针；再将面布育克正面与前衣片正面相叠，注意对齐方向，车缝 1cm，将衣片翻向正面，肩缝倒向后身，正面压缉 0.1cm 明线。

图 3-3-3-19　拼合肩缝

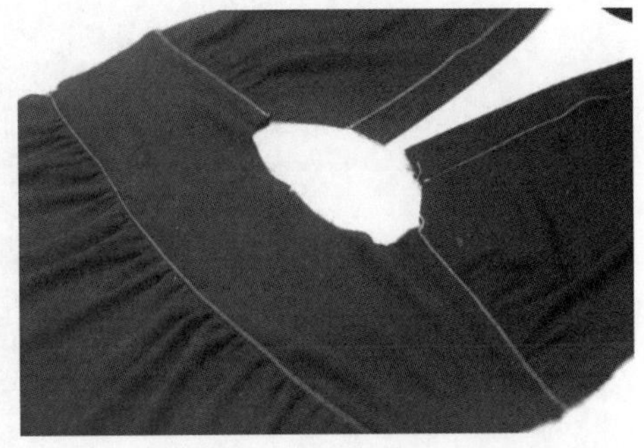

图 3-3-3-20　肩缝压缉 0.1cm 明线

（4）熨烫。

10. 做衣领

（1）准备好已经粘好衬的翻领，取好两段线，以备使用。

（2）拼合翻领的领面与领里：领里与领面正面相对，领里放上层，领面放下层，对好刀眼，按净样线车缝领外口，缝份为 1cm。缝至领角处，抬起压脚，放入事先准备好的缝线，缝线贴近机针，放下压脚，车缝一针至领角尖点处，再抬起压脚，将领片外部的缝线绕机针一周放入两领片之间，继续车缝 1cm；注意在领角处要放里外匀吃势，起落针打倒回针。

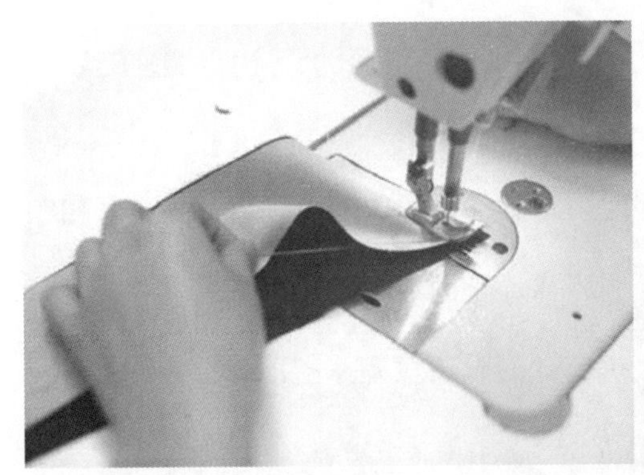

图 3-3-3-21　领角放入缝线

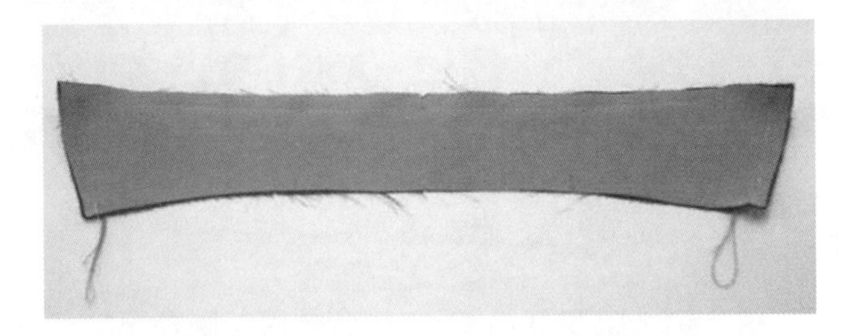

图 3-3-3-22　拼合翻领领面与领里

（3）修剪与扣烫缝份：扣烫翻领外口缝份，倒向领面，缉线上露 0.1cm，修剪领角处重叠缝份，修剪领外口缝份至 0.5cm。

图 3-3-3-23　修剪与扣烫缝份

（4）翻烫翻领：将翻领翻至正面，领角处需轻拉埋线，将领角翻出，整理做出里外匀，烫平，注意衣领左右要保证大小一致、左右对称。

图 3-3-3-24　翻烫翻领

（5）拼合领底与翻领：车缝 0.3cm 固定领面后将缝份修齐；取出领座样片，将翻领领面与领座正面相叠，车缝 0.3cm 固定；再将另一领座样片正面与翻领领里相叠，沿领座上领口弧线净样线车缝，立领领里缝份往上折 1cm，拼合时刀眼要对齐，起落针打倒回针。

图 3-3-3-25　拼合领底与翻领

（6）熨烫：修剪用缝至 0.3cm，翻转至正面，烫平；圆角要圆顺，衣领两边需对称。

图 3-3-3-26　熨烫衣领

11. 绱领

（1）检查对位刀眼：检查衣领下领口弧线长与衣身的领窝弧线长大小是否一致，领片上刀眼是否齐全；然后将领座片领面与衣身正面相对，沿领座领里扣烫折线车缝，缝份为1cm，起落针需倒回针。缝合时，肩缝处、肩点、后中处的刀眼要注意对位。

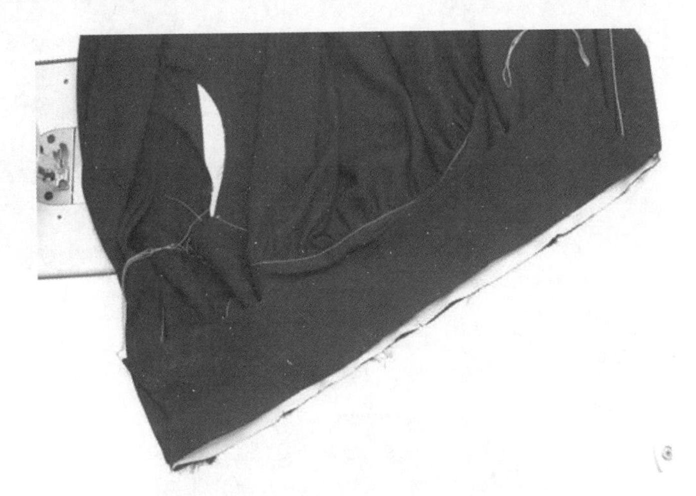

图 3-3-3-27　检查对位刀眼

（2）领座面里片夹包缝份，在领座领里上压缉 0.1cm 明线，起落针需倒回针，修剪线头，完成绱领工序。

图 3-3-3-28　领座领里压缉 0.1cm 明线

12. 装袖

（1）抽袖山吃势：将针距调至 5 号，在需要抽线部位沿边缉线，缉线不要超过袖山净缝线。在缉线的同时，可用右手食指抵住压脚后端的袖片，使之形成袖山头吃势，再根据需要用手调节下各部位吃势量。一般薄料的袖山头不用抽线，厚料的袖山头采用抽线，在袖山头刀眼左右一段横丝绺处抽拢略少，斜丝部位抽拢稍多，山头向下一段少抽，袖底部位不抽线。

图 3-3-3-29　袖山缉线

图 3-3-3-30　抽袖山吃势

（2）装袖：将针距调回至 2.5，将衣袖放上层，衣身放下层，便于掌握袖山吃势，正面相叠，衣身袖窿刀眼与衣袖袖山刀眼对齐，衣袖袖底缝与衣身侧缝朝后身倒，缉线 1cm。注意袖底缝十字对齐，装袖圆顺、吃势匀称，两衣袖要对称。

图 3-3-3-31　装袖

（3）袖窿弧线锁边：将衣身片朝上放置，锁边。

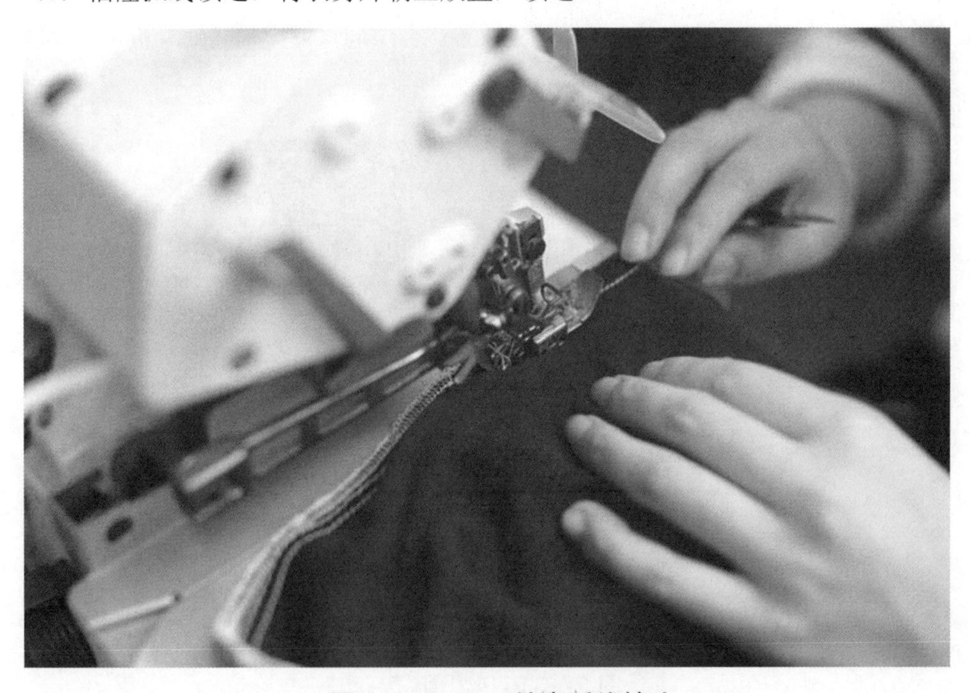

图 3-3-3-32　袖窿弧线锁边

13. 拼合侧缝

（1）拼合侧缝与袖底缝：前后片衣身正面相对，从侧缝底点向袖口方向缝合，缝份为1cm，袖窿底点处要十字对齐，起落针打倒回针，缝合时注意上、下层松紧一致；同理，拼合另一侧缝。

（2）侧缝与袖底缝锁边。

图 3-3-3-33　拼合侧缝与袖底缝

（3）熨烫：衣片反面朝上，将侧缝和袖底缝沿缝线折烫，翻至正面，烫平侧缝和袖底缝；注意缝份要倒烫干净，无掩皮；将小烫凳放置烫台中间，熨烫袖窿处缝份，该处缝份倒向衣袖，熨平整，同理，完成另一边的整烫。

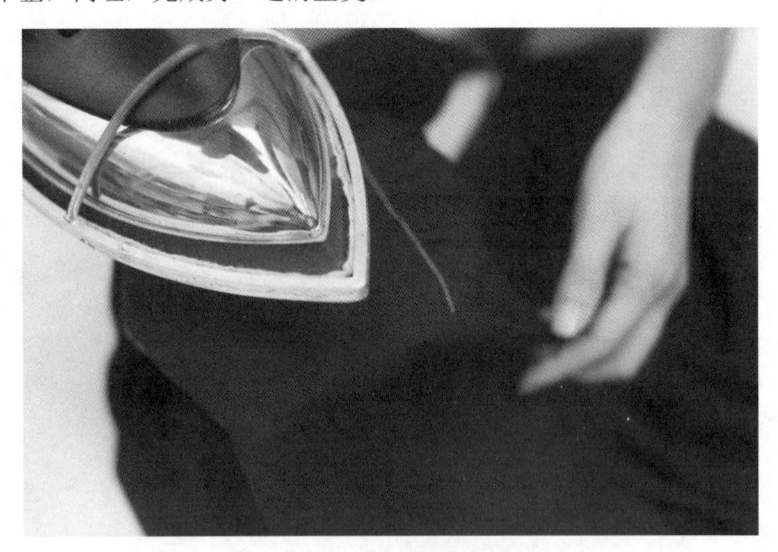

图 3-3-3-34　熨烫

14. 装袖克夫

（1）抽褶：将针距调至 5 号，沿袖口边缉线，缉线不要超过净缝线，然后抽碎褶，抽褶时需注意褶量要均匀，调整袖口碎褶，并保证袖口与袖克夫的大小一致。

（2）固定碎褶：将针距调回至 2.5 号，车缝固定袖口碎褶，同理，固定另一袖口碎褶。

图 3-3-3-35　袖口缉线、抽褶与固定碎褶

（3）装袖克夫：袖子正面朝上，从袖衩处开始，用袖克夫夹进袖子 1cm，正面缉 0.1cm 止口，注意压缉的时候也要保证反面同时被压住 0.1cm 的止口，袖克夫里止口不能反吐，修剪线头；同理，装好另一袖片袖克夫。

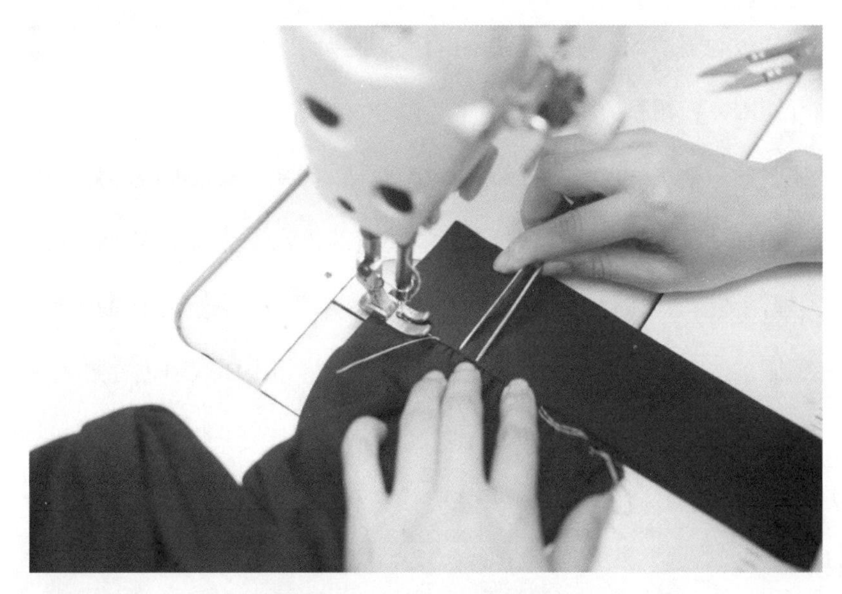

图 3-3-3-36　装袖克夫

15. 下摆卷边

（1）修剪门襟：修剪前片暗门襟与里襟处下摆，距离下摆底边 1cm，门、里襟止口留 0.3cm。

（2）在下摆“凸”弧线和直线段处沿边 0.3cm 缉线。在缉线的同时，可用右手食指抵住压脚后端的袖片，使之形成细小均匀的抽褶量；将下摆处毛边修剪干净。

（3）下摆卷边：衣片反面朝上，将下摆二折边，折边宽度为 0.4cm，压缉 0.1cm 止口线，从距离门襟止口约 2～3cm 处向前中缉线，一来一回，抬起压脚，转换方向，继续缉 0.1cm 止口线，在下摆“凸”弧线处，需将折边上层稍松、下层带紧；在下摆“凹”弧线处，需将上层带紧、下层稍松；注意上层稍紧时，可将抽褶线剪开，下摆卷边要平服、无起涟，宽度均匀、缝线顺畅。

图 3–3–3–37　下摆沿边 0.3cm 缉线　　　　图 3–3–3–38 下摆卷边

16. 锁扣眼

（1）按照样板确定门襟、袖口处钮眼、钮扣位置。

（2）剪开钮眼，在钮眼周围缝上衬线。

（3）从钮眼开口处进针，衬线外边沿处出针，以单结或双结的线环套住手缝针并抽出针，以 60° 夹角抽动缝线，当缝线快抽紧时，将缝线沿水平方向带紧，让线结倒向钮眼开口的槽中；同理，锁缝钮眼的边沿，注意保持线迹外端平齐，线迹之间的距离为 0.1cm。

（4）在钮眼的端口以 0.3cm 的针迹连续缝两针，将钮眼的端口进行封闭，并从钮洞中用手针把两根缝口线缝合固定；然后将手针穿过横向两根线环，将缝线引向钮眼另一侧，以同样的方法完成另一侧的锁眼与封结；最后将线头引入钮眼缝线中，完成扣眼。

17. 订钮扣

（1）将缝线打结后，在面料正面钉钮扣位置用手针挑 4～5 根纱线起针，然后抽出手针，拉紧缝线；

（2）从钮孔的对角引出缝线后，在钮位往下穿过面料，在拉缝线时线要放松，注意预留门襟厚度，以便缝线绕钮脚，使钮扣扣入钮眼中平整服帖；

（3）将缝线自上而下排列整齐，绕钮脚数圈，绕满钮脚线，在钮脚下端绕一个结；

（4）将手针引入反面，并在出针位置挑起 2～3 根纱线，再将缝线在针尖上环绕 2～3 圈，抽出针带紧线；

（5）将线结抽入缝料的夹层内，再将缝线从钮脚旁引出面料，带紧线并剪断缝线。

18. 整烫

（1）衣领平整、挺括，衣领领围要烫成圆形，后领要烫死。

（2）两肩要平服。

（3）袖口要烫平整、方正，不起折皱，袖口钮扣部位不留痕迹。

（4）衣袖沿腋下部位结缝处要熨烫平整。

（5）前襟整齐挺直，钮扣部位不留痕迹。

（6）前后衣身褶量顺直、面料平整无死折。

（7）领型、门襟、衣袖左右对称基本一致，折叠端正，完成。

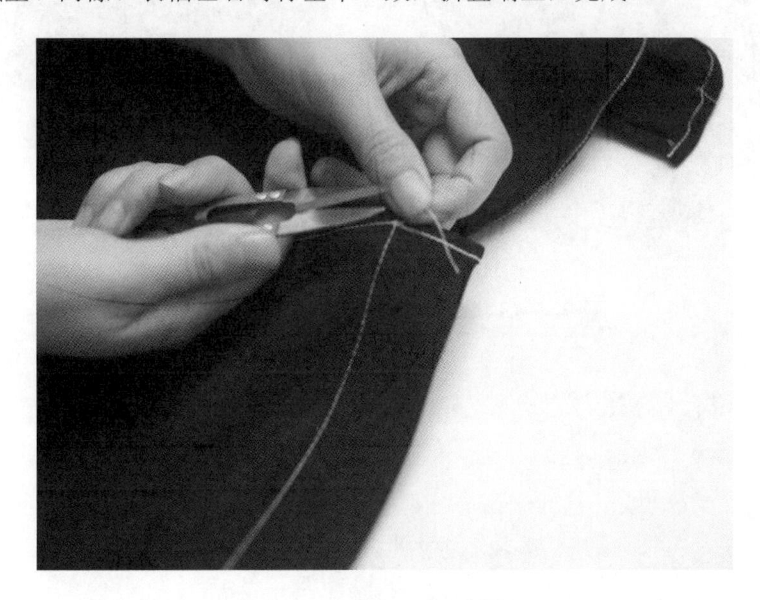

图 3-3-3-39　修剪线头

图 3-3-3-40　整烫

图 3-3-3-41　女衬衫拓展二正背面成品图

评价与分析

表 3-3-3-1　评价与分析表

<table>
<tr><td>班级</td><td></td><td>姓名</td><td></td><td>学号</td><td></td><td colspan="3">日期</td><td>年　月　日</td></tr>
<tr><td>序号</td><td colspan="4">评价要点</td><td>配分</td><td>自评</td><td>互评</td><td>师评</td><td>总评</td></tr>
<tr><td>1</td><td colspan="4">穿戴整齐，着装符合要求</td><td>10</td><td></td><td></td><td></td><td rowspan="8">A□(86～100)
B□(76～85)
C□(60～75)
D□(60 以下)</td></tr>
<tr><td>2</td><td colspan="4">能熟悉女衬衫制作的工序</td><td>20</td><td></td><td></td><td></td></tr>
<tr><td>3</td><td colspan="4">能写出影响工序的主要因素</td><td>10</td><td></td><td></td><td></td></tr>
<tr><td>4</td><td colspan="4">能独立制作出时尚女衬衫</td><td>20</td><td></td><td></td><td></td></tr>
<tr><td>5</td><td colspan="4">能制定出合理的工作计划</td><td>10</td><td></td><td></td><td></td></tr>
<tr><td>6</td><td colspan="4">与同学之间能相互合作</td><td>10</td><td></td><td></td><td></td></tr>
<tr><td>7</td><td colspan="4">能严格遵守作息时间</td><td>10</td><td></td><td></td><td></td></tr>
<tr><td>8</td><td colspan="4">能及时完成老师布置的任务</td><td>10</td><td></td><td></td><td></td></tr>
<tr><td>小结
建议</td><td colspan="9"></td></tr>
</table>

学习活动 4　成果展示与汇总交流

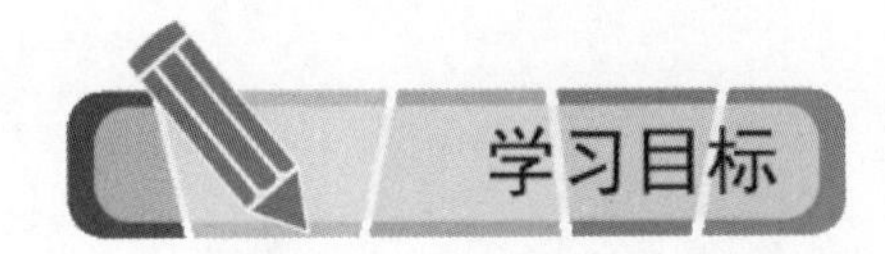

- 能正确规范撰写工作总结
- 能采用多种形式进行成果展示
- 能有效进行工作反馈与经验交流

建议学时：2 学时

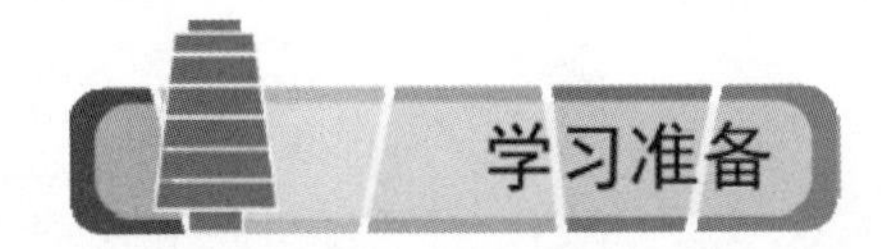

课件(PPT)、书面总结

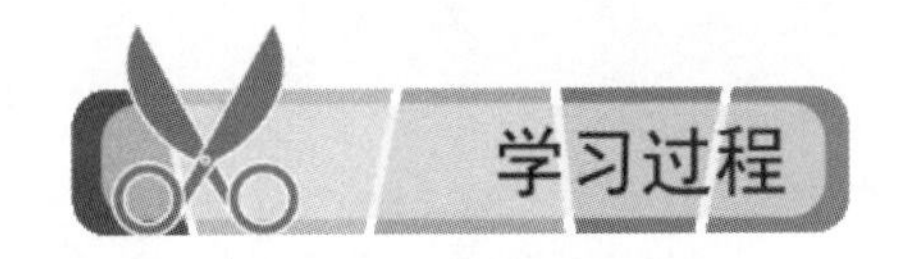

1. 写出成果展示方案

2. 写出完成本任务的工作总结

3. 通过其他同学的展示，你从中得到了什么启发？

表 3-3-4-1 活动过程评价表

<table>
<tr><td>班级</td><td colspan="2"></td><td>姓名</td><td></td><td colspan="2">学号</td><td></td><td>日期</td><td>年 月 日</td></tr>
<tr><td>序号</td><td colspan="3">评价要点</td><td>配分</td><td>自评</td><td>互评</td><td colspan="2">师评</td><td>总评</td></tr>
<tr><td>1</td><td colspan="3">穿戴整齐，着装符合要求</td><td>10</td><td></td><td></td><td colspan="2"></td><td rowspan="7">A□(86～100)
B□(76～85)
C□(60～75)
D□(60 以下)</td></tr>
<tr><td>2</td><td colspan="3">能独立完成有效的成果展示方案</td><td>20</td><td></td><td></td><td colspan="2"></td></tr>
<tr><td>3</td><td colspan="3">能独立完成条理清晰、针对自我的总结</td><td>20</td><td></td><td></td><td colspan="2"></td></tr>
<tr><td>4</td><td colspan="3">能较好地完成成果展示与交流</td><td>10</td><td></td><td></td><td colspan="2"></td></tr>
<tr><td>5</td><td colspan="3">能根据其他同学的展示过程发现自己的不足并加以修正</td><td>20</td><td></td><td></td><td colspan="2"></td></tr>
<tr><td>6</td><td colspan="3">能严格遵守作息时间</td><td>10</td><td></td><td></td><td colspan="2"></td></tr>
<tr><td>7</td><td colspan="3">能及时完成老师布置的任务</td><td>10</td><td></td><td></td><td colspan="2"></td></tr>
</table>

表 3-3-4-2　活动过程评价自评表

<table>
<tr><td>班级</td><td></td><td>姓名</td><td></td><td>学号</td><td></td><td>日期</td><td colspan="4">年　月　日</td></tr>
<tr><td rowspan="2">评价指标</td><td rowspan="2" colspan="5">评价要素</td><td rowspan="2">权重</td><td colspan="4">等级评定</td></tr>
<tr><td>A</td><td>B</td><td>C</td><td>D</td></tr>
<tr><td rowspan="3">信息检索</td><td colspan="5">能有效利用网络资源、工作手册查找有效信息</td><td>5%</td><td></td><td></td><td></td><td></td></tr>
<tr><td colspan="5">能用自己的语言有条理地去解释、表述所学知识</td><td>5%</td><td></td><td></td><td></td><td></td></tr>
<tr><td colspan="5">能将查找到的信息有效转换到工作中</td><td>5%</td><td></td><td></td><td></td><td></td></tr>
<tr><td rowspan="2">感知工作</td><td colspan="5">是否熟悉工作岗位，认同工作价值</td><td>5%</td><td></td><td></td><td></td><td></td></tr>
<tr><td colspan="5">在工作中是否获得满足感</td><td>5%</td><td></td><td></td><td></td><td></td></tr>
<tr><td rowspan="5">参与状态</td><td colspan="5">与教师、同学之间是否相互尊重、理解、平等</td><td>5%</td><td></td><td></td><td></td><td></td></tr>
<tr><td colspan="5">与教师、同学之间是否能够保持多向、丰富、适宜的信息交流</td><td>5%</td><td></td><td></td><td></td><td></td></tr>
<tr><td colspan="5">探究学习、自主学习不拘泥于形式，处理好合作学习和独立思考的关系，做到有效学习</td><td>5%</td><td></td><td></td><td></td><td></td></tr>
<tr><td colspan="5">能提出有意义的问题或能发表个人见解；能按照正确的要求操作；能够倾听、协作、分享</td><td>5%</td><td></td><td></td><td></td><td></td></tr>
<tr><td colspan="5">积极参与，在产品加工过程中不断学习，提高综合运用信息技术的能力</td><td>5%</td><td></td><td></td><td></td><td></td></tr>
<tr><td rowspan="2">学习方法</td><td colspan="5">工作计划、操作技能是否符合规范要求</td><td>5%</td><td></td><td></td><td></td><td></td></tr>
<tr><td colspan="5">是否获得了进一步发展的能力</td><td>5%</td><td></td><td></td><td></td><td></td></tr>
<tr><td rowspan="3">工作过程</td><td colspan="5">遵守管理规程，操作过程符合现场管理要求</td><td>5%</td><td></td><td></td><td></td><td></td></tr>
<tr><td colspan="5">平时上课的出勤情况和每天完成工作任务情况</td><td>5%</td><td></td><td></td><td></td><td></td></tr>
<tr><td colspan="5">善于多角度思考问题，发现并提出有价值的问题</td><td>5%</td><td></td><td></td><td></td><td></td></tr>
<tr><td>思维状态</td><td colspan="5">是否能发现问题、提出问题、分析问题、解决问题、创新问题</td><td>5%</td><td></td><td></td><td></td><td></td></tr>
<tr><td>自评反馈</td><td colspan="5">按时按质完成工作任务</td><td>5%</td><td></td><td></td><td></td><td></td></tr>
</table>

项目四　女衬衫样板缩放

学习目标

- 能独立查阅相关资料，了解女衬衫的基本推档知识
- 能独立完成进行 T 型女衬衫的样板号型输入
- 能独立完成 T 型女衬衫前后片的样板缩放
- 能独立完成 T 型女衬衫袖子领子等零部件的样板缩放

建议学时 10 学时

学习任务

根据以上的内容，我们已经完成了 T 型女衬衫结构制图，工艺制作，接下来将根据市场调研的结果以及样板缩放的基础知识相结合，在规定的时间内完成 T 型女衬衫的号型输入以及各个衣片的 CAD 样板缩放。

学习内容

学生从教师处接受 T 型女衬衫样板缩放的任务，了解相关基础知识，制定工作计划，获取 T 型女衬衫推版的号型尺寸要求等，根据已经给定的号型标准，独立完成 T 型女衬衫样板缩放。工作过程中遵循现场工作管理规范。认真完成以下三个任务：

任务一、女衬衫推档知识准备

任务二、女衬衫前后片样板缩放

任务三、女衬衫衣袖、袖克夫、领子等零部件样板缩放

学习活动 1　接受任务、制定计划

- 能独立查阅相关资料，确定样板缩放所需要的准备条件
- 能独立查阅相关资料，了解号型的概念以及设计标准
- 能独立查阅相关资料，了解中间体的基本概念以及分档间距

建议学时：2 学时

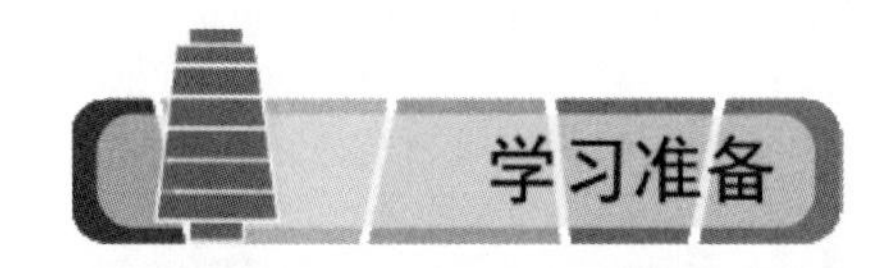

女衬衫相关参考资料、结构制图、计划表、多媒体素材

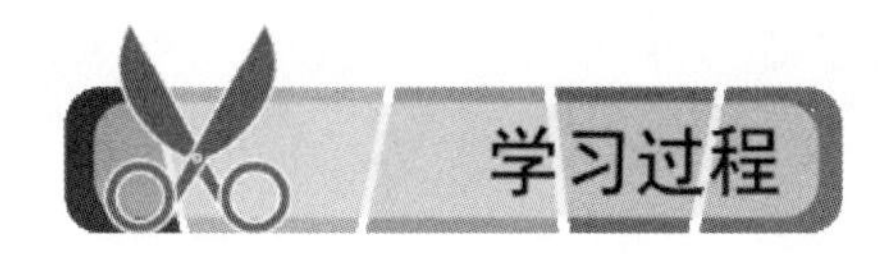

1. 查阅相关资料，了解号型的基本概念

- 在 GB1335—1997 标准中规定将身高命名为“号”，人体胸围和人体腰围及体型分类代号命名为“型”。
- 体型分类是人体净胸围减去净腰围的差数，将人体体型划分为 Y、A、B、C 四种，划分区间如下。

表 4-1-1-1 女子体型分类　　单位：cm

体型分类代号(B-W)	女子
Y	24～19
A	18～14
B	13～9
C	8～4

2. 查阅相关资料，了解中间体的基本概念

根据大量实测的人体数据，通过计算求出均值，称为中间体。在设计服装规格时必须以中间体为中心，按一定的分档数值，向上下、左右推档组成规格系列。设置参见表 4-1-1-2。

表 4-1-1-2　女子体型分类的规格尺寸　　　　单位：cm

体型		Y	A	B	C
女子	身高	160	160	160	160
	胸围	84	84	88	88
	腰围	64	68	78	82
	臀围	90	90	96	96

- 号型系列是指将人体的号和型进行有规则的分档排列和组合。在标准中规定身高以 5cm 分档，分成 7 档；
- 女子标准身高分类有 145cm、150cm、155cm、160cm、165cm、170cm 和 175cm；
- 胸围和腰围分别以 4cm 和 2cm 分档，组成号型系列：5•4 系列和 5•2 系列，上装一般多采用 5•4 系列，下装多采用 5•4 系列和 5•2 系列。

3. 查阅相关资料，了解确定号型选取应该考虑哪些因素

- 调研市面上已有的服装号型尺寸
- 调研了解不同号型针对的不同人群的体型

4. 查阅相关资料，了解号型应用的注意因素

- 调研当地人体体型特点或产品特点
- 在服装规格系列表中做好号和型的搭配
- 根据所制定的号型配置决定所需的材料库存量

5. 根据小组讨论结果，制定出最适合自己的工作计划

表 4-1-1-3　工作计划表

序号	开始时间	结束时间	工作内容	工作要求	备注

表 4-1-1-4　评价与分析表

班级		姓名		学号		日期			年　月　日
序号	评价要点				配分	自评	互评	师评	总评
1	穿戴整齐，着装符合要求				10				A□(86～100) B□(76～85) C□(60～75) D□(60 以下)
2	能独立完成市场信息的调研				20				
3	能正确填写号型的分类				20				
4	能正确填写男女体型分类的分档范围				20				
5	能严格遵守作息时间				10				
6	能及时完成老师布置的任务				20				

学习活动 2　女衬衫推档的基础知识

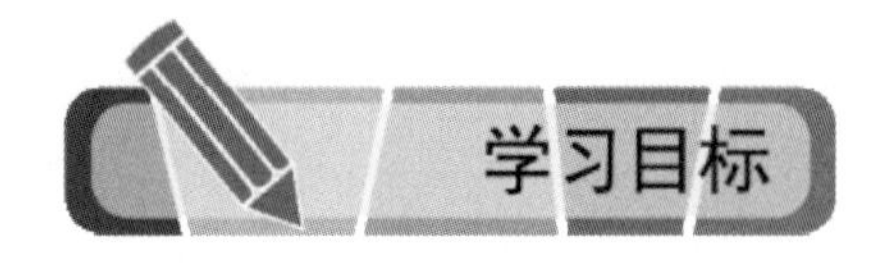

- 能独立查阅相关资料，了解服装样板推档的基本原理
- 能查阅相关资料，了解服装推档的档差设定方法，推档的主要办法和原理应用

建议学时：2 学时

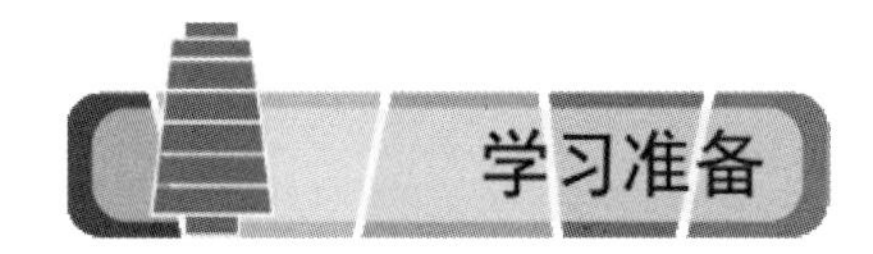

女衬衫相关参考资料、实物、计划表、多媒体素材

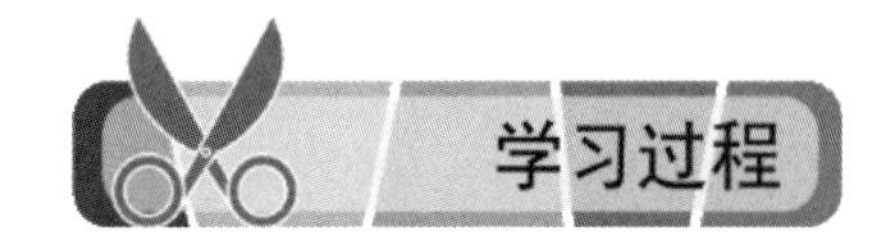

1. 查阅相关资料，了解服装样板缩放的基本概念

- 服装纸样放缩

  现代服装工业化大生产要求同一种款式的服装要有多种规格，以满足不同体型消费者的需求，这就要求服装企业要按照国家标准制定产品的规格系列，这种以标准模板为基准，兼顾各个号型，进行科学的计算、缩放，制定出系列号型样板的方法叫做规格系列推档，也称服装纸样放缩。

- 成品规格档差的确定方式

  （1）按国家号型标准确定

  （2）按企业标准确定

  （3）按客户要求确定

2. 查阅相关资料，掌握样板缩放的基本原理

- 服装样板的推档可分为手工推档和计算机推档两大类
- 手工推档常用的方法有推放法和制图法;计算机推档常用的方法有点的推档和线的推档两种

3. 缩放基准点的设置原则及方法

（1）在进行服装样板推档时，必须根据服装款式的特点，合理地选择恰当的缩放基准点，缩放基准点设置的原则如下：

① 必须尽可能地设置在结构图形的内部，保证基准点至各点的距离尽可能接近；

② 必须设置在主要纵向线与主要纬向线交接的位置上；

③ 前后、左右的结构图的基准点必须放在前后、左右图形对称的位置上；

④ 缩放基准点的位置变化不影响各部位的最终档差值。

（2）缩放基准点的设置一般来讲有下列几种：

① 前片以前中心线和胸围线的交点为缩放基准点；后片以后中心线和胸围线的交点为缩放基准点；

② 前片以前胸宽线和胸围线的交点为缩放基准点；后片以后背宽线和胸围线的交点为缩放基准点；

③ 前片以前中心线和上平线的交点为缩放基准点；后片以后中心线和上平线的交点为缩放基准点；

④ 对于一片袖、两片袖而言，一般以袖窿深线与袖中线的交点为缩放基准点。

4. 女衬衫的推档实例分析

表 4-1-2-1　成衣规格尺寸(160/84A)　　单位：cm

部位	衣长(L)	胸围(B)	腰围(W)	臀围(H)	腰臀高(HG)	肩宽(S)	门襟宽(FW)
成衣规格	60	96	78	98	18	39	3.4
部位	后领高(NR)	前领高(FR)	后翻领宽(CR)	前翻领宽(CPW)	袖长(SL)	袖口(CW)	袖克夫宽(CH)
成衣规格	3	0	4.5	7	55	22	3

表 4-1-2-2 主要部位档差　　单位：cm

档差部位名称 \ 规格	155/80A(S)	160/84A(M)	165/88A(L)	档差(cm)
衣长	58	60	62	2
胸围	92	96	100	4
腰围	74	78	82	4
臀围	94	98	102	4
领围	36	37	38	1
背长	36	37	38	1
肩宽	37	38	39	1
袖长	53.5	55	56.5	1.5
袖肥	32.5	34	35.5	1.5
袖口	20	21	22	1

表 4-1-2-3　评价与分析表

班级		姓名		学号		日期			年　月　日
序号	评价要点				配分	自评	互评	师评	总评
1	穿戴整齐，着装符合要求				10				A□(86～100) B□(76～85) C□(60～75) D□(60 以下)
2	能独立查阅资料确定女衬衫的号型规格				20				
3	能独立查阅资料确定缩放基准点的设置				20				
4	能确定女衬衫推档的主要部位档差				30				
5	能严格遵守作息时间				10				
6	能及时完成老师布置的任务				10				
小结建议									

学习活动 3　女衬衫前后衣片的样板缩放

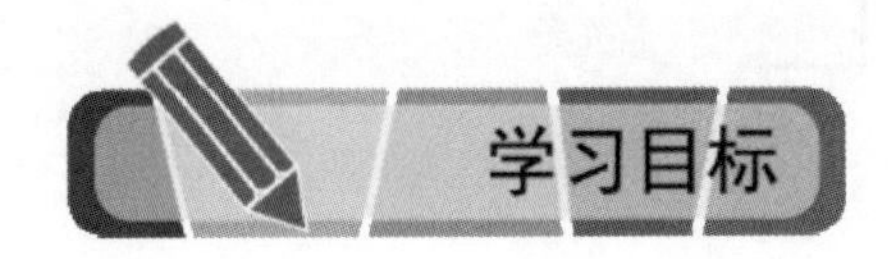

- 能独立查阅相关资料，了解服装 CAD 的使用方法
- 能独立查阅相关资料，确定前后片样板缩放的公式
- 能独立进行 T 型女衬衫的前后片的样板缩放

建议学时：4 学时

女衬衫相关参考资料、实物、规格表、档差表、多媒体素材

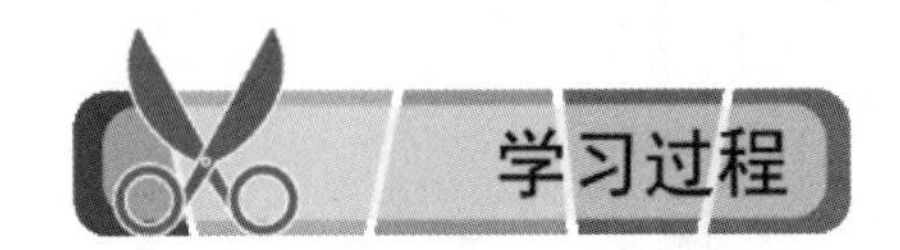

1. 查阅相关资料，写出样板缩放的要求

本款式前后片均有肩覆势分割片，因此分别采用整体推档法和分开推档法两种方法进行推档。

2. 样板缩放的号型对应颜色为：S、M、L

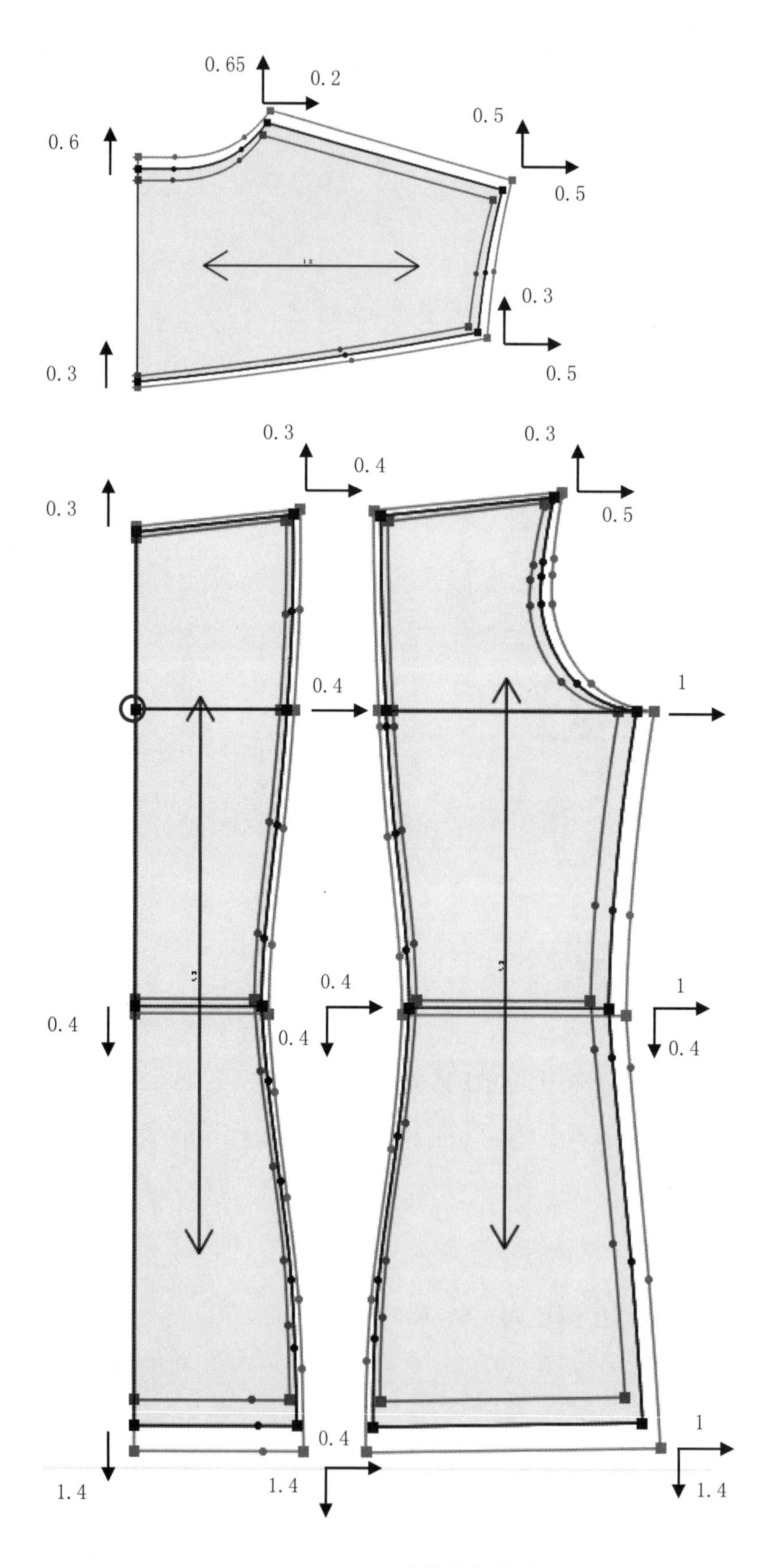

图 4-1-3-1　后片的推档图

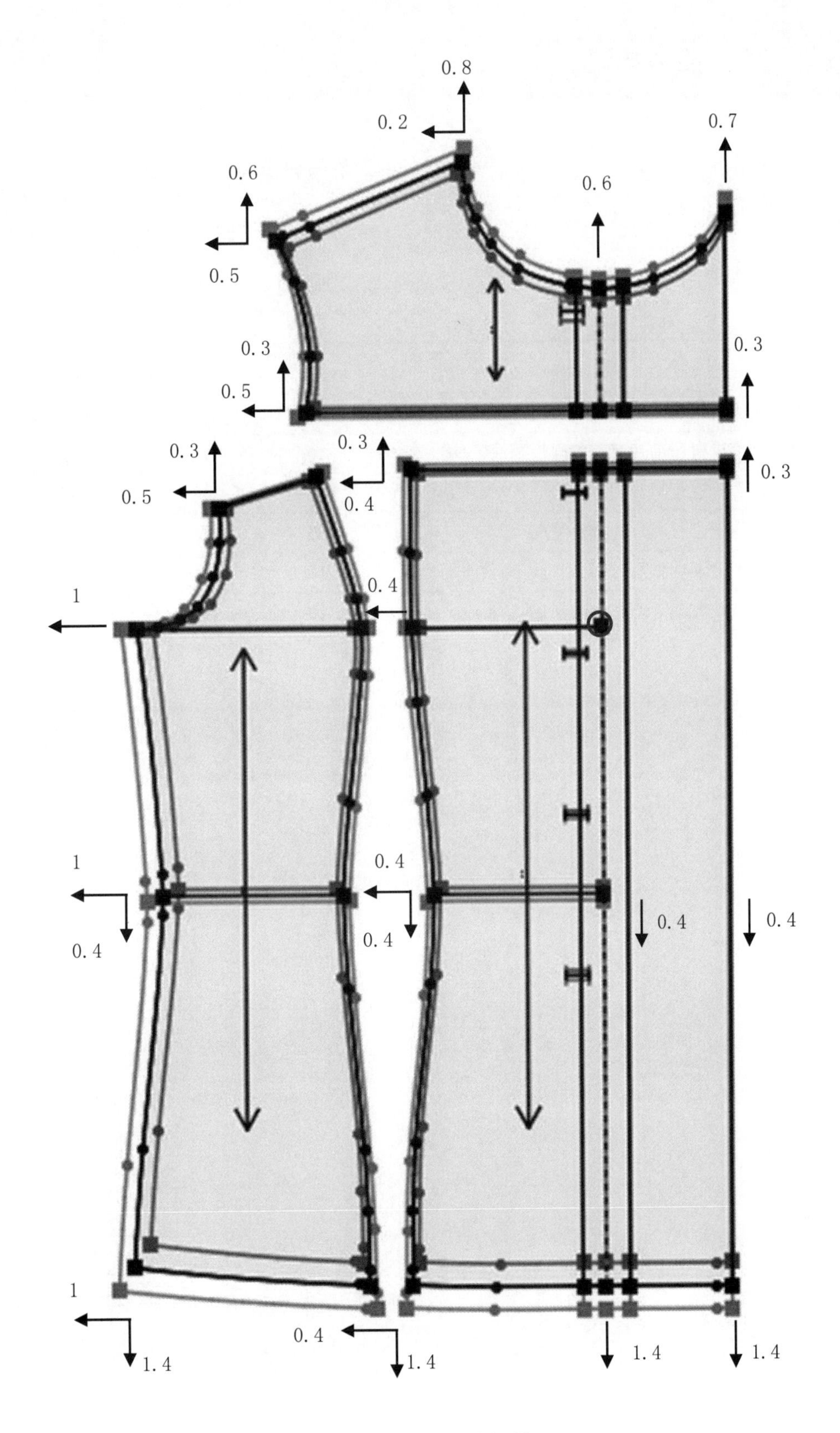

图 4-1-3-2　前片的推档图

表 4-1-3-1　评价与分析表

班级		姓名		学号		日期			年　月　日
序号	评价要点				配分	自评	互评	师评	总评
1	穿戴整齐，着装符合要求				10				A□(86～100) B□(76～85) C□(60～75) D□(60 以下)
2	能正确操作 CAD 的基本操作				20				
3	能正确进行后片育克的样板缩放				10				
4	能正确进行前片育克的样板缩放				10				
5	能正确进行后片的样板缩放				15				
6	能正确进行前片的样板缩放				15				
7	能严格遵守作息时间				10				
8	能及时完成老师布置的任务				10				

学习活动4　女衬衫衣袖、袖克夫、领子等零部件的样板缩放

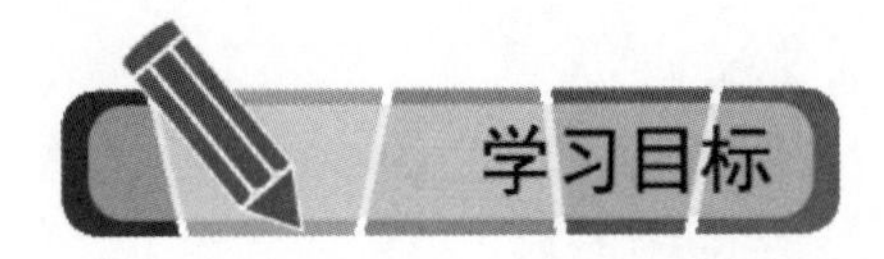

- 能独立查阅相关资料，确定袖子、袖克夫、领片样板缩放的公式
- 能独立进行T型女衬衫的零部件的样板缩放

建议学时：2学时

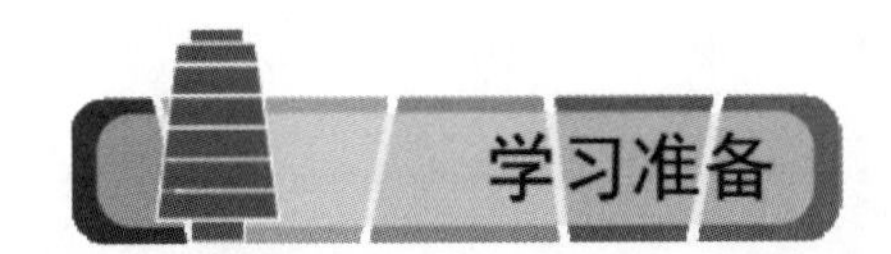

女衬衫相关参考资料、实物、规格表、档差表、多媒体素材。

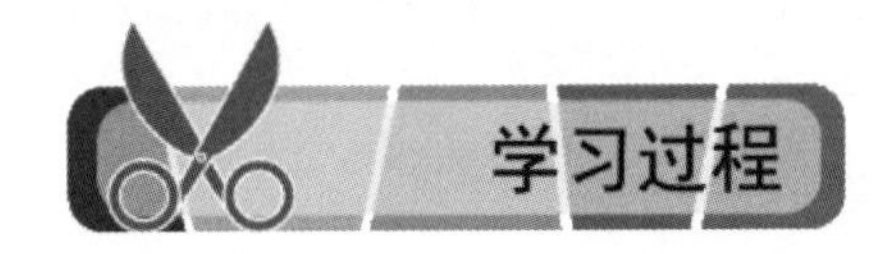

1. 查阅相关资料，写出样板缩放的要求

本款衣袖的推档基点选在袖中心线和袖肥线的交点处，袖克夫在推档时纵向高度保持不变，仅在横向推档，袖克夫的围度档差为1cm；衣领的纵向高度也不变，仅在横向推档，档差为1cm。

2. 样板缩放的号型对应颜色为：S、**M**、L

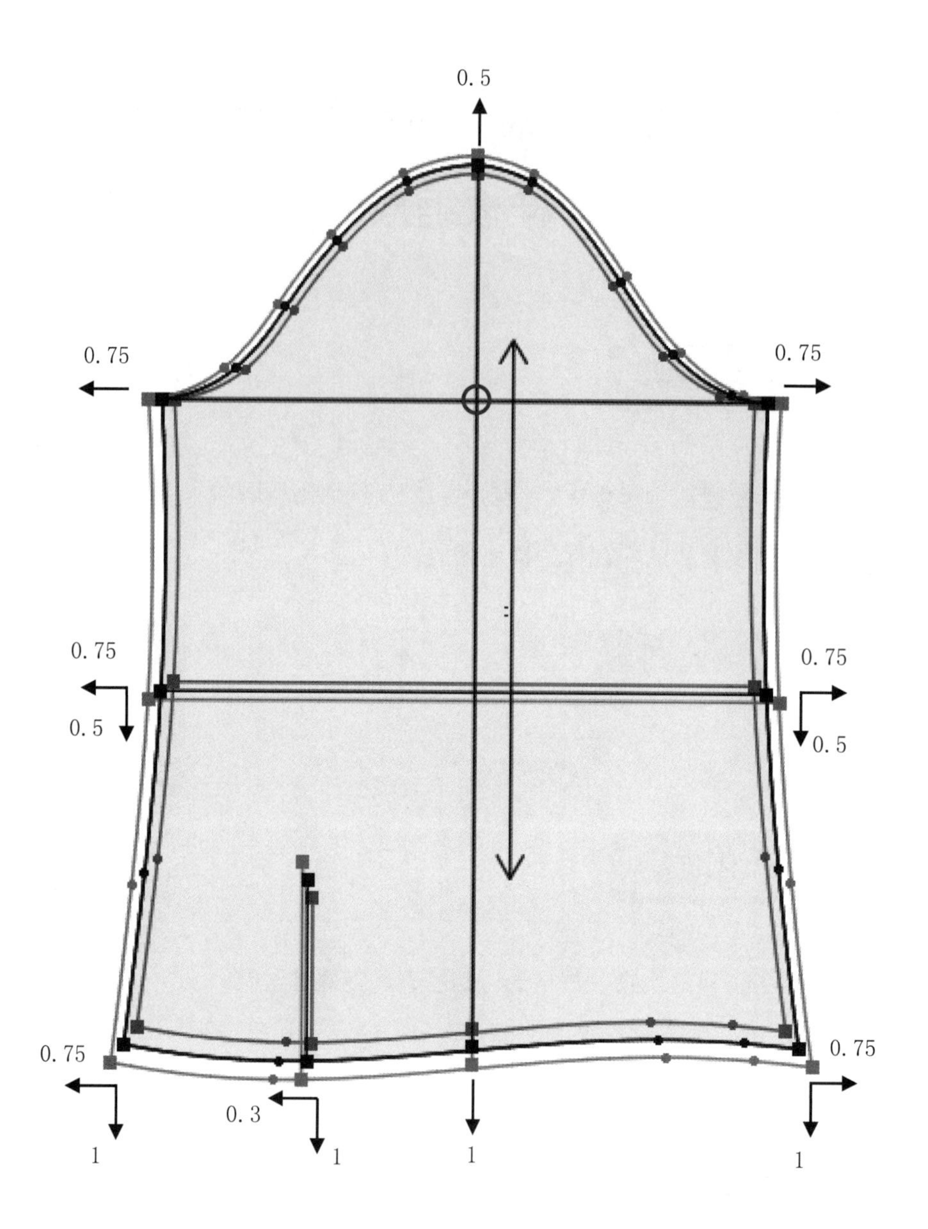

图 4-1-4-1　衣袖的推档图

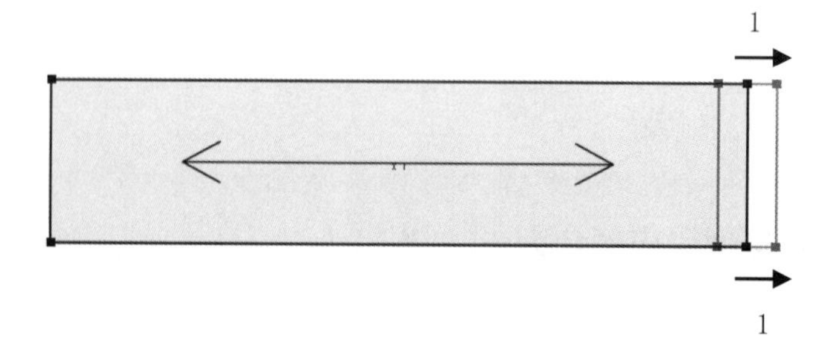

图 4-1-4-2　袖克夫的推档图

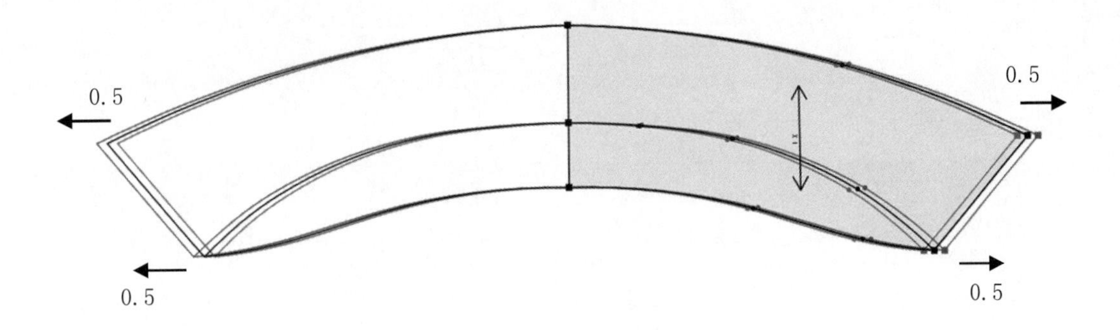

图 4-1-4-3　衣领的推档图

表 4-1-4-1　评价与分析表

班级		姓名		学号		日期			年　月　日
序号	评价要点				配分	自评	互评	师评	总评
1	穿戴整齐，着装符合要求				10				A□(86～100) B□(76～85) C□(60～75) D□(60 以下)
2	能正确进行袖子的样板缩放				30				
3	能正确进行领子的样板缩放				30				
4	能正确进行袖克夫的样板缩放				10				
5	能严格遵守作息时间				10				
6	能及时完成老师布置的任务				10				